Cours d'analyse
de l'école polytechnique

VOLUME 1: CALCUL DIFFÉRENTIEL

CAMILLE JORDAN

CAMBRIDGE
UNIVERSITY PRESS

CAMBRIDGE
UNIVERSITY PRESS

University Printing House, Cambridge, CB2 8BS, United Kingdom

Published in the United States of America by Cambridge University Press, New York

Cambridge University Press is part of the University of Cambridge.
It furthers the University's mission by disseminating knowledge in the pursuit of
education, learning and research at the highest international levels of excellence.

www.cambridge.org
Information on this title: www.cambridge.org/9781108064699

© in this compilation Cambridge University Press 2014

This edition first published 1882
This digitally printed version 2014

ISBN 978-1-108-06469-9 Paperback

COURS

D'ANALYSE

DE L'ÉCOLE POLYTECHNIQUE.

ΑΕΙ Ο ΘΕΟΣ ΓΕΩΜΕΤΡΕΙ

COURS
D'ANALYSE

DE

L'ÉCOLE POLYTECHNIQUE,

Par M. C. JORDAN,

MEMBRE DE L'INSTITUT, PROFESSEUR A L'ÉCOLE POLYTECHNIQUE.

———

TOME PREMIER.

CALCUL DIFFÉRENTIEL.

———•◦•———

PARIS,

GAUTHIER-VILLARS, IMPRIMEUR-LIBRAIRE

DU BUREAU DES LONGITUDES, DE L'ÉCOLE POLYTECHNIQUE,

SUCCESSEUR DE MALLET-BACHELIER,

Quai des Augustins, 55.

—

1882

PRÉFACE.

L'Ouvrage dont nous publions aujourd'hui le premier Volume est, dans son ensemble, la reproduction des leçons que nous professons depuis quelques années à l'École Polytechnique. Nous y avons seulement ajouté, sur certains points, quelques développements nouveaux, mais sans altérer le caractère général de ce Cours.

Il formera trois Volumes, consacrés : le premier, au Calcul différentiel; le second, à la Théorie des intégrales; le troisième, à l'Intégration des équations différentielles et aux éléments du Calcul des variations. Ce dernier Volume se terminera par un Supplément sur quelques théories importantes, mais dont l'exposition exige plus de développements que n'en comporte le cadre d'un cours, dont l'objet essentiel est d'exposer les principes généraux du Calcul infinitésimal, plutôt que d'en multiplier les conséquences.

Nous avons apporté un soin particulier à l'établissement des théorèmes fondamentaux. Il n'en est aucun dont la démonstration ne soit subordonnée à certaines restrictions. Nous nous sommes efforcé d'apporter dans cette discussion, parfois délicate, toute la précision et la rigueur compatibles avec un enseignement élémentaire. Nous aurons d'ailleurs à revenir, dans le Supplément, sur quelques-unes de ces démonstrations.

On trouvera en outre, dans ce Livre, d'assez nombreuses applications, choisies, autant que possible, parmi celles qui se rattachent à quelque théorie générale d'Analyse, de Géométrie, de Mécanique ou de Physique mathématique, de préférence à celles qui ne sont que de simples exemples de calcul.

Une série d'Exercices clora d'ailleurs ce dernier Volume.

Ayant à faire un Livre d'enseignement, qui ne peut prétendre à la nouveauté, nous nous sommes cru autorisé à nous inspirer largement des travaux de nos devanciers, le plus souvent sans les citer. Nous avons consulté de préférence, pour la rédaction du présent Volume, les Ouvrages de MM. Hermite, Serret, Hoüel et le grand Traité de M. Bertrand.

Nous devons tous nos remerciements à M. Humbert pour la part active qu'il a bien voulu prendre à la correction de nos épreuves.

TABLE DES MATIÈRES.

INTRODUCTION.

Numeros   Pages

I-II. Quantités continues.. I

III-IV. Tangente à la parabole... 2

V. Quadrature de la parabole... 2

VI-VII. Infiniment petits de divers ordres....................... 4 à 5

VIII. Valeur principale. — Développement en série................. 5

IX-XI. Dans une limite de rapport ou de somme on peut remplacer
les infiniment petits par leurs valeurs principales........ 6 à 7

PREMIÈRE PARTIE.

CALCUL DIFFÉRENTIEL.

CHAPITRE I.

DÉRIVÉES ET DIFFÉRENTIELLES.

I. — Définitions.

1. Variables indépendantes. — Fonctions..................... 9

2. Revue des fonctions élémentaires......................... 10

3. Continuité... 11

II. — Dérivée et différentielle d'une fonction d'une seule variable.

4. Dérivée... 12

5. Dérivée de x^m.. 13

6. Dérivée de $\sin x$..................................... 13

7-8. Dérivée de $\log x$................................... 14

9. Dérivée d'une somme..................................... 17

10. Dérivée d'un produit................................... 17

11. Dérivée d'un quotient.................................. 18

TABLE DES MATIÈRES.

Numéros		Pages
12.	Dérivée d'une fonction de fonction.........................	18
13.	Dérivée d'une fonction inverse............................	18
14.	Dérivée de $\cos x$, $\tang x$, arc $\sin x$, arc $\tang x$, e^x, x^m, etc......	19
15.	Formule $f(a+h) - f(a) = hf'(a + \theta h)$..................	21
16.	Une fonction dont la dérivée est constamment nulle est constante...	22
17.	Différentielle...	22

III. — *Dérivées partielles.* — *Différentielle totale.*

18.	Dérivées partielles..		23
19-21.	Différentielle totale...................................	24 à	26
22-23.	Dérivées et différentielle des fonctions composées.......	26 à	28
24-26.	Dérivée des fonctions implicites.........................	28 à	30

IV. — *Dérivées et différentielles d'ordre supérieur.*

27-28.	Dérivées d'ordre supérieur..............................	30 à	31
29.	L'ordre des dérivations est indifférent......................		31
30-31.	Différentielles d'ordre supérieur.......................	32 à	33
32.	Expression générale de la différentielle $n^{ième}$ d'une fonction de plusieurs variables.....................................		33
33.	Différentielle $n^{ième}$ d'un produit..........................		35
34.	Différentielles successives d'une fonction composée...........		35

V. — *Changements de variables.*

35.	Changement de la variable indépendante...................	36
36.	Changement simultané de la fonction.......................	37
37.	Rayon de courbure en coordonnées polaires.................	38
38.	Dérivées successives d'une fonction inverse.................	39
39-40.	Extension au cas de plusieurs variables indépendantes..	40 à 41
41-42.	Application aux paramètres différentiels...............	41 à 44
43.	Changement simultané de la fonction......................	46

CHAPITRE II.

FORMATION DES ÉQUATIONS DIFFÉRENTIELLES.

I. — *Équations différentielles ordinaires.*

44-45.	Définition..	47
46-49.	Équations différentielles linéaires, auxquelles satisfont arc$\sin x$, $\left(x+\sqrt{x^2-1}\right)^n$, $\dfrac{d^n(x^2-1)^n}{dx^n}$.................	47 à 51
50.	Élimination des constantes.................................	51
51-53.	Équation différentielle des coniques homofocales : des cercles, des coniques, des paraboles..................	52 à 54

Numéros   Pages

54. Condition pour que des fonctions soient liées par une relation linéaire... 55

II. — *Équations aux dérivées partielles.*

55. Définition.. 55
56. Élimination des constantes................................ 55
57. Élimination des fonctions arbitraires...... 56
58-60. Conditions pour que des fonctions soient liées par une relation. — Jacobien... 57 à   59
61-63. Équation aux dérivées partielles des cylindres, des cônes, des surfaces de révolution............................ 61 à   62
64. Théorème des fonctions homogènes......................... 63
65. Élimination de *n* fonctions arbitraires dépendant des mêmes arguments... 63
66. Équation des surfaces réglées.... 65
67-68. Équation des surfaces développables.................. 66 à   67

CHAPITRE III.

DÉVELOPPEMENTS EN SÉRIE.

I. — *Formule de Taylor.*

69-71. Formules de Taylor et de Maclaurin.................. 69 à   71
72-73. Extension aux fonctions de plusieurs variables........ 71 à   73

II. — *Applications.*

74. Développement de $(1+x)^m$................................ 73
75-76. Développement de $\log(1+x)$. — Calcul des Tables de logarithmes...... .... 75 à   76
77-79. Développement de e^x, $\sin x$, $\cos x$..................... 77 à   78
80-81. Développement de arc tang x. — Calcul de π.......... 79 à   80

III. — *Procédés pour effectuer les développements en série.*

82-86. Développement d'une somme, d'un produit, d'un quotient. 80 à   83
87-88. Application aux nombres de Bernoulli.................. 84 à   85
89-90. Développement d'un radical.......................... 85 à   86
91-93. Application aux fonctions X_n....................... 87 à   89
94-99. Développement des racines d'une équation algébrique... 89 à   94
100. Usages du développement précédent...................... 94

N m		Pages
101.	Limite de $x^{\alpha} e^x$ pour $x = \infty$	96
102.	Limite de $x^{-\alpha} \log x$ pour $x = \infty$; de $x^{\alpha} \log x$ pour $x = 0$	97
103.	Développement d'un logarithme.	97
104.	Nécessité de la discussion du reste dans la formule de Maclaurin	98
105-106.	Vraie valeur des expressions indéterminées	99
107.	Limite de $m\left(\sqrt[m]{x} - 1 \right)$ pour $m = \infty$. — De $\left(1 + \dfrac{x}{m} \right)^m$ pour $m = \infty$. — De x^x pour $x = 0$	99
108.	Cas des fonctions de plusieurs variables	101

IV. — Séries infinies.

109.	Définition de la convergence	101
110-115.	Séries à termes positifs. — Règles de convergence... 103 à	105
116-118.	Quantités imaginaires. — Module et argument. — Module et argument d'un produit. — Module d'une somme algébrique.	106 à 107
119-122.	Séries absolument convergentes. — On peut y changer l'ordre des termes. — Multiplication de deux séries 108 à	110
123-124.	Séries semi-convergentes. — Leur valeur dépend de l'ordre des termes	111 à 112
125-126.	Théorème d'Abel 114 à	115
127-128.	Séries dont les termes sont fonctions d'une variable. — Convergence uniforme 116 à	117
129-131.	Séries procédant suivant les puissances entières et positives de la variable. — Cercle de convergence 117 à	120

V. — Produits infinis.

132-135.	Règles de convergence 121 à	123
136.	Application au produit $\Pi\left(1 + \dfrac{A_n}{n^{\alpha}} \right)$	124
137.	Application au produit $\Gamma(z)$	125

VI. — Fonctions exponentielles et circulaires.

138-140.	Définition de e^z, $\sin z$, $\cos z$ pour z imaginaire. — Propriétés fondamentales de ces fonctions. — Formules d'Euler. 125 à	127
141-142.	Définition de $\log z$. — Ses propriétés fondamentales.. 128 à	129
143-144.	Définition de z^m. — Ses propriétés fondamentales.... 130 à	131
145-146.	Discussion de la fonction e^z	131
147-149.	Discussion des fonctions $\sin z$ et $\cos z$ 132 à	134
150.	Expression de $\sin^m z$ et $\cos^m z$ par les sinus et cosinus des multiples de z	134
151.	Expression de $\sin m z$ et $\cos m z$ en $\sin z$ et $\cos z$	135

Numéros **Pages**

152-155. Expression de $\sin \pi z$ et $\cos \pi z$ en produits infinis. — Formule de Wallis............................ 136 à 139

156. Développement de $\pi \cot \pi z$ en série...................... 139

VII. — *Séries et produits périodiques.*

157-160. Séries infinies dans les deux sens. — Application à la série $\sum\limits_{-\infty}^{\infty} \dfrac{1}{(z+n)^z}$. — Périodicité des fonctions trigonométriques................................ 140 à 142

161-165. Les quatre fonctions θ. — Formules fondamentales.. 142 à 146

166-167. Leur expression en produits infinis................ 147 à 148

168. Fonction Z.. 151

169. Quotients des fonctions θ. — Double périodicité........... 152

VIII. — *Série hypergéométrique. — Fonction* Γ.

170. Série hypergéométrique. — Condition de convergence........ 154

171. Son équation différentielle................................ 155

172-173. Relation entre les fonctions contiguës. — Valeur de $F(\alpha, \beta, \gamma, 1)$...................................... 155 à 157

174-176. Propriétés du produit $\Gamma(z)$...................... 158 à 159

IX. — *Séries et produits multiples.*

177-178. Définitions.. 160 à 162

179-184. Séries d'Eisenstein.................................... 162 à 167

185-190. Séries θ à plusieurs variables........................ 168 à 172

X. — *Fractions continues.*

191-194. Développement d'un nombre en fraction continue. — Propriétés des réduites............................ 172 à 175

195-198. Développement d'une fonction. — Calcul direct des réduites.. 176 à 178

CHAPITRE IV.

MAXIMA ET MINIMA.

199-201. Maxima et minima des fonctions d'une variable..... 181 à 182

202-204. Maxima des fonctions de deux variables............ 182 à 185

205. Maxima et minima relatifs.............................. 185

206. Valeur maximum ou minimum d'une fonction dans un intervalle donné... 187

207. Distance d'un point à une droite....................... 187

208-209. Plus courte distance de deux droites.............. 188 à 191

Numéros   Pages
210.   Distance d'un point à un plan............................... 192
211.   Maxima et minima du rapport de deux formes quadratiques. 193

CHAPITRE V.

APPLICATIONS GÉOMÉTRIQUES DE LA SÉRIE DE TAYLOR.

I. — Points ordinaires et points singuliers.

212-217. Cas des courbes planes............................. 198 à 201
218-222. Cas des surfaces.................................... 204 à 206
223-229. Cas des courbes gauches............................ 208 à 214

II. — Théorie du contact.

230.   Définition du contact................................ 214
231-234. Contact des courbes planes........................ 215 à 217
235-237. Contact d une courbe et d'une surface............. 218 à 219
238-241. Contact de deux courbes gauches.................... 219 à 221
242-247. Contact de deux surfaces........................... 222 à 224
248-251. Osculation... 225 à 228

III. — Courbes et surfaces enveloppes.

252-254. Enveloppe d'une famille de courbes................. 229 à 231
255-258. Enveloppe d'une famille de surfaces dépendant d'un ou de deux
         paramètres... 233 à 237

IV. — Courbes planes.

259-260. Tangente et normale................................ 238 à 239
261-262. Différentielle de l'arc............................ 240 à 241
263-264. Cercle osculateur. — Développée................... 242 à 243
265-269. Courbure. — Points d'inflexion..................... 243 à 246
270-272. Applications. — Parabole. — Ellipse. — Cycloïde.... 246 à 249

V. — Géométrie infinitésimale.

273.   Considérations générales............................ 251
274.   Tangente et différentielle de l'arc en coordonnées polaires... 252
275-278. Arc de développée.................................. 254 à 257
279.   Tangente au lieu du sommet d'un angle constant circonscrit
         à deux courbes..................................... 258
280.   Théorème sur les coniques homofocales............... 259

VI. — Courbes gauches et surfaces développables.

281.   Tangente et plan normal............................. 260
282.   Différentielle de l'arc............................. 261

Numéros		Pages
283.	Plan osculateur..	262
284.	Surfaces développables.................................	263
285.	Enveloppe des plans normaux..........................	265
286.	Cercle osculateur......................................	265
287.	Sphère osculatrice.....................................	267
288-295.	Valeur principale de divers infiniment petits. — Courbure. — Torsion. — Plans stationnaires.................... 269 à	275
296.	Différence entre l'arc et sa corde.........................	275
297-299.	Formules de MM. Frenet et Serret................. 276 à	279
300.	Une surface développable est applicable sur un plan........	280
301.	Application à l'hélice..................................	282

VII. — *Systèmes de droites.*

302-303.	Éléments qui déterminent la position relative de deux génératrices voisines............................... 283 à	284
304-306.	Surfaces réglées. — Loi de variation du plan tangent. 286 à	288
307-308.	Caractère des surfaces développables............... 289 à	291
309-313.	Congruences. — Génératrices ordinaires et singulières. — Points principaux. — Foyers. — Double système de développables................................... 291 à	293
314-316.	Lois de M. Kummer sur la répartition des génératrices voisines d'une génératrice ordinaire................. 295 à	298
317.	Id. d'une génératrice singulière.	299
318-319.	Complexes......... .... 301 à	303

VIII. — *Théorie des surfaces.*

320-321.	Plan tangent. — Normale........................ 303 à	304
322.	Élément de longueur.........	305
323-325.	Élément de l'aire............................. 306 à	308
326.	Indicatrice..	310
327-330.	Courbure des lignes tracées sur une surface.......... 312 à	315
331-332.	Propriétés de la congruence des normales........... 315 à	317
333.	Condition pour que les droites d'une congruence soient normales à une surface...................................	317
334-337.	Lignes de courbure. — Rayons de courbure principaux. 320 à	322
338.	Ombilics..	323
339.	Ligne des points paraboliques..........................	324
340.	Lignes asymptotiques................................	325
341.	Application aux surfaces de révolution....................	326
342.	Application aux surfaces développables...................	326
343.	Application à l'ellipsoïde.............................	327
344-345.	Courbure d'une surface........................ 329 à	330

IX. — *Coordonnées curvilignes.*

346.	Définitions. — Systèmes orthogonaux....................	331
347-348.	Élément de longueur......................... 333 à	334

Numéros		Pages
349.	Élément de volume................................	335
350.	Coordonnées polaires..............................	336
351.	Coordonnées semi-polaires.........................	337
352-357.	Coordonnées elliptiques........................ 338 à	343
358-359.	Théorème de Dupin............................ 343 à	346

CHAPITRE VI.

THÉORIE DES COURBES PLANES ALGÉBRIQUES.

I. — Genre.

360-361.	Nombre des points qui déterminent une courbe d'ordre n........	347
362.	Faisceaux de courbes............................	348
363.	Hexagone de Pascal..............................	348
364.	Limite du nombre des points singuliers..................	349
365.	Genre...	350
366.	Courbes unicursales.............................	353

II. — Coordonnées homogènes.

367-369.	Coordonnées trilinéaires........................ 354 à	356
370-374.	Covariants. — Leurs équations différentielles........ 356 à	361
375.	Discriminant...................................	361
376.	Hessien.......................................	363
377.	Tangente......................................	363
378-379.	Points singuliers..............................	364
380-385.	Points d'inflexion. — Leur nombre................ 365 à	371
386-387.	Polaire.......................................	371
388-391.	Classe...................................... 372 à	373
392-396.	Coordonnées tangentielles....................... 374 à	376
397.	Formules de Plücker............................	377

FIN DE LA TABLE DES MATIÈRES.

ERRATA.

Pages	Lignes	au lieu de	lisez
16	12	$-n'$	$-n'-1$
73	2	.	ajoutez $+\dots$
75	30	$f^{n+1}(0)$	$f^{n-1}(0)$
82	17	$n+\alpha-2\beta$	$n-\alpha+2\beta$
99	16	après sera	ajoutez la limite de
108	1	q	Q
119	5	$+\dots = u_1$	$+\dots$
119	10	$(n+1)a_n z^n$	$(n+1)a_{n+1}z^n$
142	19	par	pour
143	2	imaginaire	négative
145	17 et 18	$\displaystyle\sum_0^\infty$	$\displaystyle\sum_1^\infty$
148	19	q^{2m+1x}	$q^{2m+1}x$
160	1	$z=0$	$z=\dfrac{1}{m}$
160	2 et 6	C	$\dfrac{C}{m}$
160	19	$m^{-\frac{1}{2}}$	$m^{\frac{1}{2}}$
164	27	$f(m_1, m_2, \dots, m_n)$	$\varphi+\psi$
168	4	$\lim \dfrac{\pi}{\omega}$	$\lim \displaystyle\sum_{-M_2}^{+M_2} \dfrac{\pi}{\omega}$
177	4	$\dfrac{1}{a_2}+\dots$	$\dfrac{1}{a_2}$
179	2	$AQ+P$	$AQ=P$
190	3	b, b_1, b_2	$-b, -b_1, -b_2$
191	22	$\Delta a, \Delta a_1, \Delta a_2$	$-\Delta a, -\Delta a_1, -\Delta a_2$
199	10	$F_1(x_1, y_1, z_1)$	$F_1(x_1, y_1)$
205	1	courbe	surface
221	9	Ψ	Φ
231	1	$x\sqrt{1-y^2}$	$x+\sqrt{1-y^2}$
235	20	$\sqrt{(x_1-x_0)+\dots}$	$\sqrt{(x_1-x_0)^2+\dots}$

ERRATA.

Pages	Lignes	au lieu de	lisez
236	5	E	F
236	20	$(c_1 - c_0) + R$	$(c_1 - c_0)^2 + R$
238	26	$X - x - a(Y - y)$	$Y - y - a(X - x)$
241	23	B_1, C_1	B, C
242	7	N	H
242	16	x'	x'^2
247	6	$y^2 + y^2$	$y^2 + p^2$
248	12	$ds \sqrt{}$	$ds = \sqrt{}$
251	11	a	α
252	13	φ, θ et $\varphi + d\varphi$	ρ, θ et $\rho + d\rho$
261	17	$\dfrac{\partial F}{\partial y}\dfrac{\partial \Phi}{\partial x}$	$\dfrac{\partial F}{\partial z}\dfrac{\partial \Phi}{\partial x}$
261	17	$\dfrac{\partial F}{\partial x}\dfrac{\partial \Phi}{\partial z} - \dfrac{\partial F}{\partial z}\dfrac{\partial \Phi}{\partial x}$	$\dfrac{\partial F}{\partial x}\dfrac{\partial \Phi}{\partial y} - \dfrac{\partial F}{\partial y}\dfrac{\partial \Phi}{\partial x}$
273	1	p	p_1
276	15	$x''x''' + y''y''' + z''z'''$	$x'x''' + y'y''' + z'z'''$
283	4	$m^2 + n^2$	$1 + n^2$
285	14 et 16	da, da_1, da_2	$-da, -da_1, -da_2$
289	14	$\dfrac{\delta}{\varphi}tX = pzX$	$\dfrac{\delta}{\varphi t}X = \dfrac{p}{z}X$
289	17	$\dfrac{1}{pz}$	$\dfrac{z}{p}$
289	20	$p = \infty$	$p = 0$
289	21	$p = 0$	$p = \infty$
295	1	$\dfrac{1}{pz}$	$\dfrac{z}{p}$
295	24	N	$-N$
295 à 303		T	$-T$
301	18	λ	p
335	5	outre les	en vertu des
351	29	$\Phi(x)$	$\Psi(x)$

INTRODUCTION.

1. Les Mathématiques sont la science des quantités. Elles se divisent en plusieurs branches, suivant la nature des grandeurs soumises au calcul. On y distingue principalement l'Arithmétique, la Géométrie, la Mécanique, la Physique mathématique, le Calcul des probabilités.

Ces diverses branches ont pour lien commun l'Algèbre, qu'on pourrait définir le *calcul des opérations*.

11. On peut établir dans les Mathématiques une autre classification, fondée, non plus sur l'objet de la science, mais sur ses methodes. A ce nouveau point de vue, nous aurions à distinguer deux sortes d'Analyse :

1° Celle des quantités discontinues ;

2° Celle des quantités continues.

Dans la première, on cherche les relations qui existent entre certaines quantités fixes données *a priori*. Cette méthode est employée dans les parties élémentaires des Mathématiques, et plus spécialement en Arithmétique et au début de la Géométrie, sauf pour un petit nombre de théorèmes fondamentaux, dont la démonstration exige la notion des quantités incommensurables.

Dans l'Analyse des quantités continues, on considère au contraire les éléments de la question proposée comme susceptibles de varier par degrés insensibles, et l'on cherche à déterminer les lois qui régissent leurs variations simultanées.

J. — *Cours*, I.

Cette méthode, dont Euclide et Archimède avaient donné autrefois de remarquables exemples, était tombée en oubli pendant plusieurs siècles, lorsque la mémorable découverte de Descartes sur l'application de l'Algèbre à la théorie des courbes obligea les géomètres à y revenir, pour résoudre les deux questions qui s'imposaient à eux, le problème des tangentes et celui des quadratures.

III. L'ancienne définition de la tangente, *une droite qui n'a qu'un point commun avec la courbe,* cessait en effet d'être applicable en dehors des coniques. On dut en imaginer une nouvelle, ainsi conçue :

La tangente est la limite vers laquelle tend une sécante qui tourne autour d'un de ses points d'intersection avec la courbe, lorsque son second point d'intersection se rapproche indéfiniment du premier.

IV. Cherchons, d'après cette définition, la tangente à la parabole $y = x^2$ au point dont les coordonnées sont x, y. Soient $x + h$, $y + k$ les coordonnées d'un second point de la courbe. La sécante qui les joint aura pour équation

$$\mathrm{Y} - y = \frac{k}{h} (\mathrm{X} - x).$$

On a d'ailleurs

$$y = x^2, \quad y + k = (x + h)^2,$$

d'où

$$k = 2hx + h^2, \quad \frac{k}{h} = 2x + h,$$

et par suite

$$\mathrm{Y} - y = (2x + h)(\mathrm{X} - x).$$

Si le second point se rapproche du premier, h tend vers zéro ; on aura donc, pour l'équation de la tangente,

$$\mathrm{Y} - y = 2x(\mathrm{X} - x).$$

V. Pour donner une idée du problème des quadratures, nous allons chercher l'aire comprise entre la parabole, l'axe des x et une droite $x = a$, parallèle aux y. Divisons la distance $\mathrm{OA} = a$ en n parties égales (*fig.* 1), et soit $h = \dfrac{a}{n}$ la longueur de chacune d'elles. Traçons les ordonnées correspondantes, et par les points où elles rencontrent la courbe menons des parallèles à l'axe des x. L'aire cherchée S sera ainsi décomposée en une somme de trapèzes curvilignes dont chacun sera lui-même composé d'un rectangle et d'un triangle curviligne.

Fig. 1.

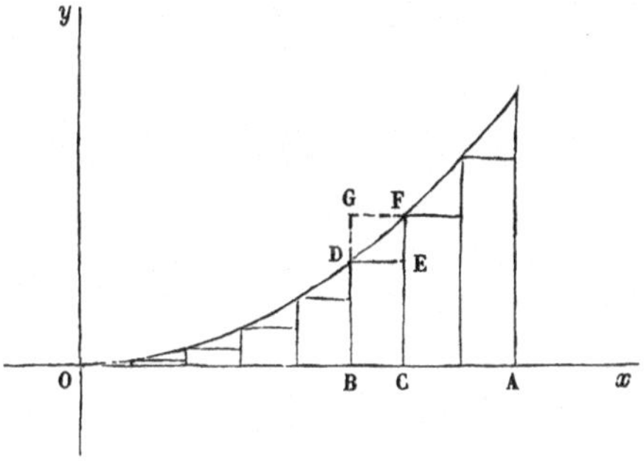

L'aire de chaque rectangle est facile à évaluer. Soit BCDE le $(m + 1^{\text{ième}})$ d'entre eux. On aura

$$\mathrm{OB} = \frac{ma}{n},$$

d'où

$$\mathrm{BD} = \frac{m^2 a^2}{n^2} \quad \text{et} \quad \mathrm{BC} = \frac{a}{n},$$

et enfin

$$\mathrm{BCDE} = \frac{m^2 a^3}{n^3}.$$

La somme des aires des rectangles sera donc

$$\frac{a^3}{n^3}\left[1^2 + 2^2 + \ldots + (n-1)^2\right] = \frac{a^3 n(n-1)(2n-1)}{6 n^3}$$

$$= \frac{a(a-h)(2a-h)}{6}.$$

Les triangles seraient plus difficiles à évaluer; mais on peut avoir une limite supérieure de l'aire de chacun d'eux. Soit, en effet, $EF = k_m$ la hauteur du triangle DEF. Il est plus petit que le rectangle DEFG, dont l'aire est hk_m.

On aura donc

$$S > \frac{a(a-h)(2a-h)}{6} < \frac{a(a-h)(2a-h)}{6} + h(k_1 + \ldots + k_n),$$

et, *a fortiori*, en remplaçant les n quantités $k_1, \ldots, k_n$ par la plus grande d'entre elles k et remarquant que $nh = a$,

$$S < \frac{a(a-h)(2a-h)}{6} + ak.$$

Faisons maintenant tendre h vers zéro; k tendant également vers zéro, les deux quantités entre lesquelles S se trouve comprise tendront toutes deux vers la limite commune $\frac{a^3}{3}$.

Donc $S = \frac{a^3}{3}$.

VI. Les solutions des deux problèmes précédents offrent ce caractère commun de reposer sur l'introduction d'une quantité h, que l'on fait tendre vers zéro.

Lorsqu'une quantité variable tend ainsi vers zéro ou vers ∞, on dit qu'elle est *infiniment petite* ou *infiniment grande*.

Mais il ne faut pas se laisser égarer par ces dénominations. Il n'y a pas, à proprement parler, d'infiniment petit, une quantité plus petite que toute quantité donnée étant évidemment nulle. Quant à l'infini, il échappe à toute mesure et ne saurait entrer dans un calcul.

Les deux questions que nous venons de traiter mettent d'ailleurs en évidence les deux manières de faire intervenir les infiniment petits dans l'Analyse :

1° Ou bien les quantités que l'on cherche se déterminent comme le coefficient angulaire de la tangente, en trouvant la limite du rapport de deux quantités infiniment petites;

2° Ou bien on les divise (comme l'aire S) en éléments

infiniment petits (les trapèzes curvilignes) que l'on décompose eux-mêmes en deux autres (rectangle et triangle), de telle sorte que l'une des deux sommes (celle des rectangles) ait une limite facile à évaluer et l'autre (celle des triangles) une limite nulle.

VII. Soient h une quantité infiniment petite, k une quantité qui en dépende. Lorsque h tend vers zéro, il peut se faire que $\dfrac{k}{h}$ ne tende vers aucune limite déterminée. Soit, par exemple, $k = h \sin \dfrac{1}{h}$. Il est clair que le rapport $\dfrac{k}{h} = \sin \dfrac{1}{h}$ oscillera indéfiniment entre $+1$ et -1 à mesure que h se rapprochera de zéro.

Supposons au contraire que $\dfrac{k}{h}$ tende vers une limite déterminée. Suivant que cette limite sera nulle, finie ou infinie, on dira que k est un infiniment petit d'un ordre supérieur, égal ou inférieur à l'ordre de h.

On précisera cette notion en disant que k est d'ordre α *par rapport à h*, si le rapport $\dfrac{k}{h^\alpha}$ tend vers une limite finie et différente de zéro, lorsque h se rapproche de zéro. D'après cette définition, h sera du premier ordre, une quantité finie sera d'ordre zéro, une quantité infinie sera d'ordre négatif.

VIII. Si k est d'ordre α, on aura

$$\frac{k}{h^\alpha} = A + \varepsilon,$$

A étant une quantité finie et ε un infiniment petit. On en déduit

$$k = A h^\alpha + \varepsilon h^\alpha.$$

Le premier terme de cette expression se nomme la *valeur principale* de k. Il représente k avec une erreur relative d'autant plus faible que h sera plus petit.

Si cette première approximation ne suffit pas, on cherchera

la valeur principale du terme complémentaire εh^α. Soit

$$\varepsilon h^\alpha = B h^\beta + \varepsilon_1 h^\beta,$$

B étant fini et ε_1 infiniment petit. Nous aurons pour k cette seconde valeur

$$k = A h^\alpha + B h^\beta,$$

approchée jusqu'à l'ordre β.

On chercherait de même, si c'était nécessaire, la valeur principale de $\varepsilon_1 h^\beta$, et ainsi de suite.

ıx. La détermination des valeurs principales des infiniment petits, et leur développement en série suivant les puissances de h, qui en est la conséquence, formeront l'objet de la première Partie de ce Cours.

La solution de ce problème fondamental fournit une méthode d'approximation précieuse dans toutes les applications des Mathématiques; mais là ne se borne pas son utilité : elle permet d'obtenir, comme nous allons le montrer, des résultats d'une rigueur absolue.

Supposons qu'une quantité inconnue x soit égale à la limite du rapport de deux infiniment petits du même ordre, k et l, ayant respectivement pour valeurs principales $A h^\alpha$ et $B h^\alpha$. On aura rigoureusement

$$x = \frac{A}{B}.$$

On a, en effet,

$$k = A h^\alpha (1 + \varepsilon), \quad l = B h^\alpha (1 + \eta),$$

ε et η étant des quantités infiniment petites. On en déduit

$$\frac{k}{l} = \frac{A(1 + \varepsilon)}{B(1 + \eta)} = \frac{A}{B} + \frac{A(\varepsilon - \eta)}{B(1 + \eta)},$$

et, en passant à la limite,

$$x = \frac{A}{B} + \lim \frac{A(\varepsilon - \eta)}{B(1 + \eta)} = \frac{A}{B},$$

ε et η ayant pour limite zéro.

x. Supposons, d'autre part, que pour obtenir une quantité inconnue x nous l'ayons décomposée en une somme d'éléments infiniment petits k_1, k_2, ..., tous positifs.

Soient m_1, m_2, ... les valeurs principales de ces éléments. On aura

$$k_1 = m_1(1 + \varepsilon_1),$$
$$k_2 = m_2(1 + \varepsilon_2),$$
$$\dots\dots\dots\dots\dots,$$
$$x = k_1 + k_2 + \dots = m_1 + m_2 + \dots + \varepsilon_1 m_1 + \varepsilon_2 m_2 + \dots,$$

ε_1, ε_2, ... étant des quantités infiniment petites. Soient ε et η la plus petite et la plus grande d'entre elles. On aura évidemment

$$x \gtreqless (m_1 + m_2 + \dots)(1 + \varepsilon) \lesseqgtr (m_1 + m_2 + \dots)(1 + \eta),$$

d'où, en passant à la limite,

$$x = \lim(m_1 + m_2 + \dots).$$

On a donc ce théorème :

Dans l'évaluation de la limite d'un rapport ou d'une somme d'infiniment petits, on peut, sans erreur aucune, remplacer ces infiniment petits par leurs valeurs principales.

xi. La considération des infiniment petits était familière aux géomètres du xviie siècle; mais c'est à Newton et à Leibnitz que revient la gloire d'en avoir formé un corps de doctrine systématique, qui porte le nom de *Calcul infinitésimal* ou *Théorie des fonctions*. Ce nouveau Calcul, développé par leurs successeurs, et principalement par les Bernoulli, d'Alembert, Euler, Lagrange, Cauchy, Gauss, Abel et Jacobi, formera l'objet de ce Cours. Il se divise en deux branches distinctes : le Calcul différentiel et le Calcul intégral.

Le Calcul différentiel résout le problème suivant :

Connaissant les relations qui lient plusieurs quantités variables, trouver celles qui existent entre leurs variations infiniment petites.

Le Calcul intégral pose la question inverse :

Des relations qui lient les variations, déduire celles qui existent entre les variables.

Dans les applications de l'Analyse aux phénomènes naturels, ces deux problèmes pourraient se formuler ainsi :

1° *Des effets étant mesurés, remonter à leurs causes.*

2° *Les causes étant connues, calculer leurs effets.*

COURS
D'ANALYSE

DE

L'ÉCOLE POLYTECHNIQUE.

PREMIÈRE PARTIE.
CALCUL DIFFERENTIEL.

CHAPITRE I.
DÉRIVÉES ET DIFFÉRENTIELLES.

I. — Définitions.

1. Si deux quantités variables x et y sont liées entre elles par une relation, on peut choisir arbitrairement l'une d'elles comme *variable indépendante*, et l'on dira que l'autre variable est une *fonction* de la première.

Soient, plus généralement, x, y, z, ... des variables en nombre $m + n$, liées entre elles par m relations. On pourra choisir n de ces quantités pour variables indépendantes, et les autres en seront des fonctions.

Une fonction d'une variable x peut se désigner par le symbole $f(x)$; si l'on considère simultanément plusieurs fonctions différentes, on pourra les désigner respectivement par

$F(x)$, $\varphi(x)$, ... en changeant la lettre initiale de la notation précédente.

Une fonction de plusieurs variables x, y, ... se représente par la notation analogue $f(x, y, \ldots)$.

2. Nous allons passer rapidement en revue les diverses fonctions d'une variable que fournissent les éléments des Mathématiques.

1° On rencontre d'abord les *polynômes,* ou *fonctions entières,* définies par des équations de la forme

$$y = A\,x^m + B\,x^n + \ldots,$$

où m, n, ... sont des entiers et A, B, ... des constantes.

Leur propriété fondamentale, démontrée pour la première fois par d'Alembert, est exprimée par le théorème suivant, qui sera établi dans ce Cours :

Toute fonction entière de degré m peut être décomposée en un produit de m facteurs du premier degré (à coefficients réels ou imaginaires).

2° En second lieu viennent les *fractions rationnelles,* qui s'obtiennent en formant le quotient de deux polynômes.

La fraction rationnelle est dite *simple* si elle a pour numérateur une constante, et pour dénominateur un polynôme du premier degré, ou une puissance d'un semblable polynôme.

Nous verrons que *toute fraction rationnelle peut être exprimée par la somme d'une fonction entière et d'un certain nombre de fractions simples.*

3° Les deux classes de fonctions qui précèdent rentrent comme cas particuliers dans celle des *fonctions algébriques,* définies par une équation de la forme

$$A\,x^m y^\mu + B\,x^n y^\nu + \ldots = 0,$$

où les coefficients A, B, ... sont des constantes, et les exposants m, μ, n, ν, ... des entiers.

Soit μ le degré de l'équation par rapport à y ; *à chaque valeur de x correspondent,* en vertu du théorème de d'Alembert, μ *valeurs distinctes de la fonction y.*

Ce fait analytique remarquable établit une différence tranchée entre ces nouvelles fonctions et les fonctions entières ou rationnelles.

4° Enfin viennent les fonctions non algébriques, ou *transcendantes.* Les plus simples sont les suivantes :

La fonction $y = x^m$ (m incommensurable).

La fonction *exponentielle* $y = a^x$.

La fonction *logarithmique* $y = \log x$, inverse de la précédente.

Les fonctions *trigonométriques,* $\sin x$, $\cos x$, $\tan g x$, etc., et leurs inverses $\arcsin x$, $\arccos x$, $\arctan g x$, etc.

3. On dit qu'une fonction $y = f(x)$ est *continue* pour la valeur $x = a$ si, quelque petite que soit la quantité ε, on peut toujours déterminer une seconde quantité η telle que l'on ait

$$f(a + h) - f(a) < \varepsilon$$

pour toutes les valeurs de h comprises entre $-\eta$ et $+\eta$.

La fonction $f(x)$ sera continue de $x = a$ à $x = b$ si elle est continue pour toutes les valeurs de x comprises dans cet intervalle. Elle sera continue *aux environs* de la valeur a, si l'on peut déterminer un intervalle comprenant le point a et dans lequel elle soit continue.

De même une fonction de plusieurs variables $z = f(x, y)$ sera continue pour $x = a$, $y = b$ si, quelque petit que soit ε, on peut déterminer η de telle sorte que l'on ait

$$f(a + h, b + k) - f(a, b) < \varepsilon$$

tant que h et k seront compris entre $-\eta$ et $+\eta$.

On exprime souvent cette idée d'une manière plus courte, mais moins précise, en disant qu'à tout système d'accroissements infiniment petits donnés aux variables correspond pour la fonction un accroissement infiniment petit.

Il est clair qu'une fonction quelconque est discontinue
pour les systèmes de valeurs des variables qui la rendent infinie ou indéterminée.

II. — Dérivée et différentielle d'une fonction d'une seule variable.

4. Soit $y = f(x)$ une fonction de x. Si nous donnons à
cette variable un accroissement infiniment petit Δx, y prendra
un accroissement $\Delta y = f(x + \Delta x) - f(x, y)$.

Supposons que Δx tende vers zéro; $\dfrac{\Delta y}{\Delta x}$ tendra vers une limite qu'on appelle la *dérivée* de y. Il est clair que cette limite
dépend en général de la valeur initiale donnée à x. Ce sera
donc une fonction de x. Nous la désignerons avec Lagrange
par y' ou $f'(x)$, ou avec Cauchy par $\mathrm{D}y$ ou $\mathrm{D}f(x)$.

On sait d'ailleurs qu'il peut arriver que $\dfrac{\Delta y}{\Delta x}$ tende vers ∞
ou ne tende vers aucune limite fixe. Dans ce cas, $f'(x)$ serait
infinie ou indéterminée.

Il est clair qu'une fonction est continue aux points où sa
dérivée est finie et déterminée, car son accroissement Δy correspondant à un accroissement infiniment petit de x, étant
sensiblement égal à $f'(x)\Delta x$, sera infiniment petit et de
même ordre que Δx.

On a longtemps admis, sans preuve suffisante, que, réciproquement, *si la fonction y est continue, sa dérivée y' sera
finie et déterminée, sauf pour certaines valeurs isolées
données à la variable.*

Cette assertion est trop absolue. On a donné récemment
des exemples de fonctions continues dont la dérivée est toujours indéterminée. Mais ces fonctions anormales ne seront
pas abordées dans ce Cours. Nous nous bornerons à étudier
les fonctions continues qui satisfont au postulatum ci-dessus.
Elles offrent déjà un champ fort vaste, car, parmi les fonctions
en nombre infini qu'elles embrassent, se trouvent, ainsi que

nous allons le voir, toutes celles qui sont connues par les éléments des Mathématiques.

5. *Dérivée de x^m* (*m* étant entier et positif). — On a, par définition,

$$(x^m)' = \lim_{\Delta x = 0} \frac{(x + \Delta x)^m - x^m}{\Delta x}$$

$$= \lim \frac{m\,x^{m-1}\,\Delta x + \dfrac{m(m-1)}{2}\,x^{m-2}\,\Delta x^2 + \ldots + \Delta x^m}{\Delta x}$$

$$= \lim \left[m\,x^{m-1} + \frac{m(m-1)}{2}\,x^{m-2}\,\Delta x + \ldots + \Delta x^{m-1} \right]$$

$$= m\,x^{m-1}.$$

6. *Dérivée de* $\sin x$. — On aura

$$(\sin x)' = \lim \frac{\sin(x + \Delta x) - \sin x}{\Delta x}$$

$$= \lim \frac{2 \sin \dfrac{\Delta x}{2} \cos\left(x + \dfrac{\Delta x}{2}\right)}{\Delta x}$$

$$= \cos x \lim \frac{\sin \dfrac{\Delta x}{2}}{\frac{1}{2} \Delta x}.$$

Or $\dfrac{\Delta x}{2}$, étant un petit angle, sera compris entre $\sin \dfrac{\Delta x}{2}$ et

$$\tang \frac{\Delta x}{2} = \frac{\sin \dfrac{\Delta x}{2}}{\cos \dfrac{\Delta x}{2}}.$$ Donc $\dfrac{\sin \dfrac{\Delta x}{2}}{\dfrac{1}{2} \Delta x}$ est compris entre 1 et $\cos \dfrac{\Delta x}{2}$.

Mais, lorsque Δx tend vers zéro, $\cos \dfrac{\Delta x}{2}$ tend vers l'unité; on aura donc

$$\lim \frac{\sin \dfrac{\Delta x}{2}}{\frac{1}{2} \Delta x} = 1, \quad \text{d'où} \quad (\sin x)' = \cos x.$$

7. *Dérivée de* $\log x$. — On aura

$$(\log x)' = \lim \frac{\log(x + \Delta x) - \log x}{\Delta x} = \lim \frac{\log\left(1 + \dfrac{\Delta x}{x}\right)}{\Delta x}.$$

Pour déterminer cette limite, posons $\dfrac{\Delta x}{x} = \dfrac{1}{n}$. Lorsque Δx tendra vers zéro, n tendra vers ∞. On aura d'ailleurs

$$\frac{\log\left(1 + \dfrac{\Delta x}{x}\right)}{\Delta x} = \frac{n}{x} \log\left(1 + \frac{1}{n}\right) = \frac{1}{x} \log\left(1 + \frac{1}{n}\right)^n.$$

$$(\log x)' = \lim_{n = \infty} \frac{\log\left(1 + \dfrac{1}{n}\right)^n}{x} = \frac{1}{x} \log \lim \left(1 + \frac{1}{n}\right)^n.$$

8. Il nous reste à démontrer que, lorsque n tend vers ∞, $\left(1 + \dfrac{1}{n}\right)^n$ tend vers une limite fixe, et à déterminer cette limite.

$1°$ Supposons d'abord qu'on donne à n une série de valeurs positives, entières, indéfiniment croissantes. La formule du binôme donnera

$$\left(1 + \frac{1}{n}\right)^n = 1 + n\frac{1}{n} + \ldots + \frac{n(n-1)\ldots(n-m+1)}{1.2\ldots m} \frac{1}{n^m} + \ldots + \frac{1}{n^n}$$

$$= 1 + \frac{1}{1} + \ldots + \frac{1}{1.2\ldots m}\left[\left(1 - \frac{1}{n}\right)\ldots\left(1 - \frac{m-1}{n}\right)\right] + \ldots.$$

Les facteurs $1 - \dfrac{1}{n}, \ldots, 1 - \dfrac{m-1}{n}, \ldots$ étant positifs et moindres que l'unité, les divers termes de cette expression seront positifs et moindres que les termes de la suite

$$S_n = 1 + \frac{1}{1} + \ldots + \frac{1}{1.2\ldots m} + \ldots + \frac{1}{1.2\ldots n}.$$

On aura donc constamment

$$\left(1 + \frac{1}{n}\right)^n < S_n,$$

d'où

$$(1) \qquad \lim \left(1 + \frac{1}{n}\right)^n \gtreqless \lim S_n \lesseqgtr \frac{1}{1} + 1 + \frac{1}{1.2} + \frac{1}{1.2.3} + \ldots$$

Mais, d'autre part, m désignant un entier constant quelconque, on aura

$$\left(1 + \frac{1}{n}\right)^n > 1 + \frac{1}{1} + \ldots + \frac{1}{1.2\ldots m}\left(1 - \frac{1}{n}\right)\cdots\left(1 - \frac{m-1}{n}\right),$$

car les termes suivants du développement, que nous négligeons, étaient tous positifs.

On aura donc

$$(2) \quad \begin{cases} \lim \left(1 + \frac{1}{n}\right)^n \\[2mm] \gtreqless \lim \left[1 + \frac{1}{1} + \ldots + \frac{1}{1.2\ldots m}\left(1 - \frac{1}{n}\right)\cdots\left(1 - \frac{m-1}{n}\right)\right] \\[2mm] \gtreqless 1 + \frac{1}{1} + \ldots + \frac{1}{1.2\ldots m}, \end{cases}$$

car les facteurs $1 - \dfrac{1}{n}, \cdots, 1 - \dfrac{m-1}{n}$ ont évidemment pour limite l'unité.

Le nombre m étant un entier quelconque qu'on peut supposer aussi grand qu'on veut, les inégalités (1) et (2) montrent qu'on aura exactement

$$\lim \left(1 + \frac{1}{n}\right)^n = 1 + \frac{1}{1} + \frac{1}{1.2} + \frac{1}{1.2.3} + \ldots$$

La valeur numérique de cette série se désigne généralement par e. Elle est aisée à calculer avec une grande approximation. On trouvera $e = 2,718281828\ldots$

2° Supposons maintenant que l'on donne à n une série de valeurs positives indéfiniment croissantes, mais qui ne soient plus nécessairement entières. Soient p et $p+1$ les deux entiers entre lesquels n se trouve à chaque instant compris. On aura évidemment

$$\left(1+\frac{1}{p+1}\right)^{p} < \left(1+\frac{1}{n}\right)^{n} < \left(1+\frac{1}{p}\right)^{p+1};$$

mais

$$\left(1+\frac{1}{p+1}\right)^{p} = \frac{\left(1+\dfrac{1}{p+1}\right)^{p+1}}{1+\dfrac{1}{p+1}},$$

$$\left(1+\frac{1}{p}\right)^{p+1} = \left(1+\frac{1}{p}\right)^{p}\left(1+\frac{1}{p}\right).$$

D'ailleurs, p est supposé croître indéfiniment; donc $1+\dfrac{1}{p}$ et $1+\dfrac{1}{p+1}$ auront pour limite l'unité, et $\left(1+\dfrac{1}{p}\right)^{p}$ et $\left(1+\dfrac{1}{p+1}\right)^{p+1}$ auront pour limite e. Donc les deux quantités entre lesquelles $\left(1+\dfrac{1}{n}\right)^{n}$ est comprise, et par suite cette quantité elle-même, ont pour limite e.

3° Supposons enfin qu'on donne à n des valeurs négatives indéfiniment croissantes en valeur absolue. Posons $n = -n'$; il viendra

$$\left(1+\frac{1}{n}\right)^{n} = \left(1-\frac{1}{n'+1}\right)^{-n'-1} = \left(1+\frac{1}{n'}\right)^{n'+1}$$

$$= \left(1+\frac{1}{n'}\right)^{n'}\left(1+\frac{1}{n'}\right).$$

Or, n' tendant vers ∞, le premier facteur tendra vers e, le second vers l'unité. La limite cherchée sera donc encore égale à e.

On aura donc

$$(\log x)' = \frac{\log e}{x}.$$

Le seul système de logarithmes employé dans les formules de l'Analyse est celui dont la base est e. On leur donne le nom de *logarithmes népériens*. Dans ce système, on aura évidemment $\log e = 1$, d'où

$$(\log x)' = \frac{1}{x}.$$

9. Voici maintenant quelques théorèmes généraux qui nous permettront d'obtenir, sans nouvelle recherche, la dérivée d'une foule de fonctions.

Dérivée d'une somme. — Soit $y = u + v - w$ une somme algébrique de fonctions dont les dérivées soient connues. On aura évidemment

$$\frac{\Delta y}{\Delta x} = \frac{\Delta u}{\Delta x} + \frac{\Delta v}{\Delta x} - \frac{\Delta w}{\Delta x},$$

et, en passant à la limite,

$$y' = \lim \frac{\Delta y}{\Delta x} = \lim \frac{\Delta u}{\Delta x} + \lim \frac{\Delta v}{\Delta x} - \lim \frac{\Delta w}{\Delta x} = u' + v' - w'.$$

10. *Dérivée d'un produit.* — Soit $y = uv$, u et v ayant des dérivées connues u' et v'. On aura

$$\frac{\Delta y}{\Delta x} = \frac{(u + \Delta u)(v + \Delta v) - uv}{\Delta x} = \frac{\Delta u}{\Delta x}(v + \Delta v) + u \frac{\Delta v}{\Delta x},$$

$$y' = \lim \frac{\Delta y}{\Delta x} = \lim \frac{\Delta u}{\Delta x} \lim (v + \Delta v) + \lim u \frac{\Delta v}{\Delta x} = u'v + uv'.$$

Si le produit contenait plus de deux facteurs, on raisonnerait de même. On obtient ainsi la règle suivante :

Pour obtenir la dérivée d'un produit, il faut prendre la dérivée de chaque facteur, la multiplier par le produit des autres facteurs et ajouter les résultats.

Remarques. — 1° Si l'un des facteurs du produit est constant, sa dérivée est nulle. En effet, u étant constant, par hypothèse, on aura, quel que soit Δx, $\Delta u = 0$, d'où $\frac{\Delta u}{\Delta x} = 0$, et par suite $u' = 0$.

J. — *Cours*, I. 2

2° Les résultats ci-dessus permettent d'obtenir la dérivée d'une fonction entière quelconque,

$$y = \mathrm{A}\,x^m + \mathrm{B}\,x^n + \ldots,$$

car l'application des règles précédentes donnera immédiatement

$$y' = m\mathrm{A}\,x^{m-1} + n\mathrm{B}\,x^{n-1} + \ldots.$$

11. *Dérivée d'un quotient.* — Soit $y = \dfrac{u}{v}$. On aura

$$\frac{\Delta y}{\Delta x} = \frac{\dfrac{u + \Delta u}{v + \Delta v} - \dfrac{u}{v}}{\Delta x} = \frac{v\,\dfrac{\Delta u}{\Delta x} - u\,\dfrac{\Delta v}{\Delta x}}{v\,(v + \Delta v)},$$

et, à la limite,

$$y' = \frac{vu' - uv'}{v^2}.$$

Cette formule permet de trouver la dérivée de toute fraction rationnelle.

12. *Dérivée d'une fonction de fonction.* — Soit $y = \mathrm{F}(u)$, $u = f(x)$ étant lui-même une fonction de x; on aura évidemment

$$\frac{\Delta y}{\Delta x} = \frac{\Delta y}{\Delta u}\,\frac{\Delta u}{\Delta x},$$

d'où

$$y' = \lim \frac{\Delta y}{\Delta x} = \lim \frac{\Delta y}{\Delta u}\,\lim \frac{\Delta u}{\Delta x} = \mathrm{F}'(u)\,u' = \mathrm{F}'[f(x)]\,f'(x).$$

13. *Dérivée d'une fonction inverse.* — Soit $y = f(x)$ une fonction de x; et supposons que cette équation, résolue par rapport à x, donne $x = \varphi(y)$. Les deux fonctions f et φ seront dites *inverses* l'une de l'autre. Si l'on connaît la dérivée de l'une d'elles, on aura immédiatement celle de l'autre.

Appliquons en effet la règle du numéro précédent à la recherche de la dérivée de $\varphi(y)$. On trouvera, pour cette dérivée, la valeur suivante

$$\varphi'(y)\,f'(x).$$

Mais $\varphi(y)$, n'étant autre chose que x, a pour dérivée l'unité; on aura donc

$$\varphi'(y)f'(x) = 1,$$

d'où

$$f'(x) = \frac{1}{\varphi'(y)} = \frac{1}{\varphi'[f(x)]}.$$

14. Nous allons faire quelques applications de ces théorèmes :

1° *Dérivée de* $\cos x$. — On a

$$\cos x = \sin\left(\frac{\pi}{2} - x\right),$$

d'où

$$(\cos x)' = \left[\sin\left(\frac{\pi}{2} - x\right)\right]' = \cos\left(\frac{\pi}{2} - x\right)\left(\frac{\pi}{2} - x\right)'$$

$$= -\cos\left(\frac{\pi}{2} - x\right) = -\sin x.$$

2° *Dérivée de* $\tang x$. — On a

$$\tang x = \frac{\sin x}{\cos x},$$

d'où

$$(\tang x)' = \frac{(\sin x)'\cos x - \sin x(\cos x)'}{\cos^2 x} = \frac{\cos^2 x + \sin^2 x}{\cos^2 x} = \frac{1}{\cos^2 x}.$$

3° *Dérivée de* $\arc\sin x$. — L'équation

$$y = \arc\sin x$$

donne

$$x = \sin y.$$

On aura donc, en appliquant la formule donnée pour former la dérivée des fonctions inverses,

$$y' = \frac{1}{(\sin y)'} = \frac{1}{\cos y} = \pm\frac{1}{\sqrt{1 - x^2}},$$

le signe du radical étant déterminé dans chaque cas par celui de $\cos y$.

4° *Dérivée de* arc cos *x*. — On aura

$$(\text{arc } \cos x)' = \left(\frac{\pi}{2} - \text{arc } \sin x\right)' = \frac{1}{-\sqrt{1-x^2}}.$$

5° *Dérivée de* arc tang *x*. — L'équation

$$y = \text{arc tang} x$$

donne

$$x = \text{tang} y.$$

On aura donc

$$y' = \frac{1}{(\text{tang} y)'} = \cos^2 y = \frac{1}{1+x^2}.$$

6° *Dérivée de* e^x. — L'équation $y = e^x$ donnant $x = \log y$, on aura

$$y' = \frac{1}{(\log y)'} = y = e^x.$$

La dérivée de $a^x = e^{x \log a}$ sera évidemment égale à

$$e^{x \log a} (x \log a)' = a^x \log a.$$

7° *Dérivée de* x^m (*m* étant quelconque). — On a identiquement

$$x^m = e^{m \log x},$$

d'où

$$(x^m)' = e^{m \log x} (m \log x)' = e^{m \log x} \cdot \frac{m}{x} = x^m \frac{m}{x} = m x^{m-1}.$$

8° *Dérivée de* $\log\left(x + \sqrt{1+x^2}\right)$. — On aura successivement

$$\left[\log\left(x + \sqrt{1+x^2}\right)\right]' = \frac{1}{x + \sqrt{1+x^2}} \left(x + \sqrt{1+x^2}\right)'$$

$$= \frac{1}{x + \sqrt{1+x^2}} \left[1 + \frac{1}{2}(1+x^2)^{-\frac{1}{2}}(1+x^2)'\right]$$

$$= \frac{1}{x + \sqrt{1+x^2}} \left(1 + \frac{x}{\sqrt{1+x^2}}\right)$$

$$= \frac{1}{\sqrt{1+x^2}}.$$

15. Théorème. — *Soit* $y = f(x)$ *une fonction de x dont la dérivée reste finie et déterminée lorsque x varie dans un certain intervalle. Soient a et* $a + h$ *deux valeurs de x prises dans cet intervalle. On aura*

$$f(a + h) - f(a) = \mu h,$$

μ *désignant une quantité intermédiaire entre la plus grande et la plus petite valeur de* $f'(x)$ *dans l'intervalle de a à* $a + h$.

En effet, donnons successivement à x une série de valeurs a_1, a_2, a_{n-1} intermédiaires entre a et $a + h$. Posons

$$f(a_1) - f(a) = (a_1 - a)[f'(a) + \varepsilon_1],$$
$$f(a_2) - f(a_1) = (a_2 - a_1)[f'(a_1) + \varepsilon_2],$$
$$\dots\dots\dots\dots\dots\dots\dots\dots\dots\dots,$$
$$f(a + h) - f(a_{n-1}) = (a + h - a_{n-1})[f'(a_{n-1}) + \varepsilon_n].$$

L'addition de ces équations donnera

$$f(a + h) - f(a) = (a_1 - a)[f'(a) + \varepsilon_1]$$
$$+ (a_2 - a_1)[f'(a_1) + \varepsilon_2] + \dots$$
$$+ (a + h - a_{n-1})[f'(a_{n-1}) + \varepsilon_n].$$

Remplaçons, d'une part, les quantités $f'(a), f'(a_1), \dots, f'(a_{n-1})$ par leur maximum M, et les quantités $\varepsilon_1, \dots, \varepsilon_n$ par leur maximum ε; on aura évidemment

$$f(a + h) - f(a) \lessgtr (M + \varepsilon)h.$$

On trouvera de même, en remplaçant les quantités $f'(a), \dots, f'(a_{n-1})$ par leur minimum m et les quantités ε par leur minimum η_1,

$$f(a + h) - f(a) \gtrless (m + \eta_1)h.$$

Supposons maintenant les valeurs intermédiaires $a_1, \dots, a_{n-1}$ indéfiniment multipliées. Les quantités $\varepsilon_1, \varepsilon_2, \dots$ tendront toutes vers zéro, car ε_1, par exemple, est la différence entre $\dfrac{f(a_1) - f(a)}{a_1 - a}$ et sa limite $f'(a)$. Donc ε et η_1 tendront vers zéro, et l'on aura à la limite

$$f(a+h) - f(a) \gtrless Mh \gtrless mh = \mu h.$$

Remarque. — Si $f'(x)$ est une fonction continue de a à $a+h$, elle passera par degrés insensibles de son maximum M à son minimum m. Il existera donc entre a et $a+h$ une valeur b de x telle que l'on ait

$$f(a+h) - f(a) = h f'(b).$$

D'ailleurs, b, étant compris entre a et $a+h$, sera de la forme

$$b = a + \theta h,$$

θ étant compris entre o et 1.

16. COROLLAIRE I. — *Une fonction dont la dérivée est constamment nulle dans un certain intervalle est constante dans cet intervalle.*

Soient en effet a et $a+h$ deux valeurs quelconques de x comprises dans cet intervalle. On aura

$$M = m = \mu = o,$$

et par suite

$$f(a) = f(a+h).$$

COROLLAIRE II. — *Deux fonctions qui ont même dérivée ne peuvent différer que par une constante.*

Car leur différence, ayant une dérivée constamment nulle, est constante.

Réciproquement, deux fonctions qui ne diffèrent que par une constante, ayant mêmes accroissements, auront même dérivée.

17. De la relation

$$\lim \frac{\Delta y}{\Delta x} = y',$$

qui sert de définition à la dérivée, on déduit

$$\frac{\Delta y}{\Delta x} = y' + \varepsilon,$$

$$\Delta y = y' \Delta x + \varepsilon \, \Delta x,$$

ε étant infiniment petit avec Δx. Donc Δy se compose de deux termes : l'un, $y' \Delta x$, simplement proportionnel à Δx et qui constitue sa valeur principale ; l'autre, $\varepsilon \, \Delta x$, d'ordre supérieur au premier.

Le premier de ces deux termes, $y' \Delta x$, se nomme la *différentielle* de y et se désigne par dy.

Dans le cas particulier où la fonction y ne serait autre que x, on aurait $y' = 1$, et l'équation

$$dy = y' \Delta x$$

se réduirait à

$$\Delta x = dx.$$

Substituant cette valeur de Δx dans l'équation générale

$$dy = y' \Delta x,$$

on en conclura

$$dy = y' dx,$$

$$y' = \frac{dy}{dx}.$$

III. — Dérivées partielles. Différentielle totale.

18. Passons à la considération des fonctions de plusieurs variables.

Soit, par exemple, $z = f(x, y)$ une fonction continue de deux variables indépendantes x, y. Faisons d'abord varier x en laissant y constant ; l'expression

$$\lim \frac{f(x + \Delta x, y) - f(x, y)}{\Delta x}$$

sera une fonction de x, y qu'on appelle la *dérivée partielle* de z par rapport à x.

Lagrange la représente par la notation $f'_x(x, y)$ ou z'_x, Cauchy par la notation $D_x f(x, y)$ ou $D_x z$.

D'autres auteurs la désignent par $\dfrac{dz}{dx}$, ou mieux par $\dfrac{\partial z}{\partial x}$, par une raison que nous expliquerons tout à l'heure.

On appellera de même *dérivée partielle* de z par rapport à y l'expression

$$\lim \frac{f(x, y + \Delta y) - f(x, y)}{\Delta y}$$

et on la représentera à volonté par z'_y, $D_y z$ ou $\dfrac{\partial z}{\partial y}$.

19. Cela posé, changeons simultanément x et y en $x + \Delta x$, $y + \Delta y$, Δx et Δy étant des infiniment petits que nous considérons comme du premier ordre. On aura

$$\begin{aligned}
\Delta z &= f(x + \Delta x, y + \Delta y) - f(x, y) \\
&= f(x + \Delta x, y + \Delta y) - f(x + \Delta x, y) \\
&\quad + f(x + \Delta x, y) - f(x, y).
\end{aligned}$$

Or on a, par définition,

$$f(x + \Delta x, y) - f(x, y) = \frac{\partial f(x, y)}{\partial x} \Delta x + \varepsilon \, \Delta x,$$

$$f(x + \Delta x, y + \Delta y) - f(x + \Delta x, y) = \frac{\partial f(x + \Delta x, y)}{\partial y} \Delta y + \varepsilon_1 \Delta y,$$

ε et ε_1 étant infiniment petits.

Si d'ailleurs on admet que $\dfrac{\partial f}{\partial y}$ est une fonction continue par rapport à x, on aura

$$\frac{\partial f(x + \Delta x, y)}{\partial y} = \frac{\partial f(x, y)}{\partial y} + \varepsilon_2,$$

ε_2 étant infiniment petit.

On aura donc

$$\Delta z = \frac{\partial f(x, y)}{\partial x} \Delta x + \frac{\partial f(x, y)}{\partial y} \Delta y + \varepsilon \, \Delta x + (\varepsilon_1 + \varepsilon_2) \Delta y.$$

Donc Δz sera formé de deux parties :

1° L'une,

$$\frac{\partial f(x, y)}{\partial x} \Delta x + \frac{\partial f(x, y)}{\partial y} \Delta y$$

linéaire en Δx et Δy ;

2° L'autre,

$$\varepsilon \Delta x + (\varepsilon_1 + \varepsilon_2) \Delta y,$$

d'ordre supérieur au premier.

La première partie, qui est évidemment la principale lorsque Δx et Δy sont suffisamment petits, se nomme la *différentielle totale* de z et se désigne par dz. Les deux termes dont elle se compose, et qui correspondent respectivement à la variation de x et à celle de y, se nomment *différentielles partielles*.

20. Si z n'était autre que x, l'équation

$$dz = \frac{\partial f}{\partial x} \Delta x + \frac{\partial f}{\partial y} \Delta y$$

se réduirait à

$$dx = \Delta x.$$

Si z se réduisait à y, on aurait de même

$$dy = \Delta y.$$

On aura donc

$$dz = \frac{\partial f}{\partial x} dx + \frac{\partial f}{\partial z} dy.$$

Si l'on avait désigné les dérivées partielles par $\dfrac{dz}{dx}$, $\dfrac{dz}{dy}$, on risquerait de les confondre avec les quotients de la différentielle totale dz par dx ou dy, tandis que ce ne sont que les quotients des différentielles partielles. C'est pourquoi il est préférable de changer la forme du d et d'écrire $\dfrac{\partial z}{\partial x}$, $\dfrac{\partial z}{\partial y}$.

21. *Remarque.* — Si $\dfrac{\partial z}{\partial x}$ est identiquement nulle, z sera une constante relativement à x. Cette condition exprime donc que z ne dépend que de y. De même, si $\dfrac{z}{\partial y} = 0$, z ne dépend que de x. Enfin, si l'on a identiquement $\dfrac{\partial z}{\partial x} = 0$ et $\dfrac{\partial z}{\partial y} = 0$, z, étant indépendant à la fois de x et de y, se réduira à une constante.

Ces deux conditions $\dfrac{\partial z}{\partial x} = 0$, $\dfrac{\partial z}{\partial y} = 0$ peuvent être résumées en celle-ci

$$dz = 0,$$

car

$$dz = \frac{\partial z}{\partial x}\,dx + \frac{\partial z}{\partial y}\,dy,$$

et, pour que cette quantité s'annule identiquement, indépendamment de toute valeur particulière donnée aux accroissements dx et dy, il faut et il suffit que $\dfrac{\partial z}{\partial x}$ et $\dfrac{\partial z}{\partial y}$ soient nuls séparément.

22. *Dérivées des fonctions composées.* — Une expression de la forme

$$f(u, v, \ldots),$$

où u, v, … sont elles-mêmes des fonctions d'une ou plusieurs variables indépendantes x, y, …, est évidemment une fonction de x, y, …. On dit qu'elle est *composée* au moyen des fonctions u, v.

Proposons-nous de trouver la différentielle d'une semblable fonction. Pour l'obtenir, donnons à x, y, … des accroissements dx, dy, …. Soient Δu, Δv, …, Δf les accroissements correspondants de u, v, …, f. On aura, d'après ce qui vient d'être établi,

$$\Delta f = \frac{\partial f}{\partial u}\,\Delta u + \frac{\partial f}{\partial v}\,\Delta v + \ldots + \varepsilon,$$

ε étant infiniment petit par rapport aux termes précédents.

On a de même

$$\Delta u = \frac{\partial u}{\partial x} dx + \frac{\partial u}{\partial y} dy + \ldots + \mathfrak{z}_1 = du + \mathfrak{z}_1,$$

$$\Delta v = \frac{\partial v}{\partial x} dx + \frac{\partial v}{\partial y} dy + \ldots + \varepsilon_2 = dv + \mathfrak{z}_2,$$

$$\ldots\ldots\ldots\ldots\ldots\ldots\ldots\ldots\ldots\ldots\ldots\ldots\ldots\ldots\ldots$$

Substituant, dans l'expression de Δf, et négligeant les termes multipliés par ε, ε_1, ε_2, ..., on obtiendra pour df, valeur principale de Δf, l'expression suivante :

$$df = \frac{\partial f}{\partial u} du + \frac{\partial f}{\partial v} dv + \ldots$$

$$= \frac{\partial f}{\partial u}\left(\frac{\partial u}{\partial x} dx + \frac{\partial u}{\partial y} dy + \ldots \right)$$

$$+ \frac{\partial f}{\partial v}\left(\frac{\partial v}{\partial x} dx + \frac{\partial v}{\partial y} dy + \ldots \right) + \ldots$$

$$= \left(\frac{\partial f}{\partial u}\frac{\partial u}{\partial x} + \frac{\partial f}{\partial v}\frac{\partial v}{\partial x} + \ldots \right) dx$$

$$+ \left(\frac{\partial f}{\partial u}\frac{\partial u}{\partial y} + \frac{\partial f}{\partial v}\frac{\partial v}{\partial y} + \ldots \right) dy + \ldots$$

On voit, par cette formule, que *la différentielle totale df s'exprime au moyen de du, dv, de la même manière que si u, v étaient des variables indépendantes.*

D'autre part, les coefficients de dx, dy, ... dans l'expression de df représentent les dérivées partielles de f par rapport aux variables indépendantes x, y, ... On aura donc la règle fondamentale suivante pour former ces dérivées :

La dérivée par rapport à une variable indépendante x d'une fonction composée $f(u, v, \ldots)$ s'obtient en ajoutant ensemble les dérivées partielles $\frac{\partial f}{\partial u}$, $\frac{\partial f}{\partial v}$, ..., respectivement multipliées par les dérivées de u, v, ... par rapport à la variable x.

23. Supposons que les variables indépendantes $x, y, \ldots$ et les fonctions $u, v, \ldots$ satisfassent identiquement à une équation

$$F(x, y, \ldots, u, v, \ldots) = 0.$$

Le premier membre de cette équation étant une fonction de $x, y, \ldots$ dont la valeur est constante et égale à zéro, ses dérivées par rapport à chacune de ces variables seront nulles. On aura donc, en formant ces dérivées d'après la règle énoncée ci-dessus,

$$\frac{\partial F}{\partial x} + \frac{\partial F}{\partial u} \frac{\partial u}{\partial x} + \frac{\partial F}{\partial v} \frac{\partial v}{\partial x} + \ldots = 0,$$

$$\frac{\partial F}{\partial y} + \frac{\partial F}{\partial u} \frac{\partial u}{\partial y} + \frac{\partial F}{\partial v} \frac{\partial v}{\partial y} + \ldots = 0,$$

$$\ldots \ldots \ldots \ldots \ldots \ldots \ldots \ldots \ldots \ldots$$

Ces équations peuvent être concentrées en une seule,

$$\frac{\partial F}{\partial x} \, dx + \frac{\partial F}{\partial y} \, dy + \ldots + \frac{\partial F}{\partial u} \, du + \frac{\partial F}{\partial v} \, dv + \ldots = 0,$$

exprimant que la différentielle totale dF est identiquement nulle.

24. *Dérivées des fonctions implicites.* — On nomme fonctions *implicites* celles dont l'expression, au moyen des variables indépendantes, n'est pas immédiatement donnée, mais qui dépendent d'équations non résolues. La remarque précédente fournit un moyen facile de calculer leurs dérivées partielles, ainsi que leur différentielle totale.

Soit, par exemple, u une fonction de x, y définie par l'équation

$$F(x, y, u) = 0.$$

Concevons qu'après avoir résolu cette équation par rapport à u on y substitue la valeur trouvée. Le premier membre sera identiquement nul. Ses dérivées par rapport à x et par rapport à y seront donc nulles, ce qui fournira les équations

$$\frac{\partial F}{\partial x} + \frac{\partial F}{\partial u}\frac{\partial u}{\partial x} = 0,$$

$$\frac{\partial F}{\partial y} + \frac{\partial F}{\partial u}\frac{\partial u}{\partial y} = 0,$$

lesquelles pourront servir à déterminer les inconnues $\dfrac{\partial u}{\partial x}$, $\dfrac{\partial u}{\partial y}$. On en tire

(1) $$\frac{\partial u}{\partial x} = -\frac{\dfrac{\partial F}{\partial x}}{\dfrac{\partial F}{\partial u}}, \quad \frac{\partial u}{\partial y} = -\frac{\dfrac{\partial F}{\partial y}}{\dfrac{\partial F}{\partial u}},$$

et, par suite,

$$du = \frac{\partial u}{\partial x}dx + \frac{\partial u}{\partial y}dy = -\frac{\dfrac{\partial F}{\partial x}}{\dfrac{\partial F}{\partial u}}dx - \frac{\dfrac{\partial F}{\partial y}}{\dfrac{\partial F}{\partial u}}dy$$

On peut opérer d'une façon inverse. En égalant à zéro la différentielle totale dF, on trouvera d'abord

$$\frac{\partial F}{\partial x}dx + \frac{\partial F}{\partial y}dy + \frac{\partial F}{\partial u}du = 0.$$

On tirera de là

$$du = -\frac{\dfrac{\partial F}{\partial x}}{\dfrac{\partial F}{\partial u}}dx - \frac{\dfrac{\partial F}{\partial y}}{\dfrac{\partial F}{\partial u}}dy.$$

et enfin, identifiant cette expression avec la suivante,

$$du = \frac{\partial u}{\partial x}dx + \frac{\partial u}{\partial y}dy,$$

on retrouvera les équations (1).

25. Soient, comme second exemple, u, v deux fonctions

implicites de x, y, définies par les deux équations

$$F(x, y, u, v) = 0,$$
$$\Phi(x, y, u, v) = 0.$$

Égalant à zéro les différentielles totales, par exemple, on aura

$$\frac{\partial F}{\partial x} dx + \frac{\partial F}{\partial y} dy + \frac{\partial F}{\partial u} du + \frac{\partial F}{\partial v} dv = 0,$$

$$\frac{\partial \Phi}{\partial x} dx + \frac{\partial \Phi}{\partial y} dy + \frac{\partial \Phi}{\partial u} du + \frac{\partial \Phi}{\partial v} dv = 0.$$

Résolvant ces équations par rapport à du et dv, on obtiendra des expressions de la forme

$$du = A\, dx + B\, dy,$$
$$dv = C\, dx + D\, dy,$$

et l'on aura, par suite,

$$\frac{\partial u}{\partial x} = A, \quad \frac{\partial u}{\partial y} = B,$$

$$\frac{\partial v}{\partial x} = C, \quad \frac{\partial v}{\partial y} = D.$$

26. Les théorèmes précédents permettent d'obtenir la dérivée de toute fonction liée aux variables indépendantes par un système quelconque d'équations où ne figurent que des signes d'opérations algébriques, des exponentielles, des logarithmes, des fonctions circulaires directes ou inverses et des puissances incommensurables.

IV. — Dérivées et différentielles d'ordre supérieur.

27. Soient $y = f(x)$ une fonction de x, y' sa dérivée. Cette nouvelle fonction aura elle-même une dérivée, qu'on appelle la *dérivée seconde* de y, et qu'on représente par y'', ou $f''(x)$, ou $D^2 y$.

La dérivée de y'' sera la *dérivée troisième* de y et se représentera par y''', $f'''(x)$ ou $D^3 y$, et ainsi de suite.

28. Soit de même $z = f(x, y)$ une fonction de plusieurs variables indépendantes x, y; ses dérivées partielles

$$D_x z = \frac{\partial z}{\partial x} \quad \text{et} \quad D_y z = \frac{\partial z}{\partial y}$$

seront elles-mêmes des fonctions de x, y ayant des dérivées partielles.

Nous désignerons les dérivées partielles de $\frac{\partial z}{\partial x}$ par $f''_{xx}(x, y)$, $f''_{xy}(x, y)$, par $D^2_{xx} z$ et $D^2_{xy} z$, ou enfin par $\frac{\partial^2 z}{\partial x^2}$ et $\frac{\partial^2 z}{\partial x \, \partial y}$, celles de $\frac{\partial z}{\partial y}$ par $f''_{yx}(x, y)$, $f''_{yy}(x, y)$, par $D^2_{yx} z$, $D^2_{yy} z$, ou par $\frac{\partial^2 z}{\partial y \, \partial x}$ et $\frac{\partial^2 z}{\partial y^2}$.

En général, $\frac{\partial^{m+n+p+\cdots} z}{\partial x^m \, \partial y^n \, \partial x^p \cdots}$ représentera la fonction déduite de z en y effectuant successivement m dérivations par rapport à x, puis n dérivations par rapport à y, puis p dérivations par rapport à x, etc.

29. THÉORÈME. — *Tant que* $\frac{\partial z}{\partial x}$, $\frac{\partial z}{\partial y}$, $\frac{\partial^2 z}{\partial x \, \partial y}$ *et* $\frac{\partial^2 z}{\partial y \, \partial x}$ *seront des fonctions continues de* x, y, *on aura*

$$\frac{\partial^2 z}{\partial x \, \partial y} = \frac{\partial^2 z}{\partial y \, \partial x}.$$

Soit, en effet, $z = f(x, y)$. Nous allons prouver que chacune des deux quantités $\frac{\partial^2 z}{\partial x \, \partial y}$, $\frac{\partial^2 z}{\partial y \, \partial x}$ est égale à la limite du rapport

$$R = \frac{f(x+h, y+k) - f(x+h, y) - f(x, y+k) + f(x, y)}{hk}$$

lorsque h et k tendent vers zéro.

Le numérateur de R est l'accroissement que prend la fonction

$$f(x, y+k) - f(x, y) = \varphi(x, y)$$

lorsqu'on y change x en $x + h$. Cet accroissement est égal, d'après un théorème précédemment démontré, à

$$h\,\varphi'_x(x + \theta h, y) = h\,[f'_x(x + \theta h, y + k) - f'_x(x + \theta h, y)],$$

θ étant compris entre o et 1.

D'après le même théorème, cette expression sera égale à

$$hk\,f''_{xy}(x + \theta h, y + \theta_1 k),$$

θ_1 étant compris entre o et 1.

On aura donc

$$R = f''_{xy}(x + \theta h, y + \theta_1 k),$$

et, en passant à la limite,

$$\lim R = f''_{xy}(x, y).$$

On trouverait de la même manière

$$\lim R = f''_{yx}(x, y).$$

Corollaire. — On a généralement

$$\frac{\partial^{m+n+p+\cdots} z}{\partial x^m\,\partial y^n\,\partial x^p \ldots} = \frac{\partial^{m+n+p+\cdots} z}{\partial x^{m+p+\cdots}\,\partial y^{n+\cdots}},$$

car, deux dérivations successives, opérées l'une par rapport à x, l'autre par rapport à y, pouvant être interverties, comme on vient de le voir, sans changer le résultat final, on pourra évidemment intervertir d'une façon quelconque les dérivations à opérer et, par exemple, opérer d'abord toutes celles relatives à x, puis celles relatives à y.

30. Soit y une fonction de x. Sa différentielle $y'dx$ sera elle-même une fonction de x dont on pourra chercher la différentielle. Cette nouvelle différentielle dépend de la relation qu'on voudra établir entre la variable x et l'accroissement dx qu'on lui fait subir. Si l'on admet que cet accroissement soit constant, quel que soit x, la différentielle sera évidemment égale à $y''dx \cdot dx = y''dx^2$. On la nomme la *différentielle seconde* de y et on la désigne par d^2y.

De même d^2y aura lui-même une différentielle $y''' dx^3$; ce sera la *différentielle troisième* de y, et on la désignera par d^3y. Continuant ainsi, on aura

$$dy = y' dx, \quad d^2y = y'' dx^2, \quad \ldots, \quad d^m y = y^m dx^m, \quad \ldots$$

d'où

$$y' = \frac{dy}{dx}, \quad y'' = \frac{d^2y}{dx^2}, \quad \ldots, \quad y^m = \frac{d^m y}{dx^m}.$$

31. Soit de même z une fonction de plusieurs variables x, y. Elle aura une différentielle totale

$$\frac{\partial z}{\partial x} dx + \frac{\partial z}{\partial y} dy.$$

La différentielle de cette différentielle, prise en supposant dx et dy constants, quels que soient x, y, se nomme la *différentielle seconde* de z et se désigne par $d^2 z$. On aura, d'après cette définition,

$$d^2 z = \left(\frac{\partial^2 z}{\partial x^2} dx + \frac{\partial^2 z}{\partial x\, \partial y} dy \right) dx + \left(\frac{\partial^2 z}{\partial y\, \partial x} dx + \frac{\partial^2 z}{\partial y^2} dy \right) dy$$

$$= \frac{\partial^2 z}{\partial x^2} dx^2 + 2 \frac{\partial^2 z}{\partial x\, \partial y} dx\, dy + \frac{\partial^2 z}{\partial y^2} dy^2.$$

On calculerait de même les différentielles troisième, etc.

32. On aura généralement

$$d^m z = \frac{\partial^m z}{\partial x^m} dx^m + m \frac{\partial^m z}{\partial x^{m-1} \partial y} dx^{m-1} dy + \ldots$$

$$+ \frac{m(m-1)\ldots(m-n+1)}{1.2\ldots n} \frac{\partial^m z}{\partial x^{m-n} \partial y^n} dx^{m-n} dy^n + \ldots$$

$$+ \frac{\partial^m z}{\partial y^m} dy^m.$$

Cette formule étant confirmée pour dz et $d^2 z$, il suffira d'établir que, si elle est vraie pour un nombre m, elle sera vraie pour $m+1$.

Différentions, à cet effet, cette formule. On obtiendra évidemment une expression de la forme

$$d^{m+1} z = \frac{\partial^{m+1} z}{\partial x^{m+1}} dx^{m+1} + A_1 \frac{\partial^{m+1} z}{\partial x^m \partial y} dx^m dy + \ldots$$
$$+ A_n \frac{\partial^{m+1} z}{\partial x^{m+1-n} \partial y^n} dx^{m+1-n} dy^n + \ldots + \frac{\partial^{m+1} z}{\partial y^{m+1}} dy^{m+1}.$$

Il reste à vérifier la loi des coefficients $A_1, \ldots, A_n, \ldots$. Or le terme général de cette expression,

$$A_n \frac{\partial^{m+1} z}{\partial x^{m+1-n} \partial y^n} dx^{m+1-n} dy^n,$$

provient de la dérivation par rapport à x du terme général de l'expression de $d^m z$ et de la dérivation par rapport à y du terme précédent. Ces termes ayant respectivement pour coefficients

$$\frac{m(m-1)\ldots(m-n+1)}{1.2\ldots n} \quad \text{et} \quad \frac{m(m-1)\ldots(m-n+2)}{1.2\ldots(n-1)},$$

A_n sera égal à la somme de ces deux quantités, c'est-à-dire à

$$\frac{m(m-1)\ldots(m-n+2)}{1.2\ldots(n-1)} \left(1 + \frac{m-n+1}{n} \right)$$
$$= \frac{(m+1)m\ldots(m-n+2)}{1.2\ldots n},$$

ce qui confirme la formule.

L'équation que nous venons de démontrer peut s'écrire sous la forme *symbolique* suivante,

$$d^m z = \left(\frac{\partial}{\partial x} dx + \frac{\partial}{\partial y} dy \right)^m z,$$

si l'on convient, après avoir développé la puissance $n^{\text{ième}}$ du binôme $\left(\frac{\partial}{\partial x} dx + \frac{\partial}{\partial y} dy \right)$, de remplacer chaque produit tel que $\frac{\partial^m}{\partial x^{m-n} \partial y^n} z$ par la dérivée $\frac{\partial^m z}{\partial x^{m-n} \partial y^n}$.

33. Soient u et v deux fonctions d'une ou de plusieurs variables. On aura généralement

$$d^m(uv) = v\, d^m u + d^{m-1} u\, dv + \ldots$$
$$+ \frac{m(m-1)\ldots(m-n+1)}{1.2\ldots n} d^{m-n} u\, d^n v + \ldots + u\, d^m v.$$

En effet, Δu, Δv étant les accroissements de u et de v, on aura

$$\Delta(uv) = (u + \Delta u)(v + \Delta v) - uv = v\,\Delta u + u\,\Delta v + \Delta u\,\Delta v.$$

Négligeant le terme du second ordre $\Delta u\,\Delta v$, et remplaçant Δu, Δv par leurs valeurs principales du et dv, on aura, pour valeur principale de Δuv,

$$duv = v\, du + u\, dv,$$

ce qui confirme la formule pour $m = 1$.

D'ailleurs, en la supposant démontrée pour le nombre m, on verra, comme précédemment, qu'elle est vraie pour $m + 1$.

34. Plus généralement, soit $V = f(u, v)$ une fonction quelconque de u et de v, u et v étant encore des fonctions d'une ou de plusieurs variables indépendantes x, y. Proposons-nous de déterminer les différentielles successives de V.

On a pour la différentielle première, ainsi que nous l'avons vu,

$$dV = \frac{\partial f}{\partial u}\, du + \frac{\partial f}{\partial v}\, dv.$$

Pour calculer la différentielle seconde $d^2 V$, il faudra différentier cette expression. Or $\dfrac{\partial f}{\partial u}$ et $\dfrac{\partial f}{\partial v}$ sont des fonctions de u, v, qui ont respectivement pour différentielles

$$\frac{\partial^2 f}{\partial u^2}\, du + \frac{\partial^2 f}{\partial u\, \partial v}\, dv, \quad \frac{\partial^2 f}{\partial u\, \partial v}\, du + \frac{\partial^2 f}{\partial v^2}\, dv.$$

D'autre part, du, dv dépendent de x, y, ... et ont, par définition, pour différentielles $d^2 u$, $d^2 v$. Appliquant la règle trouvée pour différentier un produit, il viendra donc

$$d^2 V = \left(\frac{\partial^2 f}{\partial u^2} \, du + \frac{\partial^2 f}{\partial u \, \partial v} \, dv \right) du + \left(\frac{\partial^2 f}{\partial u \, \partial v} \, du + \frac{\partial^2 f}{\partial v^2} \, dv \right) dv$$
$$+ \frac{\partial f}{\partial u} \, d^2 u + \frac{\partial f}{\partial v} \, d^2 v$$
$$= \frac{\partial^2 f}{\partial u^2} \, du^2 + 2 \frac{\partial^2 f}{\partial u \, \partial v} \, du \, dv + \frac{\partial^2 f}{\partial v^2} \, dv^2 + \frac{\partial f}{\partial u} \, d^2 u + \frac{\partial f}{\partial v} \, d^2 v.$$

Une nouvelle différentiation donnerait $d^3 V$, et ainsi de suite.

On voit, par les formules qui précèdent, que dV a la même forme que si u, v étaient des variables indépendantes; mais il n'en est pas de même des différentielles suivantes : $d^2 V$, par exemple, contient des termes en $d^2 u$ et $d^2 v$ qui n'existeraient pas dans cette hypothèse.

V. — Changements de variables.

35. PROBLÈME I. — *Soit* $y = F(x)$ *une fonction de* x *ayant pour dérivées successives* $\frac{dy}{dx}$, $\frac{d^2 y}{dx^2}$, ... *Supposons que* x, *au lieu d'être une variable indépendante, soit lui-même fonction d'une nouvelle variable* t, *et soient* x', x'', ..., y', y'', ... *les dérivées successives de* x *et de* y *par rapport à* t.

On demande de trouver les relations qui existent entre $\frac{dy}{dx}$, $\frac{d^2 y}{dx^2}$, ..., x', x'', ..., y', y'', ...

y étant, par rapport à t, une fonction de fonction, on aura, par la règle connue,

$$y' = \frac{dy}{dx} x'.$$

Dérivant de nouveau par rapport à t, en remarquant que $\frac{dy}{dx}$ est une fonction de x, qui est lui-même fonction de t, on aura

$$y'' = \frac{d^2 y}{dx^2} x'^2 + \frac{dy}{dx} x''.$$

Dérivant encore, on trouvera

$$y''' = \frac{d^3 y}{dx^3} x'^3 + 3 \frac{d^2 y}{dx^2} x' x'' + \frac{dy}{dx} x''', \quad \dots$$

Résolvant ces équations par rapport à $\dfrac{dy}{dx}, \dfrac{d^2 y}{dx^2}, \dots$, on trouvera réciproquement

$$(1) \qquad \frac{dy}{dx} = \frac{y'}{x'}, \quad \frac{d^2 y}{dx^2} = \frac{x' y'' - y' x''}{x'^3}, \quad \dots$$

On remarquera qu'en appelant $d_1 x, d_1^2 x, \dots, d_1 y, d_1^2 y$ les différentielles successives de x et de y par rapport à la nouvelle variable t on aura

$$x' = \frac{d_1 x}{dt}, \quad y' = \frac{d_1 y}{dt}, \quad x'' = \frac{d_1^2 x}{dt^2}, \quad \dots,$$

d'où

$$\frac{dy}{dx} = \frac{y'}{x'} = \frac{d_1 y}{d_1 x}.$$

Donc la dérivée de y par rapport à x reste égale au rapport des différentielles de x et de y, quelle que soit la variable indépendante.

L'expression des dérivées suivantes est au contraire changée. On aura, par exemple,

$$\frac{d^2 y}{dx^2} = \frac{d_1 x \, d_1^2 y - d_1 y \, d_1^2 x}{d_1 x^3}.$$

36. Problème II. — *Soit, comme précédemment, $y = F(x)$. Posons*

$$(2) \qquad x = f(t, u), \quad y = \varphi(t, u).$$

Nous aurons trois équations entre x, y, t, u. On peut donc considérer x, y, u comme des fonctions de t. Cela posé, on demande d'exprimer $\dfrac{dy}{dx}$, $\dfrac{d^2 y}{dx^2}$, $\cdots$ en fonction de t, u, $\dfrac{du}{dt}$, $\dfrac{d^2 u}{dt^2}$, $\ldots$.

Prenons les dérivées successives des équations (2) par rapport à la nouvelle variable indépendante t. Il viendra

$$x' = \frac{\partial f}{\partial t} + \frac{\partial f}{\partial u}\frac{du}{dt},$$

$$y' = \frac{\partial \varphi}{\partial t} + \frac{\partial \varphi}{\partial u}\frac{du}{dt},$$

puis

$$x'' = \frac{\partial^2 f}{\partial t^2} + 2\frac{\partial^2 f}{\partial t\,\partial u}\frac{du}{dt} + \frac{\partial^2 f}{\partial u^2}\frac{du^2}{dt^2} + \frac{\partial f}{\partial u}\frac{d^2 u}{dt^2},$$

$$y'' = \frac{\partial^2 \varphi}{\partial t^2} + 2\frac{\partial^2 \varphi}{\partial t\,\partial u}\frac{du}{dt} + \frac{\partial^2 \varphi}{\partial u^2}\frac{du^2}{dt^2} + \frac{\partial \varphi}{\partial u}\frac{d^2 u}{dt^2},$$

$$\ldots\ldots\ldots\ldots\ldots\ldots\ldots\ldots\ldots\ldots\ldots$$

On n'aura plus qu'à substituer ces valeurs dans les expressions (1).

37. Applications. — 1° *Soit* $x = \rho\cos\theta$, $y = \rho\sin\theta$. *On demande l'expression de la quantité*

$$R = \frac{\left(1 + \dfrac{dy^2}{dx^2}\right)^{\frac{3}{2}}}{\dfrac{d^2 y}{dx^2}}$$

(nous la rencontrerons dans la théorie des courbes, sous le nom de *rayon de courbure*) *en fonction de* ρ, θ, $\dfrac{d\rho}{d\theta}$, $\dfrac{d^2\rho}{d\theta^2}$.

On aura

$$x' = \frac{d\rho}{d\theta}\cos\theta - \rho\sin\theta,$$

$$y' = \frac{d\rho}{d\theta}\sin\theta + \rho\cos\theta,$$

$$x'' = \frac{d^2\rho}{d\theta^2}\cos\theta - 2\frac{d\rho}{d\theta}\sin\theta - \rho\cos\theta,$$

$$y'' = \frac{d^2\rho}{d\theta^2}\sin\theta + 2\frac{d\rho}{d\theta}\cos\theta - \rho\sin\theta,$$

$$\left(1 + \frac{dy^2}{dx^2}\right)^{\frac{3}{2}} = \left(1 + \frac{y'^2}{x'^2}\right)^{\frac{3}{2}} = \frac{(x'^2 + y'^2)^{\frac{3}{2}}}{x'^3},$$

$$R = \frac{(x'^2 + y'^2)^{\frac{3}{2}}}{x'y'' - y'x''},$$

$$x'^2 + y'^2 = \frac{d\rho^2}{d\theta^2} + \rho^2.$$

$$x'y'' - y'x'' = \left(\frac{d\rho}{d\theta}\cos\theta - \rho\sin\theta\right)\left(\frac{d^2\rho}{d\theta^2}\sin\theta + 2\frac{d\rho}{d\theta}\cos\theta - \rho\sin\theta\right)$$

$$- \left(\frac{d\rho}{d\theta}\sin\theta + \rho\cos\theta\right)\left(\frac{d^2\rho}{d\theta^2}\cos\theta - 2\frac{d\rho}{d\theta}\sin\theta - \rho\cos\theta\right)$$

$$= 2\frac{d\rho^2}{d\theta^2} - \rho\frac{d^2\rho}{d\theta^2} + \rho^2,$$

$$R = \frac{\left(\dfrac{d\rho^2}{d\theta^2} + \rho^2\right)^{\frac{3}{2}}}{2\dfrac{d\rho^2}{d\theta^2} - \rho\dfrac{d^2\rho}{d\theta^2} + \rho^2}.$$

38. 2° *Les deux variables* x *et* y *étant liées par une équation, on demande d'exprimer les dérivées* x', x'', ... *de* x *par rapport à* y *en fonction des dérivées* y', y'', ... *de* y *par rapport à* x.

On a, par le théorème sur la dérivée des fonctions inverses,

$$x' = \frac{1}{y'}.$$

Prenons la dérivée de cette équation par rapport à la nouvelle variable indépendante y. En remarquant que y', y'', ... sont des fonctions de x, qui lui-même est fonction de y, le théorème sur la dérivée des fonctions de fonction donnera

$$x'' = -\frac{y''}{y'^2}x' = -\frac{y''}{y'^3},$$

$$x''' = \left(-\frac{y'''}{y'^3} + \frac{3y''^2}{y'^4}\right)x' = \frac{3y''^2 - y'y'''}{y'^5},$$

$$\dotfill$$

39. Les fonctions de plusieurs variables donnent lieu à deux questions analogues, que nous allons traiter.

Problème III. — *Soit z une fonction de deux variables x, y. On pose $x = f(t, u)$, $y = \varphi(t, u)$, t et u étant deux nouvelles variables. On demande d'exprimer les dérivées partielles* $\dfrac{\partial z}{\partial x}$, $\dfrac{\partial z}{\partial y}$, $\dfrac{\partial^2 z}{\partial x^2}$, $\dfrac{\partial^2 z}{\partial x \, \partial y}$, $\dfrac{\partial^2 z}{\partial y^2}$, $\ldots$ *en fonction de t, u,* $\dfrac{\partial z}{\partial t}$, $\dfrac{\partial z}{\partial u}$, $\dfrac{\partial^2 z}{\partial t^2}$, $\ldots$.

z étant fonction de x, y, qui sont eux-mêmes fonctions de t, u, sera une fonction composée de ces deux nouvelles variables. Prenons ses dérivées partielles successives; il viendra

$$(3) \quad \begin{cases} \dfrac{\partial z}{\partial t} = \dfrac{\partial z}{\partial x} \dfrac{\partial x}{\partial t} + \dfrac{\partial z}{\partial y} \dfrac{\partial y}{\partial t}, \\[2mm] \dfrac{\partial z}{\partial u} = \dfrac{\partial z}{\partial x} \dfrac{\partial x}{\partial u} + \dfrac{\partial z}{\partial y} \dfrac{\partial y}{\partial u}, \end{cases}$$

puis, en remarquant que $\dfrac{\partial z}{\partial x}$, $\dfrac{\partial z}{\partial y}$ sont des fonctions de x, y, eux-mêmes fonctions de u et de v,

$$(4) \quad \begin{cases} \dfrac{\partial^2 z}{\partial t^2} = \left(\dfrac{\partial^2 z}{\partial x^2} \dfrac{\partial x}{\partial t} + \dfrac{\partial^2 z}{\partial x \, \partial y} \dfrac{\partial y}{\partial t} \right) \dfrac{\partial x}{\partial t} + \dfrac{\partial z}{\partial x} \dfrac{\partial^2 x}{\partial t^2} \\[2mm] \qquad + \left(\dfrac{\partial^2 z}{\partial x \, \partial y} \dfrac{\partial x}{\partial t} + \dfrac{\partial^2 z}{\partial y^2} \dfrac{\partial y}{\partial t} \right) \dfrac{\partial y}{\partial t} + \dfrac{\partial z}{\partial y} \dfrac{\partial^2 y}{\partial t^2} \\[2mm] \quad = \dfrac{\partial^2 z}{\partial x^2} \left(\dfrac{\partial x}{\partial t} \right)^2 + 2 \dfrac{\partial^2 z}{\partial x \, \partial y} \dfrac{\partial x}{\partial t} \dfrac{\partial y}{\partial t} + \dfrac{\partial^2 z}{\partial y^2} \left(\dfrac{\partial y}{\partial t} \right)^2 \\[2mm] \qquad + \dfrac{\partial z}{\partial x} \dfrac{\partial^2 x}{\partial t^2} + \dfrac{\partial z}{\partial y} \dfrac{\partial^2 y}{\partial t^2}, \end{cases}$$

$$(5) \quad \begin{cases} \dfrac{\partial^2 z}{\partial t \, \partial u} = \dfrac{\partial^2 z}{\partial x^2} \dfrac{\partial x}{\partial t} \dfrac{\partial x}{\partial u} + \dfrac{\partial^2 z}{\partial x \, \partial y} \left(\dfrac{\partial x}{\partial t} \dfrac{\partial y}{\partial u} + \dfrac{\partial x}{\partial u} \dfrac{\partial y}{\partial t} \right) \\[2mm] \qquad + \dfrac{\partial^2 z}{\partial y^2} \dfrac{\partial y}{\partial t} \dfrac{\partial y}{\partial u} + \dfrac{\partial z}{\partial x} \dfrac{\partial^2 x}{\partial t \, \partial u} + \dfrac{\partial z}{\partial y} \dfrac{\partial^2 y}{\partial t \, \partial u}, \end{cases}$$

$$(6) \quad \begin{cases} \dfrac{\partial^2 z}{\partial u^2} = \dfrac{\partial^2 z}{\partial x^2} \left(\dfrac{\partial x}{\partial u} \right)^2 + 2 \dfrac{\partial^2 z}{\partial x \, \partial y} \dfrac{\partial x}{\partial u} \dfrac{\partial y}{\partial u} + \dfrac{\partial^2 z}{\partial y^2} \left(\dfrac{\partial y}{\partial u} \right)^2 \\[2mm] \qquad + \dfrac{\partial z}{\partial x} \dfrac{\partial^2 x}{\partial u^2} + \dfrac{\partial z}{\partial y} \dfrac{\partial^2 y}{\partial u^2}. \end{cases}$$

On calculerait de même les dérivées troisièmes, etc.

Cela posé, les équations (3), linéaires en $\dfrac{\partial z}{\partial x}$, $\dfrac{\partial z}{\partial y}$, permettent d'exprimer ces quantités en fonction de $\dfrac{\partial z}{\partial t}$, $\dfrac{\partial z}{\partial u}$ et des dérivées partielles de x et y, lesquelles sont des fonctions connues de t, u. Portant ensuite les valeurs trouvées pour $\dfrac{\partial z}{\partial x}$, $\dfrac{\partial z}{\partial y}$ dans les équations (4), (5), (6), on pourra les résoudre par rapport à $\dfrac{\partial^2 z}{\partial x^2}$, $\dfrac{\partial^2 z}{\partial x\,\partial y}$, $\dfrac{\partial^2 z}{\partial y^2}$; de même pour les dérivées des ordres supérieurs.

Cette méthode est évidemment applicable à des fonctions d'un nombre quelconque de variables.

40. *Remarque.* — On ne doit pas perdre de vue que la dérivée partielle $\dfrac{\partial z}{\partial x}$ d'une fonction de deux variables x, y est, par définition, la dérivée de z considéré comme fonction de x, y *restant constant*. Si nous remplaçons y par $\varphi(x, u)$, de telle sorte que les nouvelles variables indépendantes soient x et u, la nouvelle dérivée partielle par rapport à x sera la dérivée de z par rapport à x, u *restant constant*. De ce changement de définition résulte naturellement un changement dans la valeur de cette dérivée partielle.

Soit, par exemple, $z = F(x, y)$. On aura

$$\frac{\partial z}{\partial x} = \frac{\partial F}{\partial x}.$$

Mais, après le changement de variable, on aura

$$z = F[x, \varphi(x, u)], \quad \frac{\partial z}{\partial x} = \frac{\partial F}{\partial x} + \frac{\partial F}{\partial \varphi}\,\frac{\partial \varphi}{\partial x}.$$

41. *Exemples.* — $1°$ Soient x, y, z trois variables indépendantes. Posons

$$x = at + bu + cv,$$
$$y = a't + b'u + c'v,$$
$$z = a''t + b''u + c''v,$$

a, b, c, ... étant des constantes choisies de telle sorte que la substitution soit *orthogonale*, c'est-à-dire qu'on ait

$$x^2 + y^2 + z^2 = t^2 + u^2 + v^2.$$

Cette condition fournira le système d'équations suivant,

$$a^2 + a'^2 + a''^2 = 1,$$
$$b^2 + b'^2 + b''^2 = 1,$$
$$c^2 + c'^2 + c''^2 = 1,$$
$$ab + a'b' + a''b'' = 0,$$
$$bc + b'c' + b''c'' = 0,$$
$$ca + c'a' + c''a'' = 0,$$

ou le suivant, qui lui est équivalent, comme on sait,

$$(7) \quad \begin{cases} a^2 + b^2 + c^2 = 1, \\ a'^2 + b'^2 + c'^2 = 1, \\ a''^2 + b''^2 + c''^2 = 1, \\ aa' + bb' + cc' = 0. \\ a'a'' + b'b'' + c'c'' = 0, \\ a''a + b''b + c''c = 0. \end{cases}$$

Soit maintenant **V** une fonction quelconque de x, y, z. Considérons les deux expressions

$$\left(\frac{\partial V}{\partial x}\right)^2 + \left(\frac{\partial V}{\partial y}\right)^2 + \left(\frac{\partial V}{\partial z}\right)^2,$$

$$\frac{\partial^2 V}{\partial x^2} + \frac{\partial^2 V}{\partial y^2} + \frac{\partial^2 V}{\partial z^2},$$

qui se présentent dans un grand nombre de problèmes, et que M. Lamé a nommées les *paramètres différentiels* du premier et du second ordre de la fonction V. Proposons-nous de les exprimer au moyen des dérivées partielles de V par rapport aux nouvelles variables t, u, v. On aura

$$\frac{\partial V}{\partial t} = a \frac{\partial V}{\partial x} + a' \frac{\partial V}{\partial y} + a'' \frac{\partial V}{\partial z},$$

$$\frac{\partial V}{\partial u} = b \frac{\partial V}{\partial x} + b' \frac{\partial V}{\partial y} + b'' \frac{\partial V}{\partial z},$$

$$\frac{\partial V}{\partial v} = c \frac{\partial V}{\partial x} + c' \frac{\partial V}{\partial y} + c'' \frac{\partial V}{\partial z},$$

$$\frac{\partial^2 V}{\partial t^2} = a \left(a \frac{\partial^2 V}{\partial x^2} + a' \frac{\partial^2 V}{\partial x \, \partial y} + a'' \frac{\partial^2 V}{\partial x \, \partial z} \right)$$

$$+ a' \left(a \frac{\partial^2 V}{\partial x \, \partial y} + a' \frac{\partial^2 V}{\partial y^2} + a'' \frac{\partial^2 V}{\partial y \, \partial z} \right)$$

$$+ a'' \left(a \frac{\partial^2 V}{\partial x \, \partial z} + a' \frac{\partial^2 V}{\partial y \, \partial z} + a'' \frac{\partial^2 V}{\partial z^2} \right)$$

$$= a^2 \frac{\partial^2 V}{\partial x^2} + a'^2 \frac{\partial^2 V}{\partial y^2} + a''^2 \frac{\partial^2 V}{\partial z^2}$$

$$+ 2 a a' \frac{\partial^2 V}{\partial x \, \partial y} + 2 a' a'' \frac{\partial^2 V}{\partial y \, \partial z} + 2 a'' a \frac{\partial^2 V}{\partial z \, \partial x},$$

$$\frac{\partial^2 V}{\partial u^2} = b^2 \frac{\partial^2 V}{\partial x^2} + b'^2 \frac{\partial^2 V}{\partial y^2} + b''^2 \frac{\partial^2 V}{\partial z^2}$$

$$+ 2 b b' \frac{\partial^2 V}{\partial x \, \partial y} + 2 b' b'' \frac{\partial^2 V}{\partial y \, \partial z} + 2 b'' b \frac{\partial^2 V}{\partial z \, \partial x},$$

$$\frac{\partial^2 V}{\partial v^2} = c^2 \frac{\partial^2 V}{\partial x^2} + c'^2 \frac{\partial^2 V}{\partial y^2} + c''^2 \frac{\partial^2 V}{\partial z^2}$$

$$+ 2 c c' \frac{\partial^2 V}{\partial x \, \partial y} + 2 c' c''' \frac{\partial^2 V}{\partial y \, \partial z} + 2 c'' c \frac{\partial^2 V}{\partial z \, \partial x}.$$

Ajoutons les carrés des trois premières équations. Il viendra, en tenant compte des équations (7),

$$\left(\frac{\partial V}{\partial t} \right)^2 + \left(\frac{\partial V}{\partial u} \right)^2 + \left(\frac{\partial V}{\partial v} \right)^2 = \left(\frac{\partial V}{\partial x} \right)^2 + \left(\frac{\partial V}{\partial y} \right)^2 + \left(\frac{\partial V}{\partial z} \right)^2.$$

Les trois suivantes, ajoutées ensemble, donneront de même

$$\frac{\partial^2 V}{\partial t^2} + \frac{\partial^2 V}{\partial u^2} + \frac{\partial^2 V}{\partial v^2} = \frac{\partial^2 V}{\partial x^2} + \frac{\partial^2 V}{\partial y^2} + \frac{\partial^2 V}{\partial z^2}.$$

La forme des paramètres différentiels n'est donc pas altérée par une substitution orthogonale effectuée sur les variables, et c'est à cette circonstance que ces expressions doivent leur importance en Analyse.

42. 2° Posons

$$x = \rho \sin\theta \cos\psi, \quad y = \rho \sin\theta \sin\psi, \quad z = \rho \cos\theta,$$

et proposons-nous d'exprimer les paramètres différentiels de V en fonction des nouvelles variables ρ, θ, ψ.

Le changement de variables qui précède équivaut évidemment aux deux suivants, opérés successivement :

$$x = r \cos\psi, \quad y = r \sin\psi, \quad z = z$$

et

$$r = \rho \sin\theta, \quad \psi = \psi, \quad z = \rho \cos\theta.$$

Effectuons le premier changement de variables. Il viendra

$$\frac{\partial V}{\partial r} = \frac{\partial V}{\partial x} \cos\psi + \frac{\partial V}{\partial y} \sin\psi,$$

$$\frac{\partial V}{\partial \psi} = -\frac{\partial V}{\partial x} r \sin\psi + \frac{\partial V}{\partial y} r \cos\psi,$$

$$\frac{\partial^2 V}{\partial r^2} = \frac{\partial^2 V}{\partial x^2} \cos^2\psi + 2\frac{\partial^2 V}{\partial x \, \partial y} \cos\psi \sin\psi + \frac{\partial^2 V}{\partial y^2} \sin^2\psi,$$

$$\frac{\partial^2 V}{\partial \psi^2} = \frac{\partial^2 V}{\partial x^2} r^2 \sin^2\psi - 2\frac{\partial^2 V}{\partial x \, \partial y} r^2 \sin\psi \cos\psi + \frac{\partial^2 V}{\partial y^2} r^2 \cos^2\psi$$
$$- \frac{\partial V}{\partial x} r \cos\psi - \frac{\partial V}{\partial y} r \sin\psi.$$

On en déduit immédiatement

$$\left(\frac{\partial V}{\partial r}\right)^2 + \frac{1}{r^2}\left(\frac{\partial V}{\partial \psi}\right)^2 = \left(\frac{\partial V}{\partial x}\right)^2 + \left(\frac{\partial V}{\partial y}\right)^2,$$

$$\frac{\partial^2 V}{\partial r^2} + \frac{1}{r^2}\frac{\partial^2 V}{\partial \psi^2} + \frac{1}{r}\frac{\partial V}{\partial r} = \frac{\partial^2 V}{\partial x^2} + \frac{\partial^2 V}{\partial y^2}.$$

D'ailleurs, $\dfrac{\partial V}{\partial z}$ et $\dfrac{\partial^2 V}{\partial z^2}$ n'ont évidemment pas changé. Les paramètres différentiels deviendront donc respectivement

$$\left(\frac{\partial V}{\partial r}\right)^2 + \frac{1}{r^2}\left(\frac{\partial V}{\partial \psi}\right)^2 + \left(\frac{\partial V}{\partial z}\right)^2$$

et

$$\frac{\partial^2 V}{\partial r^2} + \frac{1}{r^2}\frac{\partial^2 V}{\partial \psi^2} + \frac{1}{r}\frac{\partial V}{\partial r} + \frac{\partial^2 V}{\partial z^2}.$$

Le second changement de variables qui nous reste à effectuer, à savoir

$$z = \rho\cos\theta, \quad r = \rho\sin\theta, \quad \psi = \psi,$$

n'altérera évidemment pas $\dfrac{\partial V}{\partial \psi}$, $\dfrac{\partial^2 V}{\partial \psi^2}$ et transformera respectivement

$$\left(\frac{\partial V}{\partial r}\right)^2 + \left(\frac{\partial V}{\partial z}\right)^2 \quad \text{en} \quad \left(\frac{\partial V}{\partial \rho}\right)^2 + \frac{1}{\rho^2}\left(\frac{\partial V}{\partial \theta}\right)^2,$$

$$\frac{\partial^2 V}{\partial r^2} + \frac{\partial^2 V}{\partial z^2} \quad \text{en} \quad \frac{\partial^2 V}{\partial \rho^2} + \frac{1}{\rho^2}\frac{\partial^2 V}{\partial \theta^2} + \frac{1}{\rho}\frac{\partial V}{\partial \rho}.$$

Enfin, on aura les relations

$$\frac{\partial V}{\partial \rho} = \frac{\partial V}{\partial z}\cos\theta + \frac{\partial V}{\partial r}\sin\theta,$$

$$\frac{\partial V}{\partial \theta} = -\frac{\partial V}{\partial z}\rho\sin\theta + \frac{\partial V}{\partial r}\rho\cos\theta,$$

d'où l'on déduit, en éliminant $\dfrac{\partial V}{\partial z}$,

$$\frac{\partial V}{\partial r} = \sin\theta\frac{\partial V}{\partial \rho} + \frac{\cos\theta}{\rho}\frac{\partial V}{\partial \theta}.$$

Substituant ces valeurs dans les expressions précédentes, on aura, pour le premier paramètre différentiel,

$$\left(\frac{\partial V}{\partial \rho}\right)^2 + \frac{1}{\rho^2}\left(\frac{\partial V}{\partial \theta}\right)^2 + \frac{1}{\rho^2\sin^2\theta}\left(\frac{\partial V}{\partial \psi}\right)^2,$$

et pour le second

$$\frac{\partial^2 V}{\partial \rho^2} + \frac{1}{\rho^2}\frac{\partial^2 V}{\partial \theta^2} + \frac{1}{\rho^2\sin^2\theta}\frac{\partial^2 V}{\partial \psi^2} + \frac{2}{\rho}\frac{\partial V}{\partial \rho} + \frac{\cot\theta}{\rho^2}\frac{\partial V}{\partial \theta}.$$

43. PROBLÈME IV. — *Soit z une fonction de x, y. Posons*

$$(8) \qquad x = f(t, u, v), \quad y = \varphi(t, u, v), \quad z = \psi(t, u, v).$$

On demande d'exprimer les dérivées partielles $\dfrac{\partial z}{\partial x}$, $\dfrac{\partial z}{\partial y}$, $\dfrac{\partial^2 z}{\partial x^2}$, $\cdots$ *en fonction de t, u, v et des dérivées partielles* $\dfrac{\partial v}{\partial t}$, $\dfrac{\partial v}{\partial u}$, $\dfrac{\partial^2 v}{\partial t^2}$, $\cdots$.

z étant une fonction de x, y, les quantités x, y, v seront des fonctions de t et de u, en vertu des trois équations (8). Prenant les dérivées partielles de ces équations par rapport à ces nouvelles variables, il viendra

$$\frac{\partial x}{\partial t} = \frac{\partial f}{\partial t} + \frac{\partial f}{\partial v}\frac{\partial v}{\partial t}, \qquad \frac{\partial x}{\partial u} = \frac{\partial f}{\partial u} + \frac{\partial f}{\partial v}\frac{\partial v}{\partial u},$$

$$\frac{\partial y}{\partial t} = \frac{\partial \varphi}{\partial t} + \frac{\partial \varphi}{\partial v}\frac{\partial v}{\partial t}, \qquad \frac{\partial y}{\partial u} = \frac{\partial \varphi}{\partial u} + \frac{\partial \varphi}{\partial v}\frac{\partial v}{\partial u},$$

$$\frac{\partial z}{\partial t} = \frac{\partial \psi}{\partial t} + \frac{\partial \psi}{\partial v}\frac{\partial v}{\partial t}, \qquad \frac{\partial z}{\partial u} = \frac{\partial \psi}{\partial u} + \frac{\partial \psi}{\partial v}\frac{\partial v}{\partial u},$$

$$\frac{\partial^2 x}{\partial t^2} = \frac{\partial^2 f}{\partial t^2} + 2\frac{\partial^2 f}{\partial t\,\partial v}\frac{\partial v}{\partial t} + \frac{\partial^2 f}{\partial v^2}\left(\frac{\partial v}{\partial t}\right)^2 + \frac{\partial f}{\partial v}\frac{\partial^2 v}{\partial t^2},$$

$$\dotfill$$

On n'aura plus qu'à substituer ces valeurs dans les équations (3) à (6), lesquelles détermineront $\dfrac{\partial z}{\partial x}$, $\dfrac{\partial z}{\partial y}$, $\dfrac{\partial^2 z}{\partial x^2}$, $\cdots$

CHAPITRE II.

FORMATION DES ÉQUATIONS DIFFÉRENTIELLES.

I. — Équations aux différentielles ordinaires.

44. On nomme *équation différentielle de l'ordre n* toute équation entre une variable indépendante x, une fonction y de cette variable et ses n premières dérivées.

45. Soit y une fonction quelconque, définie par l'équation

(1) $$F(x, y) = 0.$$

En prenant les dérivées de cette équation, il viendra

$$\frac{\partial F}{\partial x} + \frac{\partial F}{\partial y} y' = 0,$$

$$\frac{\partial^2 F}{\partial x^2} + 2 \frac{\partial^2 F}{\partial x \partial y} y' + \frac{\partial^2 F}{\partial y^2} y'^2 + \frac{\partial F}{\partial y} y'' = 0,$$

$$\dots\dots\dots\dots\dots\dots\dots\dots\dots\dots$$

Toute équation déduite de la combinaison de ces équations avec la proposée sera une équation différentielle à laquelle satisfait la fonction y. Parmi ces équations, il conviendra de rechercher celles qui ont la forme la plus simple ou la plus avantageuse pour le but qu'on se propose.

46. Il arrive souvent que des fonctions dont l'expression contient des transcendantes ou des radicaux satisfont à des équations différentielles d'où ces transcendantes ou ces radicaux ont disparu.

Soit, par exemple,

$$y = \arcsin x.$$

On en déduit

$$y' = \frac{1}{\pm\sqrt{1 - x^2}},$$

d'où

$$(1 - x^2)y'^2 = 1.$$

Prenant la dérivée de cette équation et supprimant le facteur commun $2y'$, on aura l'équation du second ordre

$$(2) \qquad\qquad (1 - x^2)y'' - xy' = 0.$$

On peut déduire de cette équation une formule récurrente commode pour le calcul des dérivées successives de y. Prenons en effet la dérivée $m^{\text{ième}}$ de cette équation; il viendra, en appliquant la formule connue qui donne la dérivée d'un produit,

$$(1 - x^2)y^{(m+2)} - 2mxy^{(m+1)} - m(m-1)y^{(m)}$$
$$- xy^{(m+1)} - my^{(m)} = 0,$$

et, en réduisant,

$$(1 - x^2)y^{(m+2)} - (2m+1)xy^{(m+1)} - m^2 y^{(m)} = 0.$$

Cette formule se simplifie pour la valeur particulière $x = 0$. Si l'on désigne par y_0, y'_0. ... ce que deviennent alors y, y', ..., il viendra

$$y_0^{(m+2)} = m^2 y_0^{(m)}.$$

On aura, par suite,

$$y_0'' = 0, \quad y_0^{(4)} = 2^2 y_0'' = 0, \quad \ldots, \quad y_0^{(2n)} = 0,$$
$$y_0''' = 1^2 y_0' = \pm 1^2,$$
$$y_0^{(5)} = 3^2 y_0''' = \pm 1^2 . 3^2,$$
$$\ldots\ldots\ldots\ldots\ldots\ldots$$
$$y_0^{(2n+1)} = \pm 1^2 . 3^2 \ldots (2n-1)^2.$$

47. Considérons en second lieu l'expression

$$y = \left(x + \sqrt{x^2 - 1}\right)^n.$$

Prenons la *dérivée logarithmique* des deux membres, c'est-à-dire la dérivée de leurs logarithmes; il viendra

$$\frac{y'}{y} = n \frac{(x + \sqrt{x^2 - 1})'}{x - \sqrt{x^2 - 1}} = \frac{n}{\sqrt{x^2 - 1}},$$

d'où

$$(x^2 - 1) y'^2 = n^2 y^2,$$

ou, en prenant la dérivée et supprimant le facteur commun $2y'$,

$$(3) \qquad (x^2 - 1) y'' + x y' - n^2 y = 0.$$

Prenant la dérivée $m^{\text{ième}}$ de cette équation, on aura la formule récurrente

$$(x^2 - 1) y^{(m+2)} + 2 m x y^{(m+1)}$$
$$+ m(m - 1) y^{(m)} + x y^{(m+1)} + m y^{(m)} - n^2 y^{(m)} = 0,$$

ou, en réduisant,

$$(x^2 - 1) y^{(m+2)} + (2m + 1) x y^{(m+1)} + (m^2 - n^2) y^{(m)} = 0.$$

Pour $x = 0$, cette formule se réduit à

$$(4) \qquad y_0^{(m+2)} = (m^2 - n^2) y_0^{(m)}.$$

48. L'équation différentielle (3) subsisterait évidemment, ainsi que la formule (4) qui en est la conséquence, si l'on changeait le signe du radical dans l'expression de y. Elle subsistera encore si l'on pose

$$y = C(x + \sqrt{x^2 - 1})^n + C'(x - \sqrt{x^2 - 1})^n,$$

C et C' étant deux constantes quelconques, car le résultat de la substitution de cette quantité dans le premier membre de (3), étant évidemment égal à C fois le résultat de la substitution de $(x + \sqrt{x^2 - 1})^n$ plus C' fois le résultat de la substitution de $(x - \sqrt{x^2 - 1})^n$, sera nul.

Soit, en particulier, $C = C' = \frac{1}{2}$, et supposons n entier et positif. L'expression

$$y = \tfrac{1}{2}\big(x + \sqrt{x^2 - 1}\,\big)^n + \tfrac{1}{2}\big(x - \sqrt{x^2 - 1}\,\big)^n$$

étant développée suivant la formule du binôme, les puissances impaires du radical se détruiront, et l'on obtiendra évidemment un polynôme entier de la forme

$$y = A_n x^n + A_{n-2} x^{n-2} + \ldots + A_{n-2p} x^{n-2p} + \ldots.$$

Le coefficient A_n peut se calculer aisément. On a en effet, en divisant par x^n et faisant tendre x vers ∞,

$$A_n = \lim \frac{y}{x^n}$$

$$= \lim\left[\frac{1}{2}\left(1 + \sqrt{1 - \frac{1}{x^2}}\right)^n + \frac{1}{2}\left(1 - \sqrt{1 - \frac{1}{x^2}}\right)^n\right] = 2^{n-1}.$$

Pour calculer les autres coefficients, on remarquera qu'on a, en général,

$$y_0^{n-2p} = 1.2\ldots(n-2p)A_{n-2p},$$

$$y_0^{n-2p-2} = 1.2\ldots(n-2p-2)A_{n-2p-2},$$

d'où

$$A_{n-2p-2} = A_{n-2p}(n-2p)(n-2p-1)\frac{y_0^{n-2p-2}}{y_0^{n-2p}}$$

ou, d'après la formule (4),

$$A_{n-2p-2} = A_{n-2p}\frac{(n-2p)(n-2p-1)}{(n-2p-2)^2 - n^2}.$$

Cette relation permettra de calculer successivement tous les coefficients, en partant du premier.

Posons

$$x = \cos\varphi,$$

d'où

$$\sqrt{x^2 - 1} = i\sin\varphi\,;$$

il viendra

$$y = \tfrac{1}{2}(\cos\varphi + i\sin\varphi)^n + \tfrac{1}{2}(\cos\varphi - i\sin\varphi)^n$$

ou, d'après une formule que nous établirons plus loin,

$$y = \tfrac{1}{2}(\cos n\varphi + i\sin n\varphi) + \tfrac{1}{2}(\cos n\varphi - i\sin n\varphi)$$
$$= \cos n\varphi = \cos n(\arccos x).$$

Nous venons donc d'obtenir le développement de $\cos n\varphi$, suivant les puissances de $\cos\varphi$.

49. Soit, comme dernier exemple, l'expression

$$y = \frac{d^n(x^2 - 1)^n}{dx^n}.$$

Posons, pour abréger,

$$(x^2 - 1)^n = z.$$

En prenant la dérivée logarithmique de cette expression, il viendra

$$\frac{2nx}{x^2 - 1} = \frac{z'}{z}$$

ou

$$(x^2 - 1)z' - 2nxz = 0.$$

Prenons la dérivée $n + 1^{\text{ième}}$ de cette équation; on trouvera

$$(x^2 - 1)z^{(n+2)} + (n+1)2xz^{(n+1)} + \frac{(n+1)n}{2}2z^{(n)}$$
$$- 2nxz^{(n+1)} - 2n(n+1)z^{(n)} = 0$$

ou, en remplaçant $z^{(n)}$ par y et réduisant,

$$(x^2 - 1)y'' + 2xy' - n(n+1)y = 0.$$

50. Considérons une équation

$$F(x, y, c_1, \ldots, c_n) = 0,$$

contenant, outre les variables x, y, n constantes $c_1, \ldots, c_n$. Cette équation représente une infinité de fonctions distinctes, que l'on obtiendra en donnant successivement aux constantes tous les systèmes de valeurs possibles. Toutes ces fonctions satisferont à une même équation différentielle de l'ordre n, qu'il est facile de former. Prenons, en effet, les n premières dérivées de cette équation ; on obtiendra les nouvelles équations suivantes :

$$\frac{\partial F}{\partial x} + \frac{\partial F}{\partial y} y' = 0,$$

$$\frac{\partial^2 F}{\partial x^2} + 2\frac{\partial^2 F}{\partial x\,\partial y} y' + \frac{\partial^2 F}{\partial y^2} y'^2 + \frac{\partial F}{\partial y} y'' = 0,$$

$$\dots\dots\dots\dots\dots\dots\dots\dots\dots\dots\dots,$$

$$\frac{\partial^n F}{\partial x^n} + \dots + \frac{\partial F}{\partial y} y^{(n)} = 0.$$

Entre ces équations et la proposée, éliminons les constantes $c_1, \dots, c_n$; nous obtiendrons l'équation cherchée

$$\varphi(x, y, y', \dots, y^{(n)}) = 0.$$

51. Considérons, par exemple, l'équation

$$\frac{x^2}{A + \lambda} + \frac{y^2}{B + \lambda} = 1,$$

où A et B sont des constantes déterminées et λ un paramètre variable. Cette équation, considérée au point de vue géométrique, représente un système de coniques *homofocales*. (Si nous supposons, pour fixer les idées, $A > B$, les foyers réels seront sur l'axe des x, à la distance $\pm\sqrt{A - B}$ de l'origine.)

Prenons la dérivée de cette équation ; il viendra, en supprimant le facteur commun 2,

$$\frac{x}{A + \lambda} + \frac{yy'}{B + \lambda} = 0.$$

Des équations précédentes on déduit

$$\frac{1}{A + \lambda} = \frac{y'}{x^2 y' - xy}, \quad \frac{1}{B + \lambda} = \frac{1}{y^2 - xyy'},$$

$$A + \lambda = \frac{x^2 y' - xy}{y'}, \quad B + \lambda = y^2 - xyy'.$$

Éliminant λ, on aura l'équation différentielle de ce système de coniques :

$$A - B = \frac{x^2 y' - xy}{y'} - y^2 + xyy'$$

ou

$$xyy'^2 + (x^2 - y^2 - A + B)y' - xy = 0.$$

52. Considérons l'équation

$$x^2 + y^2 + 2ax + 2by + c = 0,$$

qui, considérée au point de vue géométrique, représente l'équation générale des cercles. Cette équation contenant trois constantes, l'équation différentielle qui s'en déduit sera du troisième ordre. Pour l'obtenir, nous formerons les dérivées successives

$$x + yy' + a + by' = 0$$

(nous avons supprimé le facteur 2 pour plus de simplicité),

$$1 + y'^2 + yy'' + by'' = 0,$$
$$3y'y'' + yy''' + by''' = 0.$$

Éliminant b entre ces deux dernières équations, nous obtiendrons l'*équation différentielle des cercles :*

$$(1 + y'^2 + yy'')y''' - y''(3y'y'' + yy''') = 0,$$

ou, en réduisant,

$$(1 + y'^2)y''' - 3y'y''^2 = 0.$$

53. L'équation différentielle des coniques a été obtenue par M. Halphen de la manière suivante :

L'ordonnée y d'une conique est définie par l'équation

$$y = ax + b \pm (px^2 + 2qx + r)^{\frac{1}{2}}.$$

On en déduit, par des dérivations successives,

$$y' = a \pm (px + q)(px^2 + 2qx + r)^{-\frac{1}{2}},$$

$$y'' = \pm p(px^2 + 2q + r)^{-\frac{1}{2}} \mp (px + q)^2(px^2 + 2qx + r)^{-\frac{3}{2}}$$

$$= \pm \frac{p(px^2 + 2qx + r) - (px + q)^2}{(px^2 + 2qx + r)^{\frac{3}{2}}}$$

$$= \pm \frac{pr - q^2}{(px^2 + 2qx + r)^{\frac{3}{2}}},$$

d'où

(5) $$\qquad y''^{-\frac{2}{3}} = \frac{px^2 + 2qx + r}{(pr - q^2)^{\frac{2}{3}}},$$

et, en effectuant trois nouvelles dérivations,

(6) $$\qquad \left(y''^{-\frac{2}{3}}\right)''' = 0.$$

Si la conique est une parabole, p sera nul. Le second membre de l'équation (5) ne contenant pas de terme en x^2, deux dérivations suffiront pour faire disparaître les autres constantes. L'équation différentielle des paraboles sera donc

(7) $$\qquad \left(y''^{-\frac{2}{3}}\right)'' = 0.$$

Il est aisé d'obtenir les équations (6) et (7) sous forme développée. On a, en effet,

$$\left(y''^{-\frac{2}{3}}\right)' = -\tfrac{2}{3} y''^{-\frac{5}{3}} y''',$$

$$\left(y''^{-\frac{2}{3}}\right)'' = \tfrac{10}{9} y''^{-\frac{8}{3}} y'''^2 - \tfrac{2}{3} y''^{-\frac{5}{3}} y^{\mathrm{IV}},$$

$$\left(y''^{-\frac{2}{3}}\right)''' = -\tfrac{80}{27} y''^{-\frac{11}{3}} y'''^3 + \tfrac{20}{9} y''^{-\frac{8}{3}} y''' y^{\mathrm{IV}}$$
$$\qquad\qquad + \tfrac{10}{9} y''^{-\frac{8}{3}} y''' y^{\mathrm{IV}} - \tfrac{2}{3} y''^{-\frac{5}{3}} y^{\mathrm{V}}.$$

Portant ces valeurs dans les équations (6) et (7), chassant les dénominateurs et supprimant le facteur commun 2, il viendra, pour l'équation générale des coniques,

$$- 40 y'''^3 + 45 y'' y''' y^{IV} - 9 y''^2 y^V = 0,$$

et, pour celle des paraboles,

$$5 y'''^2 - 3 y'' y^{IV} = 0.$$

54. Cherchons enfin la condition pour que des fonctions $y_1, y_2, \ldots, y_n$ d'une même variable x soient liées par une équation linéaire à coefficients constants

$$C_1 y_1 + C_2 y_2 + \ldots + C_n y_n = 0.$$

Prenant les dérivées successives de cette équation, il viendra

$$C_1 y'_1 + C_2 y'_2 + \ldots + C_n y'_n = 0,$$
$$\ldots\ldots\ldots\ldots\ldots\ldots\ldots\ldots\ldots,$$
$$C_1 y_1^{(n-1)} + C_2 y_2^{(n-1)} + \ldots + C_n y_n^{(n-1)} = 0,$$

et, en éliminant les constantes,

$$\begin{vmatrix} y_1 & y_2 & \cdots & y_n \\ y'_1 & y'_2 & \cdots & y'_n \\ \cdots & \cdots & \cdots & \cdots \\ y_1^{(n-1)} & y_2^{(n-1)} & \cdots & y_n^{(n-1)} \end{vmatrix} = 0.$$

On verra dans le Calcul intégral que cette condition est suffisante.

II. — Équations aux dérivées partielles.

55. On donne le nom d'*équation aux dérivées partielles d'ordre n* à toute équation entre des variables indépendantes $x_1, x_2, \ldots, x_p$, une fonction z de ces variables et ses dérivées partielles des n premiers ordres.

56. Soit

$$F(x_1, \ldots, x_p, z, c_1, \ldots, c_n) = 0$$

une équation contenant n constantes arbitraires et définissant une fonction z des p variables indépendantes $x_1, \ldots, x_p$. On pourra joindre à cette équation ses p dérivées partielles

$$\frac{\partial F}{\partial x_1} + \frac{\partial F}{\partial z}\frac{\partial z}{\partial x_1} = 0,$$
$$\ldots\ldots\ldots\ldots\ldots\ldots,$$
$$\frac{\partial F}{\partial x_p} + \frac{\partial F}{\partial z}\frac{\partial z}{\partial x_p} = 0$$

par rapport à chacune des variables indépendantes $x_1, \ldots,$ x_p, puis ses $\dfrac{p(p+1)}{2}$ dérivées partielles du second ordre

$$\frac{\partial^2 F}{\partial x_1^2} + 2\frac{\partial^2 F}{\partial x_1 \partial z}\frac{\partial z}{\partial x_1} + \frac{\partial^2 F}{\partial z^2}\left(\frac{\partial z}{\partial x_1}\right)^2 + \frac{\partial F}{\partial z}\frac{\partial^2 z}{\partial x_1^2} = 0,$$
$$\ldots\ldots\ldots\ldots\ldots\ldots\ldots\ldots\ldots\ldots\ldots\ldots,$$

et ainsi de suite jusqu'à ce que le nombre total

$$k = 1 + p + \frac{p(p+1)}{2} + \ldots + \frac{p(p+1)\ldots(p+\rho-1)}{1.2\ldots\rho}$$

des équations ainsi obtenues surpasse le nombre n des constantes arbitraires. Éliminant ces n constantes entre les k équations, on obtiendra un système de $k - n$ équations aux dérivées partielles d'ordre ρ, à chacune desquelles z satisfera, quelles que soient les valeurs des constantes $c_1, \ldots, c_n$.

57. Considérons maintenant la fonction z définie par l'équation plus générale

$$F[x_1, \ldots, x_p, z, \varphi_1(\alpha_1, \ldots, \alpha_{p-1}), \varphi_2(\beta_1, \ldots, \beta_{p-1}), \ldots] = 0,$$

où $\alpha_1, \ldots, \alpha_{p-1}, \beta_1, \ldots, \beta_{p-1}, \ldots$ désignent des fonctions connues de $x_1, \ldots, x_p, z$, et $\varphi_1, \varphi_2, \ldots$ des fonctions arbitraires. Joignons à cette équation ses dérivées partielles successives des ordres $1, 2, \ldots, \rho$. Nous obtiendrons ainsi

$$1 + p + \frac{p(p+1)}{2} + \ldots + \frac{p(p+1)\ldots(p+\rho-1)}{1.2\ldots\rho} = k$$

équations, dans lesquelles figureront les quantités suivantes :

$1°$ $x_1, \ldots, x_p, z$ et ses dérivées partielles jusqu'à l'ordre ρ;

$2°$ la fonction φ_1 et ses dérivées partielles $\dfrac{\partial \varphi_1}{\partial \alpha_1}$, $\ldots$, $\dfrac{\partial \varphi_1}{\partial \alpha_{p-1}}$, $\dfrac{\partial^2 \varphi_1}{\partial x_1^2}$, $\ldots$ jusqu'à l'ordre ρ, la fonction φ_2 et ses dérivées partielles $\dfrac{\partial \varphi_2}{\partial \beta_1}$, $\ldots$ jusqu'à l'ordre ρ, etc. Le nombre l de ces dernières quantités sera évidemment égal à

$$n\left[1 + p - 1 + \ldots + \frac{(p-1)p\ldots(p-\rho-2)}{1.2\ldots\rho}\right],$$

n désignant le nombre des fonctions φ_1, φ_2, $\ldots$.

Donnons successivement à ρ les valeurs $1, 2, 3, \ldots$. Il arrivera nécessairement un moment où le nombre k des équations surpassera le nombre l. En effet, en changeant ρ en $\rho + 1$, on accroît le nombre des équations de $\dfrac{p(p+1)\ldots(p+\rho)}{1.2\ldots(\rho+1)}$, tandis que le nombre l s'accroît de $n\dfrac{(p-1)p\ldots(p+\rho-1)}{1.2\ldots(\rho+1)}$, quantité inférieure à la précédente, si $p + \rho > n(p-1)$. Donc, dès que ρ surpassera $n(p-1) - p$, k croîtra plus rapidement que l et finira par le surpasser. A ce moment, on pourra éliminer entre les k équations obtenues les fonctions φ_1, $\ldots$, φ_n et leurs dérivées partielles; on obtiendra ainsi $k - l$ équations entre x_1, $\ldots$, x_p, z et ses dérivées partielles jusqu'à l'ordre ρ, et la fonction z satisfera à ce système d'équations, de quelque manière que soient choisies les fonctions arbitraires φ_1, $\ldots$, φ_n.

Nous allons faire quelques applications de cette théorie.

58. Soient

$$(1) \qquad \begin{cases} u = f(x, y, z, \ldots), \\ v = f_1(x, y, z, \ldots), \\ w = f_2(x, y, z, \ldots) \end{cases}$$

des fonctions de variables indépendantes $x, y, z, \ldots$, dont le nombre soit au moins égal à celui de ces fonctions.

Proposons-nous de déterminer les conditions nécessaires et suffisantes pour qu'il existe une relation entre ces fonctions.

Supposons qu'une semblable relation existe. En résolvant par rapport à une des fonctions qui y figurent, on aura une équation de la forme

$$u = \varphi(v, w).$$

Prenons les dérivées partielles de cette équation par rapport à chacune des variables indépendantes x, y, z, $\ldots$; il viendra

$$(2) \quad \begin{cases} \dfrac{\partial u}{\partial x} = \dfrac{\partial \varphi}{\partial v} \dfrac{\partial v}{\partial x} + \dfrac{\partial \varphi}{\partial w} \dfrac{\partial w}{\partial x}, \\[2ex] \dfrac{\partial u}{\partial y} = \dfrac{\partial \varphi}{\partial v} \dfrac{\partial v}{\partial y} + \dfrac{\partial \varphi}{\partial w} \dfrac{\partial w}{\partial y}, \\[2ex] \dfrac{\partial u}{\partial z} = \dfrac{\partial \varphi}{\partial v} \dfrac{\partial v}{\partial z} + \dfrac{\partial \varphi}{\partial w} \dfrac{\partial w}{\partial z}, \\[2ex] \dotfill \end{cases}$$

Éliminant $\dfrac{\partial \varphi}{\partial v}$ et $\dfrac{\partial \varphi}{\partial w}$, il viendra

$$(3) \quad \begin{vmatrix} \dfrac{\partial u}{\partial x} & \dfrac{\partial v}{\partial x} & \dfrac{\partial w}{\partial x} \\[2ex] \dfrac{\partial u}{\partial y} & \dfrac{\partial v}{\partial y} & \dfrac{\partial w}{\partial y} \\[2ex] \dfrac{\partial u}{\partial z} & \dfrac{\partial v}{\partial z} & \dfrac{\partial w}{\partial z} \end{vmatrix} = 0.$$

Cette équation sera la seule si le nombre des variables x, y, z, $\ldots$ est égal à celui des fonctions u, v, w. S'il est supérieur, il faudra y joindre les équations analogues résultant de celles des équations (2) que nous n'avons pas écrites.

59. Les conditions dont la nécessité vient d'être établie sont en même temps suffisantes. En effet, considérons les différentielles totales

$$du = \frac{\partial u}{\partial x} dx + \frac{\partial u}{\partial y} dy + \frac{\partial u}{\partial z} dz + \ldots,$$

$$dv = \frac{\partial v}{\partial x} dx + \frac{\partial v}{\partial y} dy + \frac{\partial v}{\partial z} dz + \ldots,$$

$$dw = \frac{\partial w}{\partial x} dx + \frac{\partial w}{\partial y} dy + \frac{\partial w}{\partial z} dz + \ldots.$$

Éliminons dx et dy entre ces équations. Les équations telles que (3), que nous supposons satisfaites, expriment que dz, ... s'éliminent en même temps. On obtiendra donc entre du, dv, dw une relation linéaire telle que

(4) $$\text{A}\,du + \text{B}\,dv + \text{C}\,dw = 0.$$

Mais une semblable équation ne peut exister, si u, v, w ne sont liées par aucune relation. En effet, prenons u, v pour variables indépendantes à la place de x, y. On obtiendra une équation de la forme

$$w = \text{F}(u, v, z, \ldots),$$

d'où les variables z, ... n'auront pas complètement disparu par hypothèse. On déduira de cette équation

$$dw = \frac{\partial \text{F}}{\partial u}\,du + \frac{\partial \text{F}}{\partial v}\,dv + \frac{\partial \text{F}}{\partial z}\,dz + \ldots;$$

F contenant l'une au moins des variables z, ..., l'une au moins des dérivées $\dfrac{\partial \text{F}}{\partial z}$, $\cdots$ différera de zéro. On pourra donc, après avoir assigné à du, dv des valeurs arbitraires, déterminer dz de telle sorte que dw prenne également une valeur arbitraire. Il ne peut donc exister aucune relation de la forme (4) entre ces quantités.

60. Le cas où le nombre des fonctions u, v, w est égal au nombre des variables indépendantes x, y, z est le plus intéressant. On n'aura à considérer dans ce cas que le seul déterminant

$$\begin{vmatrix} \dfrac{\partial u}{\partial x} & \dfrac{\partial v}{\partial x} & \dfrac{\partial w}{\partial x} \\[2mm] \dfrac{\partial u}{\partial y} & \dfrac{\partial v}{\partial y} & \dfrac{\partial w}{\partial y} \\[2mm] \dfrac{\partial u}{\partial z} & \dfrac{\partial v}{\partial z} & \dfrac{\partial w}{\partial z} \end{vmatrix}.$$

Il se nomme le *jacobien* des fonctions u, v, w et joue dans la théorie de ces fonctions un rôle semblable à celui de la dérivée d'une fonction d'une seule variable. Les considérations suivantes feront ressortir cette analogie :

1° Soient

ξ, η, ζ des fonctions de u, v, w ;

J_1 le jacobien de ξ, η, ζ par rapport à u, v, w ;

J_2 leur jacobien par rapport aux variables indépendantes x, y, z ;

J celui de u, v, w par rapport à x, y, z.

Le déterminant J_2 aura pour éléments

$$\frac{\partial \xi}{\partial x} = \frac{\partial \xi}{\partial u}\frac{\partial u}{\partial x} + \frac{\partial \xi}{\partial v}\frac{\partial v}{\partial x} + \frac{\partial \xi}{\partial w}\frac{\partial w}{\partial x},$$

$$\frac{\partial \eta}{\partial x} = \frac{\partial \eta}{\partial u}\frac{\partial u}{\partial x} + \frac{\partial \eta}{\partial v}\frac{\partial v}{\partial x} + \frac{\partial \eta}{\partial w}\frac{\partial w}{\partial x},$$

$$\dots\dots\dots\dots\dots\dots\dots\dots,$$

et, d'après le théorème connu sur la multiplication des déterminants, il sera égal à

$$\begin{vmatrix} \dfrac{\partial \xi}{\partial u} & \dfrac{\partial \eta}{\partial u} & \dfrac{\partial \zeta}{\partial u} \\[2mm] \dfrac{\partial \xi}{\partial v} & \dfrac{\partial \eta}{\partial v} & \dfrac{\partial \zeta}{\partial w} \\[2mm] \dfrac{\partial \xi}{\partial w} & \dfrac{\partial \eta}{\partial w} & \dfrac{\partial \zeta}{\partial w} \end{vmatrix} \begin{vmatrix} \dfrac{\partial u}{\partial x} & \dfrac{\partial v}{\partial x} & \dfrac{\partial w}{\partial x} \\[2mm] \dfrac{\partial u}{\partial y} & \dfrac{\partial v}{\partial y} & \dfrac{\partial w}{\partial y} \\[2mm] \dfrac{\partial u}{\partial z} & \dfrac{\partial v}{\partial z} & \dfrac{\partial w}{\partial z} \end{vmatrix}.$$

On aura donc

$$J_2 = J J_1.$$

2° Les variables u, v, w étant des fonctions de x, y, z, on pourra inversement considérer x, y, z comme fonctions de u, v, w. Posant donc

$$\xi = x, \quad \eta = y, \quad \zeta = z,$$

d'où

$$\frac{\partial \xi}{\partial x} = 1, \quad \frac{\partial \xi}{\partial y} = 0, \quad \frac{\partial \xi}{\partial z} = 0, \quad \dots,$$

il viendra, dans ce cas particulier,

$$J_2 = \begin{vmatrix} 1 & 0 & 0 \\ 0 & 1 & 0 \\ 0 & 0 & 1 \end{vmatrix} = 1,$$

d'où

$$JJ_1 = 1.$$

Ces deux formules sont la généralisation évidente de celles qui donnent la dérivée d'une fonction de fonction et d'une fonction inverse.

61. L'équation

$$(5) \qquad x - az = \varphi(y - bz)$$

représente un cylindre parallèle à la droite $(x = az, y = bz)$. En effet, cette surface a une infinité de génératrices rectilignes parallèles à cette droite et données par les équations

$$x - az = \varphi(\alpha),$$
$$y - bz = \alpha,$$

α étant un paramètre constant pour une même génératrice, mais variable d'une génératrice à l'autre.

En faisant varier la forme de la fonction φ on aura une infinité de cylindres différents. Ils satisfont tous à une même équation aux dérivées partielles, que l'on peut écrire immédiatement.

En effet, l'équation (5) établissant une relation entre les deux fonctions $x - az$, $y - bz$ des deux variables indépendantes x et y, le jacobien de ces fonctions sera nul, ce qui donnera l'équation

$$0 = \begin{vmatrix} 1 - a\dfrac{\partial z}{\partial x} & -b\dfrac{\partial z}{\partial x} \\ -a\dfrac{\partial z}{\partial y} & 1 - b\dfrac{\partial z}{\partial y} \end{vmatrix} = 1 - a\dfrac{\partial z}{\partial x} - b\dfrac{\partial z}{\partial y}.$$

62. L'équation

$$\frac{x-a}{z-c} = \varphi\left(\frac{y-b}{z-c}\right),$$

où φ est une fonction arbitraire, représente un système de cônes ayant pour sommet le point (a, b, c) et pour génératrices les droites

$$\frac{x-a}{z-c} = \varphi(\alpha), \quad \frac{y-b}{z-c} = \alpha.$$

L'équation aux dérivées partielles de ces cônes s'obtiendra en égalant à zéro le jacobien

$$\begin{vmatrix} \dfrac{1}{z-c} - \dfrac{(x-a)\dfrac{\partial z}{\partial x}}{(z-c)^2} & -\dfrac{y-b}{(z-c)^2}\dfrac{\partial z}{\partial x} \\ -\dfrac{(x-a)\dfrac{\partial z}{\partial y}}{(z-c)^2} & \dfrac{1}{z-c} - \dfrac{(y-b)\dfrac{\partial z}{\partial y}}{(z-c)^2} \end{vmatrix},$$

ce qui donne, en effectuant les calculs et chassant les dénominateurs,

$$(x-a)\frac{\partial z}{\partial x} + (y-b)\frac{\partial z}{\partial y} = z-c.$$

63. L'équation

$$x^2 + y^2 + z^2 = \varphi(ax + by + cz)$$

représente un système de surfaces de révolution dont les parallèles

$$x^2 + y^2 + z^2 = \varphi(\alpha),$$
$$ax + by + cz = \alpha$$

sont perpendiculaires à l'axe $\dfrac{x}{a}, \dfrac{y}{b}, \dfrac{z}{c}$.

Ces surfaces satisferont à l'équation

$$0 = \begin{vmatrix} x + z\dfrac{\partial z}{\partial x} & a + c\dfrac{\partial z}{\partial x} \\ y + z\dfrac{\partial z}{\partial y} & b + c\dfrac{\partial z}{\partial y} \end{vmatrix}$$

ou

$$bx - ay = (cy - bz)\frac{\partial z}{\partial x} + (az - cx)\frac{\partial z}{\partial y}.$$

64. Une fonction u de plusieurs variables x, y, z est dite *homogène et d'ordre n* si elle peut se mettre sous la forme

$$u = z^n \varphi\left(\frac{x}{z}, \frac{y}{z}\right).$$

Il résulte de cette équation que $z^{-n}u$ est fonction de $\dfrac{x}{z}$ et de $\dfrac{y}{z}$. On aura donc, en égalant à zéro le jacobien,

$$0 = \begin{vmatrix} z^{-n}\dfrac{\partial u}{\partial x} & \dfrac{1}{z} & 0 \\[2mm] z^{-n}\dfrac{\partial u}{\partial y} & 0 & \dfrac{1}{z} \\[2mm] z^{-n}\dfrac{\partial u}{\partial z} - n z^{-n-1} u & -\dfrac{x}{z^2} & -\dfrac{y}{z^2} \end{vmatrix},$$

ou, en effectuant les calculs et chassant le dénominateur z^{n+3},

$$x\frac{\partial u}{\partial x} + y\frac{\partial u}{\partial y} + z\frac{\partial u}{\partial z} = nu.$$

65. Comme seconde application de la théorie générale de l'élimination des fonctions arbitraires, considérons un système de p fonctions z, α_1, ..., α_{p-1} des p variables indépendantes x_1, ..., x_p, déterminées par le système des équations simultanées

$$F_1(x_1, \ldots, x_p, z, \alpha_1, \ldots, \alpha_{p-1}, \varphi_1, \ldots, \varphi_n) = 0,$$
$$\ldots\ldots\ldots\ldots\ldots\ldots\ldots\ldots\ldots\ldots\ldots\ldots\ldots\ldots\ldots\ldots,$$
$$F_p(x_1, \ldots, x_p, z, \alpha_1, \ldots, \alpha_{p-1}, \varphi_1, \ldots, \varphi_n) = 0,$$

où φ_1, ..., φ_n désignent des fonctions arbitraires de α_1, ..., α_{p-1}. Nous allons montrer que z satisfait à une équation aux dérivées partielles d'ordre n, indépendante de ces fonctions.

Formons, en effet, la dérivée partielle de F_1 par rapport à x_1; elle se composera :

1° Des termes $\dfrac{\partial F_1}{\partial x_1} + \dfrac{\partial F_1}{\partial z}\dfrac{\partial z}{\partial x_1}$, dus à la variation de x_1 et de z; nous les désignerons, pour abréger, par $D_{x_1} F_1$;

2° Des termes $\left(\dfrac{\partial F_1}{\partial \alpha_1} + \dfrac{\partial F_1}{\partial \varphi_1}\dfrac{\partial \varphi_1}{\partial \alpha_1} + \cdots\right)\dfrac{\partial \alpha_1}{\partial x_1}$, dus à la variation de α_1; nous les désignerons par $D_{\alpha_1} F_1 \dfrac{\partial \alpha_1}{\partial x_1}$;

3° Des termes analogues $D_{\alpha_2} F_1 \dfrac{\partial \alpha_2}{\partial x_1}, \cdots$, dus à la variation des autres paramètres $\alpha_2, \ldots$.

Réunissant tous ces termes, on aura l'équation

$$D_{x_1} F_1 + D_{\alpha_1} F_1 \frac{\partial \alpha_1}{\partial x_1} + D_{\alpha_2} F_1 \frac{\partial \alpha_2}{\partial x_1} + \ldots = 0.$$

Les dérivées partielles par rapport à $x_2, \ldots$ donneront de même

$$D_{x_2} F_1 + D_{\alpha_1} F_1 \frac{\partial \alpha_1}{\partial x_2} + D_{\alpha_2} F_1 \frac{\partial \alpha_2}{\partial x_2} + \ldots = 0.$$

. . . .

Éliminant entre ces p équations les $p-1$ quantités $D_{\alpha_1} F_1$, $D_{\alpha_2} F_1, \ldots$, il viendra

$$\begin{vmatrix} D_{x_1} F_1 & \dfrac{\partial \alpha_1}{\partial x_1} & \dfrac{\partial \alpha_2}{\partial x_1} & \cdots \\[2mm] D_{x_2} F_1 & \dfrac{\partial \alpha_1}{\partial x_2} & \dfrac{\partial \alpha_2}{\partial x_2} & \cdots \\[2mm] \cdots & \cdots & \cdots & \cdots \end{vmatrix} = 0.$$

Ce déterminant, développé, sera de la forme

$$A D_{x_1} F_1 + B D_{x_2} F_1 + \ldots = 0,$$

$A, B, \ldots$ étant des fonctions de $\dfrac{\partial \alpha_1}{\partial x_1}, \dfrac{\partial \alpha_1}{\partial x_2}, \ldots$.

Les équations $F_2 = 0, \ldots$ donneront de même

$$A D_{x_1} F_2 + B D_{x_2} F_2 + \ldots = 0,$$

. . . .

Éliminons entre les équations qui viennent d'être obtenues les rapports des coefficients A, B, ...; il viendra

$$\begin{vmatrix} D_{x_1}F_1 & D_{x_2}F_1 & \cdots \\ D_{x_1}F_2 & D_{x_2}F_2 & \cdots \\ \cdots & \cdots & \cdots \end{vmatrix} = 0.$$

Le premier membre de cette équation sera une fonction de $x_1, \ldots, x_p, z, \dfrac{\partial z}{\partial x_1}, \ldots, \dfrac{\partial z}{\partial x_p}, \alpha_1, \ldots, \alpha_{p-1}, \varphi_1, \ldots, \varphi_n,$ que nous désignerons par F_{p+1}.

Désignons par $D_{x_i}F_{p+1}$ la portion de la dérivée partielle de F_{p+1} par rapport à x_i qui provient de la variation de x_i, $z, \dfrac{\partial z}{\partial x_1}, \ldots, \dfrac{\partial z}{\partial x_p}$; on trouvera de la même manière une nouvelle équation

$$F_{p+2} = \begin{vmatrix} D_{x_1}F_{p+1} & D_{x_2}F_{p+1} & \cdots \\ D_{x_1}F_2 & D_{x_2}F_2 & \cdots \\ \cdots & \cdots & \cdots \end{vmatrix} = 0,$$

dans laquelle figureront, outre les quantités précédentes, les dérivées secondes de z.

Continuant ainsi, on obtiendra une suite d'équations

$$F_1 = 0, \quad \ldots, \quad F_p = 0, \quad F_{p+1} = 0, \quad \ldots, \quad F_{p+n} = 0,$$

entre lesquelles on pourra éliminer les $p - 1 + n$ quantités $\alpha_1, \ldots, \alpha_{p-1}, \varphi_1, \ldots, \varphi_n$, ce qui donnera une équation aux dérivées partielles d'ordre n.

66. *Exemple*. — Cherchons l'équation aux dérivées partielles des surfaces *réglées*. On nomme ainsi celles qui sont engendrées par le mouvement d'une droite. Les génératrices d'une telle surface auront des équations de la forme

$$F_1 = x - az - \alpha = 0,$$
$$F_2 = y - bz - \beta = 0.$$

Trois conditions sont d'ailleurs nécessaires pour déterminer le mouvement de la droite. Ces conditions permettront d'exprimer trois des coefficients, par exemple a, b, β, en fonction du quatrième, α.

Appliquons la méthode précédente. Nous formerons l'équation

$$0 = F_3 = \begin{vmatrix} D_x F_1 & D_y F_1 \\ D_x F_2 & D_y F_2 \end{vmatrix} = \begin{vmatrix} 1 - a\dfrac{\partial z}{\partial x} & -a\dfrac{\partial z}{\partial y} \\ -b\dfrac{\partial z}{\partial x} & 1 - b\dfrac{\partial z}{\partial y} \end{vmatrix}$$

$$= 1 - a\frac{\partial z}{\partial x} - b\frac{\partial z}{\partial y}.$$

L'équation suivante sera

$$0 = \begin{vmatrix} D_x F_3 & D_y F_3 \\ -b\dfrac{\partial z}{\partial x} & 1 - b\dfrac{\partial z}{\partial y} \end{vmatrix} = \left(1 - b\frac{\partial z}{\partial y}\right) D_x F_3 + b\frac{\partial z}{\partial x} D_y F_3$$

ou, en remplaçant $1 - b\dfrac{\partial z}{\partial y}$ par $a\dfrac{\partial z}{\partial x}$ et supprimant le facteur commun $\dfrac{\partial z}{\partial x}$,

$$0 = a D_x F_3 + b D_y F_3$$
$$= a\left(a\frac{\partial^2 z}{\partial x^2} + b\frac{\partial^2 z}{\partial x\,\partial y}\right) + b\left(a\frac{\partial^2 z}{\partial x\,\partial y} + b\frac{\partial^2 z}{\partial y^2}\right)$$
$$= a^2\frac{\partial^2 z}{\partial x^2} + 2ab\frac{\partial^2 z}{\partial x\,\partial y} + b^2\frac{\partial^2 z}{\partial y^2} = F_4.$$

On trouvera de même l'équation suivante

$$0 = F_5 = a D_x F_4 + b D_y F_4$$
$$= a^3\frac{\partial^3 z}{\partial x^3} + 3a^2 b\frac{\partial^3 z}{\partial x^2\,\partial y} + 3ab^2\frac{\partial^3 z}{\partial x\,\partial y^2} + b^3\frac{\partial^3 z}{\partial y^3}.$$

On n'aura plus, pour obtenir l'équation aux dérivées partielles, qu'à éliminer le rapport $\dfrac{b}{a}$ entre les deux équations F_4 et F_5.

67. Considérons enfin une fonction z définie, ainsi que les paramètres $\alpha_1, \ldots, \alpha_{p-1}$, par un système d'équations de la forme suivante

$$(6) \quad \begin{cases} f(x_1, \ldots, x_p, z, \alpha_1, \ldots, \alpha_{p-1}, \varphi_1, \ldots, \varphi_n) = 0, \\ D_{\alpha_1} f = 0, \quad D_{\alpha_2} f = 0, \quad \ldots, \quad D_{\alpha_{p-1}} f = 0. \end{cases}$$

Prenons les dérivées partielles de f par rapport à chacune des variables indépendantes $x_1, \ldots, x_p$. En vertu des équations (6), ces dérivées se réduiront à leurs premiers termes $D_{x_1} f, \ldots, D_{x_p} f$. On aura donc

$$D_{x_1} f = 0, \quad \ldots, \quad D_{x_p} f = 0.$$

Désignons ces équations par

$$F_1 = 0, \quad \ldots, \quad F_p = 0.$$

On en déduira, comme dans le problème précédent, une suite de nouvelles équations

$$F_{p+1} = 0, \quad \ldots, \quad F_{p+n-1} = 0.$$

Ces équations, jointes aux précédentes et à la primitive $f = 0$, fourniront un système de $p + n$ équations, entre lesquelles on éliminera $\alpha_1, \ldots, \alpha_{p-1}, \varphi_1, \ldots, \varphi_n$. L'équation résultante sera encore de l'ordre n. En effet, $F_1, \ldots, F_p$ contiennent z et ses dérivées partielles du premier ordre ; F_{p+1} contiendra, en outre, celles du second ordre, etc. ; enfin F_{p+n-1} contiendra celles du $n^{\text{ième}}$ ordre.

68. *Exemple.* — Cherchons l'équation aux dérivées partielles des surfaces *développables*. On nomme ainsi celles qui sont définies par le système des deux équations

$$f = z - \alpha x - \beta y - \gamma = 0, \quad D_\alpha f = 0,$$

β et γ étant des fonctions de α.

On en déduira, d'après la méthode précédente,

$$F_1 = \frac{\partial f}{\partial x} = \frac{\partial z}{\partial x} - \alpha = 0,$$

$$F_2 = \frac{\partial f}{\partial y} = \frac{\partial z}{\partial y} - \beta = 0,$$

puis

$$\mathbf{F}_3 = \begin{vmatrix} \dfrac{\partial^2 z}{\partial x^2} & \dfrac{\partial^2 z}{\partial x\,\partial y} \\[2ex] \dfrac{\partial^2 z}{\partial x\,\partial y} & \dfrac{\partial^2 z}{\partial y^2} \end{vmatrix} = 0.$$

Ce sera l'équation cherchée.

CHAPITRE III.

DÉVELOPPEMENTS EN SÉRIE.

I. — Formule de Taylor.

69. Si $y = f(x)$ est un polynôme entier en x de degré m, on aura, comme l'on sait,

$$f(x + h) = f(x) + hf'(x) + \frac{h^2}{1.2}f''(x) + \ldots + \frac{h^m}{1.2\ldots m}f^m(x),$$

Cherchons à étendre cette formule au cas où $f(x)$ représente une fonction quelconque. Considérons, à cet effet, la fonction

$$(1) \quad \begin{cases} \varphi(z) = f(x + h) - f(z) - (x + h - z)f'(z) - \ldots \\ \qquad - \frac{(x + h - z)^{n-1}}{1.2\ldots(n-1)}f^{n-1}(z) - (x + h - z)^k M, \end{cases}$$

M étant une constante déterminée de telle sorte que $\varphi(z)$ s'annule pour $z = x$. On aura

$$\varphi'(z) = -f'(z) - (x + h - z)f''(z) - \ldots - \frac{(x + h - z)^{n-1}}{1.2\ldots(n-1)}f^n(z)$$

$$+ f'(z) + (x + h - z)f''(z) + \ldots + k(x + h - z)^{k-1}M$$

$$= -\frac{(x + h - z)^{n-1}}{1.2\ldots(n-1)}f^n(z) + k(x + h - z)^{k-1}M.$$

Cette fonction sera continue de $z = x$ à $z = x + h$ si $f^n(z)$ est elle-même continue entre ces limites. On aura donc

$$\varphi(x + h) - \varphi(x) = h\varphi'(x + \theta h),$$

θ étant une quantité comprise entre o et 1. Mais $\varphi(x+h)=$ o et $\varphi(x)=$ o. Donc on aura

$$o=\varphi'(x+\theta h)=-\frac{(1-\theta)^{n-1}h^{n-1}}{1.2\ldots(n-1)}f^n(x+\theta h)+k(1-\theta)^{k-1}h^{k-1}M,$$

d'où

$$M=\frac{(1-\theta)^{n-k}h^{n-k}}{k.1.2\ldots(n-1)}f^n(x+\theta h).$$

Substituant cette valeur de M dans la formule (1) et faisant ensuite $z=x$, elle deviendra

$$(2)\quad f(x+h)=f(x)+hf'(x)+\ldots+\frac{h^{n-1}}{1.2\ldots(n-1)}f^{n-1}(x)+R_n$$

en posant, pour abréger,

$$R_n=\frac{(1-\theta)^{n-k}h^n}{k.1.2\ldots(n-1)}f^n(x+\theta h).$$

L'exposant k est d'ailleurs arbitraire. En le supposant d'abord égal à n, on aura

$$(3)\qquad\qquad R_n=\frac{h^n}{1.2\ldots n}f^n(x+\theta h),$$

formule découverte par Lagrange.

En posant $k=1$, on aura

$$(4)\qquad\qquad R_n=\frac{(1-\theta)^{n-1}h^n}{1.2\ldots(n-1)}f^n(x+\theta h),$$

expression due à Cauchy.

Il est clair que θ n'a pas la même valeur dans ces deux formules. C'est d'ailleurs une quantité inconnue. On sait seulement qu'elle est comprise entre o et 1.

Il importe de ne pas oublier que la démonstration précédente suppose que $f^n(x)$ est continue dans l'intervalle de x à $x+h$.

70. La formule (2), due à Taylor, est fondamentale dans l'Analyse. Elle prend une forme très simple lorsqu'on y pose

$f(x) = y$; h étant l'accroissement de x, $hf'(x)$, $h^2f''(x)$, ...
ne seront autres que les différentielles successives de y;
$f(x+h) - f(x)$ sera son accroissement Δy; on aura donc

$$(5) \qquad \Delta y = dy + \frac{d^2 y}{1 \cdot 2} + \cdots + \frac{d^{n-1} y}{1 \cdot 2 \ldots (n-1)} + R_n.$$

71. Si dans la formule (2) on pose $x = 0$ et si l'on écrit
ensuite x à la place de h, il viendra

$$(6) \ f(x) = f(0) + xf'(0) + \ldots + \frac{x^{n-1}}{1 \cdot 2 \ldots (n-1)} f^{n-1}(0) + R_n,$$

R_n pouvant être mis à volonté sous l'une ou l'autre des deux
formes

$$R_n = \frac{x^n}{1 \cdot 2 \ldots n} f^n(\theta x),$$

$$R_n = \frac{(1-\theta)^{n-1} x^n}{1 \cdot 2 \ldots (n-1)} f^n(\theta x).$$

La formule (6), qui porte le nom de Maclaurin, sera va-
lable à condition que $f^n(x)$ soit continue dans l'intervalle de
0 à x.

72. Pour étendre la formule de Taylor aux fonctions de
plusieurs variables, telles que $z = f(x, y)$, considérons la
fonction

$$f(x + ht, y + kt) = \varphi(t).$$

Supposant x et y constants et t variable, la formule de Maclaurin donnera

$$(7) \quad \left\{ \begin{aligned} &\varphi(t) = \varphi(0) + t\,\varphi'(0) + \cdots \\ &\qquad + \frac{t^{n-1}}{1 \cdot 2 \ldots (n-1)} \varphi^{n-1}(0) + \frac{t^n}{1 \cdot 2 \ldots n} \varphi^n(\theta t). \end{aligned} \right.$$

Or il est aisé de calculer les dérivées successives de $\varphi(t)$.
En effet,

$$\varphi(t) = f(x + ht, y + kt)$$

est une fonction composée de

$$x + ht = \alpha \quad \text{et} \quad y + kt = \beta.$$

On aura donc

$$\varphi'(t) = \frac{\partial f}{\partial \alpha} \frac{\partial \alpha}{\partial t} + \frac{\partial f}{\partial \beta} \frac{\partial \beta}{\partial t} = h \frac{\partial f}{\partial \alpha} + k \frac{\partial f}{\partial \beta},$$

$$\varphi''(t) = h \left(\frac{\partial^2 f}{\partial \alpha^2} \frac{\partial \alpha}{\partial t} + \frac{\partial^2 f}{\partial \alpha \partial \beta} \frac{\partial \beta}{\partial t} \right) + k \left(\frac{\partial^2 f}{\partial \alpha \partial \beta} \frac{\partial \alpha}{\partial t} + \frac{\partial^2 f}{\partial \beta^2} \frac{\partial \beta}{\partial t} \right)$$

$$= h^2 \frac{\partial^2 f}{\partial \alpha^2} + 2 hk \frac{\partial^2 f}{\partial \alpha \partial \beta} + k^2 \frac{\partial^2 f}{\partial \beta^2},$$

$$\dots\dots\dots\dots\dots\dots\dots\dots\dots$$

Mais on a, d'autre part,

$$\frac{\partial f}{\partial x} = \frac{\partial f}{\partial \alpha} \frac{\partial \alpha}{\partial x} = \frac{\partial f}{\partial \alpha},$$

$$\frac{\partial f}{\partial y} = \frac{\partial f}{\partial \beta} \frac{\partial \beta}{\partial y} = \frac{\partial f}{\partial \beta},$$

$$\frac{\partial^2 f}{\partial x^2} = \frac{\partial^2 f}{\partial \alpha^2} \frac{\partial \alpha}{\partial x} = \frac{\partial^2 f}{\partial \alpha^2},$$

$$\frac{\partial^2 f}{\partial x \partial y} = \frac{\partial^2 f}{\partial \alpha \partial \beta} \frac{\partial \beta}{\partial y} = \frac{\partial^2 f}{\partial \alpha \partial \beta},$$

$$\frac{\partial^2 f}{\partial y^2} = \frac{\partial^2 f}{\partial \beta^2} \frac{\partial \beta}{\partial y} = \frac{\partial^2 f}{\partial \beta^2},$$

$$\dots\dots\dots\dots\dots\dots\dots\dots,$$

d'où

$$\varphi'(t) = h \frac{\partial f}{\partial x} + k \frac{\partial f}{\partial y},$$

$$\varphi''(t) = h^2 \frac{\partial^2 f}{\partial x^2} + 2 hk \frac{\partial^2 f}{\partial x \partial y} + k^2 \frac{\partial^2 f}{\partial y^2} = \left(h \frac{\partial}{\partial x} + k \frac{\partial}{\partial y} \right)^2 f,$$

$$\dots\dots\dots\dots\dots\dots\dots\dots\dots\dots\dots\dots\dots\dots,$$

$$\varphi^m(t) = \left(h \frac{\partial}{\partial x} + k \frac{\partial}{\partial y} \right)^m f.$$

Substituant les valeurs de $\varphi(o)$, $\varphi'(o)$, ..., $\varphi^{n-1}(o)$, $\varphi^n(\theta t)$

dans l'équation (7) et faisant ensuite $t = 1$, il viendra

$$(8) \begin{cases} f(x + h, y + k) = f(x, y) + \left(h\dfrac{\partial}{\partial x} + k\dfrac{\partial}{\partial y} \right) f(x, y) \\[2em] \qquad + \dfrac{\left(h\dfrac{\partial}{\partial x} + k\dfrac{\partial}{\partial y} \right)^{n-1}}{1.2\ldots(n-1)} f(x, y) \\[2em] \qquad + \dfrac{\left(h\dfrac{\partial}{\partial x} + k\dfrac{\partial}{\partial y} \right)^{n}}{1.2\ldots n} f(x + \theta h, y + \theta k). \end{cases}$$

La formule (7), dont nous avons déduit celle-ci en y posant $t = 1$, suppose que

$$\varphi^n(t) = \left(h\frac{\partial}{\partial x} + k\frac{\partial}{\partial y} \right)^n f(x + th, y + tk)$$

est continue de $t = 0$ à $t = 1$.

Cette condition sera évidemment satisfaite si les dérivées partielles d'ordre n de la fonction $f(x, y)$ restent continues lorsque x varie de x à $x + h$ et y de y à $y + k$.

73. Si nous posons $f(x, y) = z$, h et k étant les accroissements de x et de y, on aura

$$f(x + h, y + k) - f(x, y) = \Delta z;$$

$\left(h\dfrac{\partial}{\partial x} + k\dfrac{\partial}{\partial y} \right) f(x, y)$ sera égal à dz, ... La formule (8) deviendra donc, en désignant par R_n son dernier terme,

$$\Delta z = dz + \frac{d^2 z}{1.2} + \cdots + \frac{d^{n-1} z}{1.2\ldots(n-1)} + R_n.$$

Cette expression est entièrement analogue à celle qu'on avait trouvée pour les fonctions d'une seule variable.

II. — Applications.

74. Appliquons la formule de Maclaurin à la fonction $f(x) = (1 + x)^m$.

On aura

$$f'(x) = m(1 + x)^{m-1},$$
$$f''(x) = m(m - 1)(1 + x)^{m-2},$$
$$\dotfill$$
$$f^n(x) = m(m - 1)\ldots(m - n + 1)(1 + x)^{m-n},$$

et, par suite,

$$f'(o) = m,$$
$$f''(o) = m(m - 1),$$
$$\dotfill,$$
$$f^{n-1}(o) = m(m - 1)\ldots(m - n + 2),$$
$$f^n(\theta x) = m(m - 1)\ldots(m - n + 1)(1 + \theta x)^{m-n},$$

d'où

$$(1) \begin{cases} (1+x)^m = 1 + mx + \dfrac{m(m-1)}{1.2}x^2 + \ldots \\[2mm] \qquad + \dfrac{m(m-1)\ldots(m-n+2)}{1.2\ldots(n-1)}x^{n-1} + R_n, \\[2mm] R_n = (1-\theta)^{n-1}\dfrac{m(m-1)\ldots(m-n+1)}{1.2\ldots(n-1)}(1+\theta x)^{m-n}x^n. \end{cases}$$

On reconnaît le développement du binôme, qui n'avait été démontré en Algèbre que pour une valeur entière de m.

Si la valeur absolue de x, que nous représenterons, suivant l'usage reçu, par $\bmod x$, est inférieure à l'unité, R_n tendra vers zéro lorsque n augmente; en effet, R_n est le produit des trois facteurs

$$\left(\frac{1-\theta}{1+\theta x}\right)^{n-1}, \quad (1+\theta x)^{m-1}, \quad \frac{m(m-1)\ldots(m-n+1)}{1.2\ldots(n-1)}x^n.$$

Le premier facteur est positif et < 1, car x étant > -1, $1 + \theta x$ sera $> 1 - \theta$. La valeur absolue du deuxième facteur ne peut surpasser la limite finie $(1 + \bmod x)^{m-1}$. Enfin le troisième tend vers zéro quand n augmente. En effet, désignons-le par P_n. En changeant n en $n + 1$, on aura

$$P_{n+1} = \frac{m(m-1)\ldots(m-n+1)}{1.2\ldots n}x^{n+1} = P_n\frac{m-n}{n}x.$$

Or, lorsque n augmente, le facteur $\dfrac{m-n}{n}x$ tend évidemment vers $-x$. Sa valeur absolue tendra donc vers $\mod x$; donc, en désignant par r une quantité quelconque comprise entre $\mod x$ et l'unité, on pourra assigner une valeur ν de n à partir de laquelle on aura constamment

$$\mod \frac{m-n}{n}x < r.$$

Cela posé, on aura

$$\mod P_{\nu+1} < r \mod P_\nu,$$
$$\mod P_{\nu+2} < r \mod P_{\nu+1},$$

$$\dotfill$$

Les modules des quantités $P_{\nu+1}$, $P_{\nu+2}$, ..., étant respectivement moindres que les termes d'une progression géométrique dont la raison est < 1, décroîtront au-dessous de toute limite.

Si donc on prolonge indéfiniment la série du binôme, elle sera convergente et tendra vers $(1+x)^m$.

Si $\mod x$ était > 1, la série serait au contraire divergente, car le rapport d'un terme au suivant est égal à $\dfrac{m-n+1}{n}x$, quantité qui tend vers $-x$ quand n augmente. Les termes iraient donc croissant en valeur absolue.

75. Passons à la fonction $f(x) = \log(1+x)$. On aura

$$f'(x) = (1+x)^{-1},$$
$$f''(x) = -(1+x)^{-2},$$
$$f'''(x) = 1.2(1+x)^{-3},$$

$$\dotfill$$

$$f^{n-1}(x) = (-1)^n \, 1.2\dots(n-2)(1+x)^{-n+1},$$
$$f^n(x) = (-1)^{n+1} 1.2\dots(n-1)(1+x)^{-n},$$

d'où

$$f(0) = 0, \quad f'(0) = 1, \quad f''(0) = -1, \quad \dots,$$
$$f^{n+1}(0) = (-1)^n 1.2\dots(n-2),$$
$$f^n(\theta x) = (-1)^{n+1} 1.2\dots(n-1)(1+\theta x)^{-n}.$$

La formule de Maclaurin deviendra

$$(2) \begin{cases} \log(1 + x) = x - \dfrac{x^2}{2} + \cdots + \dfrac{(-1)^n x^{n-1}}{n - 1} + R_n, \\[2mm] R_n = (1 - \theta)^{n-1}(-1)^{n+1}(1 + \theta x)^{-n} x^n \\[2mm] \quad = (-1)^{n+1} \dfrac{1}{1 + \theta x} \left(\dfrac{1 - \theta}{1 + \theta x} \right)^{n-1} x^n. \end{cases}$$

Si $\bmod x < 1$, R_n tendra vers zéro, car son premier facteur est égal à ± 1, le second est fini, le troisième est < 1 en valeur absolue et le quatrième tend vers zéro.

Donc la série

$$x - \frac{x^2}{2} + \cdots + \frac{(-1)^n x^n}{n} + \cdots,$$

prolongée indéfiniment, sera convergente et tendra vers $\log(1 + x)$.

Si $x > 1$ en valeur absolue, elle sera au contraire divergente, car le rapport d'un terme au suivant tendant vers $-x$, ces termes croîtront indéfiniment en valeur absolue.

76. Changeant x en $-x$ dans le développement précédent, il viendra

$$\log(1 - x) = -x - \frac{x^2}{2} - \frac{x^3}{3} - \cdots,$$

et, en retranchant,

$$\log \frac{1 + x}{1 - x} = \log(1 + x) - \log(1 - x) = 2 \left(x + \frac{x^3}{3} + \frac{x^5}{5} + \cdots \right).$$

Posons

$$x = \frac{z}{2a + z};$$

il viendra

$$\log \frac{a + z}{a} = \log(a + z) - \log(a) = 2 \left(\frac{z}{2a + z} + \frac{z^3}{3(2a + z)^3} + \cdots \right).$$

C'est sur cette formule et sur la suivante,

$$\log x + \log y = \log xy,$$

qu'est fondé le calcul des Tables de logarithmes.

En posant $a = 1$, $z = 1$, on aura tout d'abord

$$\log 2 = 2\left(\frac{1}{3} + \frac{1}{3.3^3} + \frac{1}{5.3^5} + \cdots\right).$$

Posant ensuite $a = 125$, $z = 3$, il viendra

$$\log 128 - \log 125 = 2\left(\frac{3}{253} + \cdots\right),$$

et, comme $\log 128 = \log 2^7 = 7\log 2$, $\log 125 = 3\log 5$, cette équation donnera $\log 5$.

On trouvera de même $\log 3$ par l'équation

$$4\log 3 - 4\log 2 - \log 5 = \log 81 - \log 80 = 2\left(\frac{1}{161} + \cdots\right),$$

puis $\log 7$ par l'équation

$$4\log 7 - 5\log 2 - \log 3 - 2\log 5 = \log 7^4 - \log(7^4 - 1)$$
$$= \left(\frac{1}{2.7^4 - 1} + \cdots\right),$$

et ainsi de suite pour les autres nombres premiers. Une simple addition donnera ensuite les logarithmes des nombres composés.

Les logarithmes ainsi calculés sont népériens. Pour obtenir les logarithmes vulgaires, on devra les multiplier par le facteur

$$\frac{1}{\log 10} = 0,43429448\ldots$$

77. Passons à la fonction $f(x) = e^x$. Ses dérivées successives sont égales à e^x et se réduisent à l'unité pour $x = 0$. La formule de Maclaurin deviendra donc

$$e^x = 1 + \frac{x}{1} + \frac{x^2}{1.2} + \cdots + \frac{x^{n-1}}{1.2\ldots(n-1)} + R_n,$$
$$R_n = \frac{e^{\theta x}x^n}{1.2\ldots n}.$$

R_n tend évidemment vers zéro quand n augmente indéfiniment, car le facteur $e^{\theta x}$ a pour maximum l'unité ou e^x, suivant que x est positif ou négatif. Quant au second facteur $\dfrac{x^n}{1.2\ldots n}$, il tend vers zéro, car en y changeant n en $n+1$ on le multiplie par $\dfrac{x}{n}$, quantité qui tend vers zéro quand n augmente.

Donc, quel que soit x, la série

$$1 + \frac{x}{1} + \frac{x^2}{1.2} + \cdots + \frac{x^{n-1}}{1.2\ldots(n-1)} + \cdots$$

convergera toujours et aura pour limite e^x.

78. Posons maintenant $f(x) = \sin x$. Les dérivées successives seront

$$\cos x, \quad -\sin x, \quad -\cos x, \quad \sin x, \quad \ldots$$

et se reproduiront périodiquement. Pour $x = 0$, on aura

$$f(x) = 0, \quad f'(x) = 1, \quad f''(x) = 0, \quad f'''(x) = -1, \quad f^{\mathrm{iv}}(x) = 0,$$

et ainsi de suite périodiquement.

La formule de Maclaurin donnera donc, en supposant, pour fixer les idées, que n soit un nombre de la forme $4m$,

$$\sin x = x - \frac{x^3}{1.2.3} + \frac{x^5}{1.2.3.4.5} - \cdots - \frac{x^{4m-1}}{1.2\ldots(4m-1)} + R_n,$$

$$R_n = \frac{\sin\theta x . x^{4m}}{1.2\ldots 4m}.$$

R_n tendant évidemment vers zéro quand m augmente, la série

$$x - \frac{x^3}{1.2.3} + \frac{x^5}{1.2.3.4.5} - \cdots$$

sera toujours convergente et aura pour limite $\sin x$.

79. Soit encore $f(x) = \cos x$. Les dérivées successives seront $-\sin x, \; -\cos x, \; \sin x, \; \cos x, \ldots$, et pour $x = 0$ elles seront égales à o, — 1, o, 1, ... On aura donc, en supposant, pour fixer les idées, $n = 4m$,

$$\cos x = 1 - \frac{x^2}{1.2} + \frac{x^4}{1.2.3.4} - \cdots - \frac{x^{4m-2}}{1.2\ldots(4m-2)} + R_n,$$

$$R_n = \frac{\cos\theta x \cdot x^{4m}}{1.2\ldots 4m}.$$

Ce reste tendant vers zéro quand m augmente, la série

$$1 - \frac{x^2}{1.2} + \frac{x^4}{1.2.3.4} - \cdots$$

sera convergente et aura pour somme $\cos x$.

80. Considérons enfin la fonction $y = \text{arc tang}\, x$. Cette fonction représente une infinité d'arcs différant les uns des autres de multiples de π. Pour préciser, nous considérerons celui de ces arcs qui est nul pour $x = 0$.

Pour développer cette fonction en série et discuter la valeur du reste, il faudrait trouver l'expression générale de ses dérivées. Comme elle est fort compliquée, nous emploierons un autre procédé.

On a

$$y' = \frac{1}{1+x^2} = 1 - x^2 + \cdots + (-1)^{n-1} x^{2(n-1)} + (-1)^n \frac{x^{2n}}{1+x^2}.$$

Si donc on pose

$$y = x - \frac{x^3}{3} + \cdots + (-1)^{n-1} \frac{x^{2n-1}}{2n-1} + (-1)^n R(x),$$

la fonction $R(x)$ s'annulera pour $x = 0$ et aura pour dérivée $\frac{x^{2n}}{1+x^2}$. En lui appliquant la formule de Maclaurin, réduite à son premier terme, on aura donc

$$R(x) = R'(\theta x) = \frac{\theta^{2n} x^{2n}}{1+\theta^2 x^2},$$

θ étant compris entre o et 1. Cette quantité, évidemment moindre que x^{2n}, tendra vers zéro si $\text{mod}\, x < 1$.

Donc la série

$$x - \frac{x^3}{3} + \frac{x^5}{5} - \cdots$$

est convergente si $\mod x < 1$ et aura pour somme arc $\tang x$.
Au contraire, si $\mod x > 1$, il est clair que la série est divergente, car ses termes vont en croissant.

81. C'est sur le développement qui précède qu'est fondée
la détermination numérique du nombre π. A cet effet, on calcule d'abord l'arc φ qui a pour tangente $\frac{1}{5}$. La formule donnera

$$\varphi = \frac{1}{5} - \frac{1}{3.5^3} + \cdots$$

On aura ensuite

$$\tang 2\varphi = \frac{2\tang\varphi}{1 - \tang^2\varphi} = \frac{5}{12},$$

$$\tang 4\varphi = \frac{2\tang 2\varphi}{1 - \tang^2 2\varphi} = \frac{120}{119},$$

$$\tang\left(4\varphi - \frac{\pi}{4}\right) = \frac{\tang 4\varphi - 1}{1 + \tang 4\varphi} = \frac{1}{239},$$

d'où

$$4\varphi - \frac{\pi}{4} = \frac{1}{239} - \frac{1}{3.239^3} + \cdots,$$

équation qui donnera π.

III.—Procédés pour effectuer les développements en séries.

82. Soient x un infiniment petit, $y = f(x)$ une quantité
qui en dépend. Proposons-nous d'en déterminer une valeur
approchée, de la forme

$$A x^\alpha + B x^\beta + \ldots + M x^\lambda$$

et qui ne diffère de la véritable que d'un infiniment petit
d'ordre n.

Si $f''(x)$ est continue aux environs de $x = 0$, la formule de Maclaurin résoudra la question. Elle donne, en effet,

$$y = f(\mathrm{o}) + x f'(\mathrm{o}) + \ldots + \frac{x^{n-1} f^{(n-1)}(\mathrm{o})}{1 \cdot 2 \ldots (n-1)} + \mathrm{R}_n,$$

R_n étant d'ordre $\gtreqless n$, et par suite négligeable. Mais cette méthode exige le calcul des dérivées successives de $f(x)$, qui peut être fort pénible. Elle est d'ailleurs inapplicable si $f^n(x)$ n'est pas continue aux environs de $x = \mathrm{o}$. Il convient donc d'indiquer d'autres procédés.

83. Si $y = u + v + \ldots$, la valeur approchée de y sera évidemment la somme des valeurs approchées des fonctions partielles u, v, $\ldots$.

Si l'on veut se borner à calculer la valeur principale de y, on ne conservera, parmi les fonctions u, v, $\ldots$, que celles dont l'ordre est le moins élevé; on calculera leurs valeurs principales et on les ajoutera ensemble.

Si toutefois ces valeurs principales avaient une somme nulle, ce serait une preuve que l'approximation est insuffisante; il faudrait donc recommencer le calcul en prenant un terme de plus dans le développement de chacune des quantités u, v, $\ldots$.

Soit, par exemple,

$$y = 2 \sin x - \sin 2 x + x^3.$$

Les quantités $2 \sin x$ et $- \sin 2 x$ sont du premier ordre; mais la somme de leurs valeurs principales est nulle. Poussant donc l'approximation plus loin, on posera

$$2 \sin x = 2 x - \frac{2 x^3}{1 \cdot 2 \cdot 3} + \ldots,$$

$$\sin 2 x = 2 x - \frac{8 x^3}{1 \cdot 2 \cdot 3} + \ldots,$$

d'où

$$y = x^3 \left(- \tfrac{2}{6} + \tfrac{8}{6} + 1 \right) + \ldots = 2 x^3 + \ldots.$$

84. Si $y = uv$, u et v étant respectivement d'ordre α et β, on aura sa valeur approchée en multipliant ensemble les va-

leurs approchées des quantités u et v et négligeant dans ce produit les termes d'ordre $\gtreqless n$. Il suffira évidemment de pousser l'approximation de u jusqu'aux termes d'ordre $n - \beta$, celle de v jusqu'aux termes d'ordre $n - \alpha$.

Le premier terme de l'expression de y, qui constitue sa valeur principale, est évidemment le produit des valeurs principales de u et de v.

85. Si $y = \dfrac{u}{v}$, soient

$$u_1 = A x^\alpha + A' x^{\alpha'} + \dots.$$
$$v_1 = B x^\beta + B' x^{\beta'} + \dots$$

des valeurs approchées de u et de v, et soient

$$u = u_1 + R, \quad v = v_1 + S.$$

On aura

$$\frac{u}{v} - \frac{u_1}{v_1} = \frac{u v_1 - v u_1}{v v_1} = \frac{R v_1 - S u_1}{v v_1};$$

v et v_1 étant d'ordre β, et u_1 d'ordre α, cette expression sera d'ordre $\gtreqless n$ si l'ordre de R est $\gtreqless n + \beta$, et si celui de S est $\gtreqless n + \alpha - 2\beta$.

On aura alors, dans les limites d'approximation demandées,

$$y = \frac{u}{v} = \frac{u_1}{v_1}.$$

Cela posé, on effectuera la division de u_1 par v_1 jusqu'au moment où l'on introduirait au quotient des termes de degré $\gtreqless n$.

Soient $q = C x^\gamma + C' x^{\gamma'} + \dots$ le quotient de la division, T le reste ; on aura

$$y = \frac{u_1}{v_1} = C x^\gamma + C' x^{\gamma'} + \dots + \frac{T}{v_1}.$$

Le premier terme du quotient $\dfrac{T}{v_1}$ étant, par hypothèse, d'ordre $\gtreqless n$, $\dfrac{T}{v_1}$ sera d'ordre $\gtreqless n$ et pourra être négligé.

On aura donc

$$y = C x^\gamma + C' x^{\gamma'} + \dots$$

avec l'approximation demandée.

Le premier terme de ce développement $C x^\gamma$, qui est la valeur principale de y, sera évidemment le quotient des termes $A x^\alpha$, $B x^\beta$, valeurs principales de u et de v.

Si $\beta > \alpha$, les premiers termes de la suite γ, γ', ... seront négatifs. Dans ce cas, la formule de Maclaurin n'aurait pas été applicable à la fonction y, car cette fonction, devenant infinie pour $x = 0$, serait discontinue, et ses dérivées également.

86. Au lieu d'effectuer la division de u_1 par v_1, on aurait pu, ce qui est au fond la même chose, poser

$$y = C x^\gamma + C' x^{\gamma'} + \dots,$$

C, C', ..., γ, γ', ... étant des coefficients indéterminés.

Cela posé, l'équation $y = \dfrac{u_1}{v_1}$ pourrait s'écrire

$$y v_1 = u_1$$

ou

$$(C x^\gamma + C' x^{\gamma'} + \dots)(B x^\beta + B' x^{\beta'} + \dots) = A x^\alpha + A' x^{\alpha'} + \dots,$$

ou, en développant les calculs dans le premier membre,

$$BC x^{\beta+\gamma} + \dots = A x^\alpha + A' x^{\alpha'} + \dots.$$

En exprimant l'identité des termes du second membre de cette équation avec les termes correspondants du premier membre, on obtiendra une série d'équations de condition qui détermineront C, γ, ...

Ainsi, par exemple, les premiers termes

$$BC x^{\beta+\gamma} \quad \text{et} \quad A x^\alpha$$

devant être identiques, on aura

$$\beta + \gamma = \alpha,$$
$$BC = A,$$

d'où

$$\gamma = \alpha - \beta, \quad C = \frac{A}{B}.$$

87. Comme application de cette méthode, proposons-nous de calculer les premiers termes du développement en série de l'expression

$$\frac{x}{e^x - 1} + \frac{x}{2} = \frac{x}{2} \frac{e^x + 1}{e^x - 1}.$$

Cette fonction ne changeant pas quand x change de signe, le développement ne contiendra que des puissances paires. Posons donc

$$\frac{x}{2} \frac{e^x + 1}{e^x - 1} = A + B_1 \frac{x^2}{1 \cdot 2} - B_2 \frac{x^4}{1 \cdot 2 \cdot 3 \cdot 4} + B_3 \frac{x^6}{1 \cdot 2 \ldots 6} - \cdots;$$

il viendra, en chassant les dénominateurs et remplaçant e^x par son développement,

$$\frac{x}{2}\left(2 + \frac{x}{1} + \frac{x^2}{1 \cdot 2} + \cdots + \frac{x^n}{1 \cdot 2 \ldots n} + \cdots\right)$$

$$= \left(\frac{x}{1} + \frac{x^2}{1 \cdot 2} + \cdots + \frac{x^n}{1 \cdot 2 \ldots n} + \cdots\right)\left(A + B_1 \frac{x^2}{1 \cdot 2} - B_2 \frac{x^4}{1 \cdot 2 \cdot 3 \cdot 4} + \cdots\right).$$

Égalant les coefficients des mêmes puissances de x dans les deux membres, on trouvera

$$1 = A, \quad \ldots,$$

$$\frac{1}{2} \cdot \frac{1}{1 \cdot 2 \ldots n} = \frac{A}{1 \cdot 2 \ldots (n+1)}$$

$$+ \frac{B_1}{1 \cdot 2 \ldots 1 \cdot 2 \ldots (n-1)} - \frac{B_2}{1 \cdot 2 \cdot 3 \cdot 4 \ldots 1 \cdot 2 \ldots (n-3)} + \cdots,$$

équations qui détermineront successivement A, B_1, B_2, ... On aura même deux équations pour calculer chacune des quantités B. On trouve ainsi

$$B_1 = \frac{1}{6}, \quad B_2 = \frac{1}{30}, \quad B_3 = \frac{1}{42},$$

$$B_4 = \frac{1}{30}, \quad B_5 = \frac{5}{66}, \quad B_6 = \frac{691}{2730}, \quad \ldots$$

88. Les nombres B_1, B_2, ... portent le nom de *nombres de Bernoulli*. Ils se rencontrent dans une foule de questions d'Analyse. Ils ont, en particulier, une liaison intime avec les sommes de puissances des nombres entiers.

Pour établir cette relation, posons

$$y = e^x + e^{2x} + \ldots + e^{(n-1)x}.$$

On aura

$$y^{(\alpha)} = 1^\alpha e^x + 2^\alpha e^{2x} + \ldots + (n-1)^\alpha e^{(n-1)x}$$

et pour $x = 0$

$$(y^{(\alpha)})_0 = 1^\alpha + 2^\alpha + \ldots + (n-1)^\alpha.$$

Mais on a d'ailleurs

$$y = \frac{e^{nx} - 1}{e^x - 1} = \frac{e^{nx} - 1}{x} \cdot \frac{x}{e^x - 1}$$

$$= \frac{nx + \frac{n^2 x^2}{1 \cdot 2} + \cdots}{x}\left(1 - \frac{x}{2} + \frac{B_1 x^2}{1 \cdot 2} - \frac{B_2 x^4}{1 \cdot 2 \cdot 3 \cdot 4} - \cdots\right)$$

$$= A_0 + A_1 x + \ldots + A_\alpha x^\alpha + \ldots,$$

en posant

$$A_\alpha = \frac{n^{\alpha+1}}{1 \cdot 2 \ldots (\alpha+1)} - \frac{1}{2}\frac{n^\alpha}{1 \cdot 2 \ldots \alpha} + \frac{B_1}{1 \cdot 2}\frac{n^{\alpha-1}}{1 \cdot 2 \ldots (\alpha-1)} - \cdots.$$

On aura donc

$$1^\alpha + 2^\alpha + \ldots + (n-1)^\alpha = (y^{(\alpha)})_0 = 1 \cdot 2 \ldots \alpha A_\alpha$$

$$= \frac{n^{\alpha+1}}{\alpha+1} - \frac{1}{2}n^\alpha + \frac{B_1}{1 \cdot 2}\alpha n^{\alpha-1} - \frac{B_2}{1 \cdot 2 \cdot 3 \cdot 4}\alpha(\alpha-1)(\alpha-2)n^{\alpha-3} + \cdots.$$

89. Soient $y = \sqrt{u}$ et $u = u_1 + R$,

$$u_1 = A x^\alpha + A' x^{\alpha'} + \ldots$$

étant une valeur approchée de u. On aura

$$\sqrt{u} - \sqrt{u_1} = \frac{u - u_1}{\sqrt{u} + \sqrt{u_1}} = \frac{R}{\sqrt{u} + \sqrt{u_1}}.$$

Le dénominateur de cette expression étant d'ordre $\frac{\alpha}{2}$, elle sera négligeable si l'ordre de R est $\gtreqless n + \frac{\alpha}{2}$.

Si donc u_1 a été calculé avec cette approximation, on pourra poser

$$y = \sqrt{u_1}$$

et y pourra se calculer en extrayant la racine carrée de u_1 jusqu'aux termes de l'ordre n. En effet, soit q la racine ainsi obtenue. On aura

$$\sqrt{u_1} - q = \frac{u_1 - q^2}{\sqrt{u_1} + q},$$

quantité négligeable, car $\sqrt{u_1}$ et q sont d'ordre $\frac{\alpha}{2}$ et $u_1 - q^2$ d'ordre $\gtreqless n + \frac{\alpha}{2}$; en effet, le terme suivant de la racine carrée, lequel s'obtiendrait, d'après la règle connue, en divisant le premier terme de $u_1 - q^2$ par le double du premier terme de q, lequel est d'ordre $\frac{\alpha}{2}$, serait d'ordre $\gtreqless n$ par hypothèse.

On aura donc, avec l'approximation demandée,

$$y = q.$$

On aurait pu également employer la méthode des coefficients indéterminés, en posant

$$y = C x^{\gamma} + C' x^{\gamma'} + \dots$$

et déterminant C, C', $\dots, \gamma, \gamma'. \dots$ de manière à rendre identique l'équation

$$(C x^{\gamma} + C' x^{\gamma'} + \dots)^2 = A x^{\alpha} + A' x^{\alpha'} + \dots.$$

90. Soit, plus généralement,

$$y = u^m,$$

m étant fractionnaire ou incommensurable.

Posons $u = u_1 + v$, u_1 désignant sa valeur principale. On aura, par la formule du binôme,

$$y = u_1^m + m u_1^{m-1} v + \frac{m(m-1)}{1 \cdot 2} u_1^{m-2} v^2 + \ldots + \mathrm{R}.$$

Connaissant les ordres respectifs de u_1 et de v, on verra aisément combien il faut prendre de termes dans la formule pour que R soit d'ordre n, et par suite négligeable. Cela fait, on n'aura plus qu'à calculer v avec une approximation suffisante, et on en déduira aisément v^2, v^3, ...

91. Proposons-nous, comme application, de développer le radical

$$(1 - 2\alpha x + \alpha^2)^{-\frac{1}{2}}$$

suivant les puissances croissantes de α.

Cette expression peut s'écrire

$$[1 - \alpha(2x - \alpha)]^{-\frac{1}{2}} = 1 + \frac{1}{2}\alpha(2x - \alpha) + \ldots$$
$$+ \frac{1}{2} \cdot \frac{3}{2} \ldots \frac{2m-1}{2} \frac{\alpha^m (2x - \alpha)^m}{1 \cdot 2 \ldots m} + \ldots.$$

Il ne restera plus qu'à développer les puissances du binôme $2x - \alpha$ et à réunir ensemble les termes qui contiennent une même puissance de α. On obtiendra ainsi un développement de la forme

$$1 + \mathrm{X}_1 \alpha + \ldots + \mathrm{X}_n \alpha^n + \ldots.$$

où X_n désigne un polynôme en x dont nous allons déterminer la forme.

Le terme

$$\frac{1}{2} \cdot \frac{3}{2} \ldots \frac{2m-1}{2} \frac{\alpha^m (2x - \alpha)^m}{1 \cdot 2 \ldots m}.$$

ne fournira évidemment de terme en α^n que si m est $\gtreqless \dfrac{n}{2}$, mais $\lesseqgtr n$. S'il est compris entre ces limites, il donnera le terme

$$\frac{1.3\ldots(2m-1)}{2^m.1.2\ldots m}\frac{1.2\ldots m}{1.2\ldots(n-m).1.2\ldots(2m-n)}(2x)^{2m-n}(-1)^{n-m}\alpha^n$$

$$=\frac{1.3\ldots(2m-1)2^{m-n}(-1)^{n-m}}{1.2\ldots(n-m).1.2\ldots2m}\frac{d^n x^{2m}}{dx^n}\alpha^n.$$

Mais on a

$$\frac{1.3\ldots(2m-1)}{1.2\ldots2m}=\frac{1}{2.4\ldots2m}=\frac{1}{2^m.1.2\ldots m}.$$

Le terme précédent pourra donc s'écrire

$$\frac{1}{2^n.1.2\ldots n}\frac{d^n}{dx^n}\left[(-1)^{n-m}\frac{1.2\ldots n}{1.2\ldots m.1.2\ldots(n-m)}x^{2m}\right]\alpha^n,$$

et l'on aura, par suite, en ajoutant tous les termes en α^n,

$$X_n=\frac{1}{2^n.1.2\ldots n}\frac{d^n}{dx^n}\sum_m\left[(-1)^{n-m}\frac{1.2\ldots n}{1.2\ldots m.1.2\ldots(n-m)}x^{2m}\right].$$

On peut d'ailleurs sans inconvénient étendre la sommation aux valeurs de m qui sont moindres que $\frac{n}{2}$, les termes ainsi ajoutés étant évidemment nuls. La somme entre parenthèses deviendra égale à $(x^2-1)^n$. On aura donc, comme résultat final,

$$X_n=\frac{1}{2^n.1.2\ldots n}\frac{d^n}{dx^n}(x^2-1)^n.$$

Les expressions X_n sont connues sous le nom de *polynômes de Legendre*. Elles jouissent de propriétés remarquables, et nous aurons plusieurs fois l'occasion de les retrouver.

92. L'expression $y=\dfrac{d^n}{dx^n}(x^2-1)^n$ satisfaisant, comme nous l'avons vu (**49**), à l'équation différentielle

$$(x^2-1)y''+2xy'-n(n+1)y=0,$$

et X_n n'en différant que par un facteur constant, on aura évidemment

$$(x^2 - 1)X_n'' + 2xX_n' - n(n+1)X_n = 0.$$

93. Trois polynômes successifs X_{n-1}, X_n, X_{n+1} sont liés par une relation linéaire que nous allons établir.

Prenons la dérivée par rapport à α de l'équation

$$(1 - 2\alpha x + \alpha^2)^{-\frac{1}{2}} = 1 + X_1\alpha + \ldots + X_n\alpha^n + \ldots;$$

il viendra

$$(x - \alpha)(1 - 2\alpha x + \alpha^2)^{-\frac{3}{2}} = X_1 + \ldots + nX_n\alpha^{n-1} + \ldots.$$

Multipliant par $1 - 2\alpha x + \alpha^2$ et remplaçant ensuite

$$(1 - 2\alpha x + \alpha^2)^{-\frac{1}{2}}$$

par sa valeur, nous trouverons

$$(x - \alpha)(1 + X_1\alpha + \ldots + X_n\alpha^n + \ldots)$$
$$= (1 - 2\alpha x + \alpha^2)(X_1 + \ldots + nX_n\alpha^{n-1} + \ldots),$$

d'où, en égalant les coefficients de α^n,

$$xX_n - X_{n-1} = (n+1)X_{n+1} - 2nxX_n + (n-1)X_{n-1},$$

ou enfin

$$(n+1)X_{n+1} - (2n+1)xX_n + nX_{n-1} = 0.$$

94. Supposons maintenant que la quantité y soit définie par une équation

$$(1) \qquad 0 = f(x, y) = Ax^\alpha y^\beta + A_1 x^{\alpha_1} y^{\beta_1} + \ldots$$

de degré m par rapport à x et de degré n par rapport à y; cette équation donnera, pour y, n valeurs distinctes

$$y_1, \ldots, y_n.$$

Proposons-nous de développer chacune d'elles suivant les puissances croissantes de x.

Cherchons d'abord leurs valeurs principales. A cet effet, nous poserons

$$y = M x^\mu + R,$$

R étant d'ordre $> \mu$. Cette valeur étant substituée dans l'équation, celle-ci devra être identiquement satisfaite. En particulier, les termes d'ordre minimum devront s'y détruire. Ils seront donc au nombre de deux au moins. D'ailleurs, ces termes ne peuvent évidemment être cherchés que dans la série des termes

$$A M^\beta x^{\alpha + \mu\beta}, \quad A_1 M^{\beta_1} x^{\alpha_1 + \mu\beta_1}, \quad \ldots,$$

provenant de la substitution du premier terme $M x^\mu$ de la valeur de y.

Donc μ doit être choisi de telle sorte que dans la suite des exposants

$$\alpha + \mu\beta, \quad \alpha_1 + \mu\beta_1, \quad \ldots$$

il y ait plusieurs termes minima.

Supposons cette condition réalisée, et soient, par exemple,

$$(2) \qquad \alpha + \mu\beta = \alpha_1 + \mu\beta_1 = \ldots = \alpha_i + \mu\beta_i$$

ces minima. On obtiendra les valeurs de M correspondant à cette valeur de μ en égalant à zéro la somme des coefficients

$$A M^\beta + A_1 M^{\beta_1} + \ldots + A_i M^{\beta_i}.$$

D'ailleurs, M doit être différent de zéro. Si donc nous supposons les quantités β, β_1, ... rangées par ordre de grandeur décroissante, M aura $\beta - \beta_i$ valeurs, déterminées par l'équation

$$(3) \qquad A M^{\beta - \beta_i} + A_1 M^{\beta_1 - \beta_i} + \ldots + A_i = 0.$$

95. Newton a donné une construction géométrique élégante pour déterminer les valeurs de μ.

Représentons chaque terme de l'équation $f(x, y) = 0$, tel que $A x^\alpha y^\beta$, par un point ayant β pour abscisse et α pour ordonnée. On obtiendra un système de points dont l'un au moins sera sur l'axe des x; sinon l'équation $f(x, y) = 0$ contiendrait en facteur une puissance de x que l'on pourrait supprimer avant de la traiter.

Cela posé, les relations (2) montrent que les points β, α, β_1, α_1, ..., β_i, α_i sont situés sur la droite

$$Y + \mu X = \alpha + \mu\beta;$$

mais les autres points β_{i+1}, α_{i+1}, ... sont situés en dessus, en vertu des relations $\alpha + \mu\beta < \alpha_{i+1} + \mu\beta_{i+1}$, ...

Donc la droite en question sera l'un des côtés inférieurs du polygone convexe PQRSTU circonscrit au système de points.

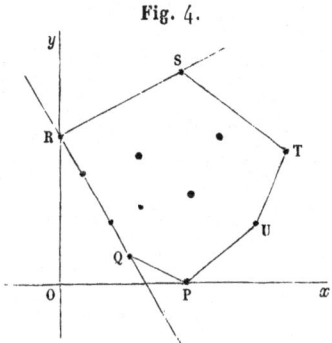

Fig. 4.

On n'aura donc qu'à tracer ce polygone pour construire les diverses droites qui répondent à la question. Leurs coefficients angulaires, changés de signe, donneront les valeurs de μ.

96. Des relations (2) on déduit

$$\mu = -\frac{\alpha - \alpha_i}{\beta - \beta_i} = -\frac{\alpha_1 - \alpha_i}{\beta_1 - \beta_i} = \cdots$$

Donc μ sera un entier ou une fraction commensurable. Soit $\dfrac{p}{q}$ cette fraction réduite à sa plus simple expression; on aura évidemment

$$\beta - \beta_i = \gamma q, \quad \beta_1 - \beta_i = \gamma_1 q, \quad \ldots,$$

γ, γ_1, ... étant des entiers.

L'équation (3) deviendra donc

$$(4) \qquad AM^{\gamma q} + A_1 M^{\gamma_1 q} + \ldots + A_i = 0$$

et sera du degré γ par rapport à M^q. A chaque valeur de M^q correspondent d'ailleurs q valeurs différentes de M, résultant de la multiplication de l'une d'entre elles par les q racines de l'unité.

A chaque groupe de r racines égales de l'équation en M^q correspondront q groupes de r racines égales pour l'équation en M. Le degré $\beta - \beta_i$ de cette équation étant d'ailleurs $\lessgtr n$, on aura

$$qr \lessgtr n.$$

97. Cela posé, désignons par M une des racines de l'équation (4), par r son degré de multiplicité. Parmi les fonctions $y_1, \ldots, y_n$, il en existera r qui ont pour valeur principale $M x^{\frac{p}{q}}$. Pour les séparer, il faudra pousser l'approximation plus loin, en calculant le second terme de leur développement.

A cet effet, et pour éviter les exposants fractionnaires, nous poserons

$$x = x_1^q, \quad y = M x_1^p + y_1,$$

x_1 et y_1 étant de nouvelles variables.

La substitution donnera une nouvelle équation

$$f_1(x_1, y_1) = 0,$$

du degré n en y_1. On trouverait, comme tout à l'heure, la valeur principale $M_1 x_1^{\mu_1}$ de chacune des racines de cette équation.

Parmi ces racines, il en est évidemment r correspondant à des valeurs de μ_1 plus grandes que p : ce sont celles qui correspondent aux valeurs de y dont la valeur principale était $M x_1^p$.

Soit $\mu_1 = \dfrac{p_1}{q_1}$ l'une de ces valeurs plus grandes que p, réduite à sa plus simple expression. Les coefficients correspondants M_1 seront les racines d'une équation algébrique de degré $\eqslantgtr r$. Soient M_1 une de ces racines, r_1 son degré de multiplicité; on aura dans l'équation q_1 groupes de r_1 racines égales. Donc

$$q_1 r_1 \eqslantgtr r.$$

et, par suite,

$$q q_1 r_1 \eqslantless n.$$

98. Posons maintenant

$$x_1 = x_2^{q_1}, \quad y_1 = M_1 x_2^{p_1} + y_2,$$

d'où

$$x = x_2^{q q_1}, \quad y = M x_2^{p q_1} + M_1 x_2^{p_1} + y_2.$$

On aura une nouvelle équation en y_2, que l'on traitera comme la précédente.

Continuant ainsi, on obtiendra, pour l'une quelconque y des racines de l'équation proposée, un développement de la forme

$$y = M X^{p q_1 q_2 \cdots} + M_1 X^{p_1 q_2 \cdots} + M_2 X^{p_2 \cdots} + \ldots,$$

en posant

$$x = X^{q q_1 q_2 \cdots}.$$

Le produit $q q_1 q_2 \ldots$ ne pourra d'ailleurs surpasser n, quelque loin que l'on pousse le développement. Il arrivera donc nécessairement un moment à partir duquel les entiers $q_i, q_{i+1}, \ldots$ se réduiront à l'unité. Il existe donc une quantité X, puissance fractionnaire de x, telle que le développement de y suivant les puissances de X, prolongé aussi loin qu'on le voudra, ne renferme que des puissances entières.

Soit d'ailleurs $X = x^{\frac{1}{\varrho}}$. L'équation

$$f(x, y) = 0$$

pourra s'écrire

$$f(X^\varrho, y) = 0.$$

Elle ne change pas si l'on y remplace X par θX, θ étant l'une quelconque des racines $\varrho^{\text{ièmes}}$ de l'unité. Donc la racine q, que nous avons développée suivant les puissances de X, fera partie d'un système de ρ racines associées, dont les développements se déduiront les uns des autres en y remplaçant X par $\theta_1 X$, $\theta_2 X$, ..., θ_1, θ_2, ... désignant les racines $\rho^{\text{ièmes}}$ de l'unité.

99. On pourrait évidemment user du même procédé pour développer les racines de l'équation $f(x, y) = 0$ suivant les puissances descendantes de x. Il faudrait seulement considérer dans le polygone de Newton, au lieu des côtés inférieurs RQ, QP, PU, UT, les côtés supérieurs RS, ST.

100. La théorie précédente est susceptible de nombreuses applications :

1° *Soient*

$$f(x, y) = M y^m + M_1 y^{m_1} + \ldots = 0,$$
$$\varphi(x, y) = N y^n + N_1 y^{n_1} + \ldots = 0$$

deux équations algébriques. On demande de former l'équation finale en x résultant de l'élimination de y entre ces équations.

Soient y_1, y_2, ..., y_m les valeurs de y en x, déduites de la première équation, η_1, ..., η_n les valeurs déduites de la seconde. La variable x, devant évidemment être choisie de telle sorte que l'une des valeurs y_1, y_2, ..., y_m soit égale à l'une des valeurs η_1, ..., η_n, satisfera à l'équation

$$(5) \quad (y_1 - \eta_1)\ldots(y_1 - \eta_n)(y_2 - \eta_1)\ldots(y_2 - \eta_n)\ldots(y_m - \eta_1)\ldots(y_m - \eta_n) = 0.$$

Or on a d'une part

$$N(y_1 - \eta_1)\ldots(y_1 - \eta_n) = \varphi(x, y_1) = N y_1^n + N_1 y_1^{n_1} + \ldots,$$
$$\ldots\ldots\ldots\ldots\ldots\ldots\ldots\ldots\ldots\ldots\ldots\ldots\ldots\ldots\ldots\ldots,$$
$$N(y_m - \eta_1)\ldots(y_m - \eta_n) = \varphi(x, y_m) = N y_m^n + N_1 y_m^{n_1} + \ldots$$

et d'autre part

$$M(y_1 - \eta_1)(y_2 - \eta_1)\ldots(y_m - \eta_1) = f(x, \eta_1) = M \eta_1^m + M_1 \eta_1^{m_1} + \ldots,$$
$$\ldots\ldots\ldots\ldots\ldots\ldots\ldots\ldots\ldots\ldots\ldots\ldots\ldots\ldots\ldots\ldots,$$
$$M(y_1 - \eta_n)(y_2 - \eta_n)\ldots(y_m - \eta_n) = f(x, \eta_n) = M \eta_n^m + M_1 \eta_n^{m_1} + \ldots$$

L'équation (5) pourra donc se mettre sous les deux formes suivantes :

$$\frac{1}{N^m} \varphi(x, y_1) \dots \varphi(x, y_m) = 0,$$

$$\frac{1}{M^n} f(x, \eta_1) \dots f(x, \eta_n) = 0.$$

Multipliant par $N^m M^n$ pour chasser les dénominateurs, il viendra

$$(6) \quad 0 = M^n \varphi(x, y_1) \dots \varphi(x, y_m) = N^m f(x, \eta_1) \dots f(x, \eta_n).$$

On voit, par cette double forme donnée au premier membre de l'équation finale (6), que son premier membre est une fonction entière, d'une part par rapport aux coefficients N, N_1, ... de la fonction φ, d'autre part par rapport aux coefficients M, M_1, ... de la fonction f. C'est donc une fonction entière de x.

Pour obtenir sous forme explicite le premier membre de cette équation, il suffira de calculer son développement suivant les puissances descendantes de x, par les règles qui ont été exposées. Pour cela, on calculera d'abord les développements des racines $y_1, \dots, y_m$, puis ceux des fonctions entières M^n, $\varphi(x, y_1)$, ..., $\varphi(x, y_m)$, et enfin celui de leur produit. Comme d'ailleurs on sait d'avance que ce produit est un polynôme entier en x, on arrêtera le développement aux termes de degré zéro.

Ce procédé de formation de l'équation finale serait assez compliqué, mais il permet de reconnaître facilement son degré. Il suffira pour cela de calculer le premier terme de l'équation.

On peut reconnaître, par un procédé analogue, si l'équation finale a une racine nulle, et assigner son degré de multiplicité. Il faudra pour cela chercher le premier terme du développement de son premier membre suivant les puissances croissantes de x.

2° Soit $f(x, y) = 0$ une courbe algébrique. On pourra étudier l'allure de ses branches infinies en développant les diverses valeurs de l'ordonnée y suivant les puissances descendantes de x.

3° On pourra également étudier l'allure de la courbe aux environs d'un de ses points (a, b). Pour cela, posons

$$x = a + x_1, \quad y = b + y_1;$$

il viendra

$$f(a + x_1, b + y_1) = 0.$$

Il ne restera plus qu'à développer suivant les puissances de x_1 celles des valeurs de y_1 qui s'annulent avec x_1.

101. D'après les définitions que nous avons données, une quantité y, dépendant d'un infiniment petit (ou infiniment grand) x, est d'ordre α si le rapport $\dfrac{y}{x^\alpha}$ tend vers une limite finie, et différente de zéro lorsque x tend vers o (ou vers ∞). Mais ce serait une erreur de croire que l'ordre d'infinitude d'une fonction quelconque de x soit toujours susceptible d'une semblable évaluation numérique.

Considérons, par exemple, la fonction $y = e^x$. On aura, comme nous l'avons vu,

$$y = 1 + \frac{x}{1} + \ldots + \frac{x^m}{1 \cdot 2 \ldots m} + \ldots,$$

et par suite, si $x > 0$,

$$y > \frac{x^m}{1 \cdot 2 \ldots m},$$

m étant un entier quelconque.

On aura donc

$$\frac{y}{x^\alpha} > \frac{x^{m-\alpha}}{1 \cdot 2 \ldots m}.$$

Supposons $m > \alpha$ et faisons tendre x vers ∞. On aura

$$\lim \frac{y}{x^\alpha} \geq \lim \frac{x^{m-\alpha}}{1 \cdot 2 \ldots m} = \infty.$$

On voit donc que, *si x tend vers $+\infty$, e^x tendra égale-*

ment vers $+\infty$, et cela *plus rapidement qu'une puissance quelconque de x.*

102. L'équation
$$y = e^x$$
donne
$$x = \log y.$$

Donc, si $\log y$ tend vers $+\infty$, il en sera de même de y, qui croîtra plus rapidement qu'une puissance quelconque de $\log y$. Donc, réciproquement, si y tend vers $+\infty$, $\log y$ tendra vers $+\infty$, mais moins rapidement qu'une puissance quelconque de y.

Posons
$$y = \frac{1}{z},$$
d'où
$$\log y = -\log z.$$

Si y tend vers $+\infty$, z tendra vers o et $\log z$ tendra vers $-\infty$, mais moins rapidement qu'une puissance quelconque de $\frac{1}{z}$, prise avec le signe —.

Donc, pour x infiniment petit (ou infiniment grand), $\log x$ sera un infiniment grand négatif (ou positif), mais dont l'ordre est inférieur à toute limite. Il ne saurait donc être question de lui assigner une valeur principale de la forme $A x^\alpha$. C'est un infini d'une espèce particulière et irréductible à ceux que nous avons considérés jusqu'ici.

103. Soit maintenant $u = A x^\alpha + B x^\beta + \ldots + R$ une fonction quelconque développable suivant les puissances de x. Proposons-nous de développer $\log u$.

On aura évidemment
$$\log u = \alpha \log x + \log A + \log\left(1 + \frac{B x^{\beta-\alpha} + \ldots + R x^{-\alpha}}{A}\right).$$

Le dernier terme de cette expression sera développable au

moyen de la formule qui donne $\log(1 + x)$. Mais le terme $\alpha \log x$ par lequel commence le développement de $\log u$ sera irréductible avec ceux qui le suivent.

104. Les divers développements que nous avons obtenus, étant limités à un certain nombre de termes, donneront toujours une valeur approchée de la fonction qu'on développe lorsque x sera suffisamment petit (ou suffisamment grand si les puissances de x vont en décroissant).

En les prolongeant indéfiniment, on obtiendra des séries infinies. Si ces séries sont divergentes, elles n'ont aucun sens. Mais Cauchy a signalé ce fait remarquable que, même en étant convergentes, elles peuvent ne pas être égales à la fonction qui leur donne naissance.

Considérons, à cet effet, la fonction $f(x) = e^{-\frac{1}{x}}$. Ses dérivées successives sont une somme de termes de la forme $\dfrac{a}{x^a} e^{-\frac{1}{x}}$. Cela se voit immédiatement sur la dérivée première, et l'on vérifie non moins facilement que la dérivée d'un semblable terme se compose de deux termes de cette forme.

Ces dérivées s'annulent toutes pour $x = 0$, car, en posant $\dfrac{1}{x} = z$, on aura

$$\frac{a}{x^a} e^{-\frac{1}{x}} = \frac{a z^a}{e^z},$$

quantité dont la limite est nulle pour $x = 0$, d'où $z = \infty$.

La série de Maclaurin

$$f(0) + x f'(0) + \ldots,$$

prolongée indéfiniment, sera donc convergente, tous ses termes étant nuls. Mais elle est égale à zéro et non à $f(x)$.

Il est donc nécessaire, pour reconnaître si une fonction est développable en série infinie par la formule de Maclaurin, d'étudier le reste R_n et de s'assurer qu'il tend vers zéro quand n augmente indéfiniment. C'est ainsi que nous avons procédé pour développer $(1 + x)^m$, $\log(1 + x)$, ...

105. Soit $f(x)$ une fonction qui devienne indéterminée pour une valeur particulière a de la variable. On nomme *vraie valeur* de cette fonction pour $x = a$ la limite vers laquelle tend $f(a + h)$ lorsque h tend vers zéro. Cette vraie valeur peut être finie, infinie ou indéterminée. Si elle est déterminée, elle se trouvera en cherchant la valeur principale du développement de $f(x + h)$ suivant les puissances croissantes de h.

Soit, par exemple, $f(x) = \dfrac{\varphi(x)}{\psi(x)}$, φ et ψ s'annulant pour $x = a$, mais étant développables par la série de Taylor; on aura

$$f(a + h) = \frac{\varphi(a + h)}{\psi(a + h)} = \frac{\varphi(a) + h\,\varphi'(a) + \ldots + \dfrac{h^n}{1.2\ldots n}\,\varphi^n(a) + R_{n+1}}{\psi(a) + h\,\psi'(a) + \ldots + \dfrac{h^n}{1.2\ldots n}\,\psi^{(n)}(a) + \rho_{n+1}}.$$

Soient respectivement $\varphi^p(a)$ et $\psi^q(a)$ les premiers termes qui ne s'annulent pas dans les deux suites

$$\varphi(a),\ \varphi'(a),\ \ldots,\ \varphi^n(a) \quad \text{et} \quad \psi(a),\ \psi'(a),\ \ldots,\ \psi^n(a).$$

La vraie valeur sera

$$\frac{1.2\ldots q}{1.2\ldots p}\,h^{p-q}\,\frac{\varphi^p(a)}{\psi^q(a)}.$$

Elle sera nulle si $p > q$, infinie si $p < q$, égale à $\dfrac{\varphi^p(a)}{\psi^p(a)}$ si $p = q$.

106. Si $f(x)$ devenait indéterminée pour $x = \infty$, on développerait $f(x)$ suivant les puissances décroissantes de x; et la vraie valeur serait nulle, finie ou infinie, suivant que l'ordre du premier terme du développement serait négatif, nul ou positif.

107. Certaines expressions nécessiteront des changements de variables pour être ramenées à celles que nous avons traitées.

Exemples. — 1° Soit à trouver la vraie valeur de l'expression $m\left(\sqrt[m]{x} - 1\right)$ pour m infini.

Lorsque m tend vers ∞, $\sqrt[m]{x}$ tend vers l'unité. Nous aurons donc

$$\sqrt[m]{x} = 1 + h,$$

h tendant vers zéro.

On en déduit

$$\frac{\log x}{m} = \log(1 + h), \quad m = \frac{\log x}{\log(1 + h)},$$

et, en substituant,

$$y = \lim \frac{\log x \cdot h}{\log(1 + h)}$$

pour $h = 0$.

Mais

$$\log(1 + h) = h - \frac{h^2}{2} + \ldots.$$

Substituant cette valeur et supprimant le facteur h commun au numérateur et au dénominateur, il viendra

$$y = \lim \frac{\log x}{1 - \frac{h}{2} + \cdots} = \log x.$$

2° Soit à trouver la vraie valeur de l'expression

$$\left(1 + \frac{x}{m}\right)^m$$

pour m infini.

Posons $m = nx$. L'expression cherchée deviendra

$$\left(1 + \frac{1}{n}\right)^{nx} = \left[\left(1 + \frac{1}{n}\right)^n\right]^x$$

et aura pour limite e^x, $\left(1 + \frac{1}{n}\right)^n$ ayant e pour limite.

3° Cherchons encore la vraie valeur de l'expression $y = x^x$ pour $x = 0$.

On a

$$\log y = x \log x,$$

$$\lim \log y = \lim x \log x = 0,$$

d'où

$$\lim y = 1.$$

108. La vraie valeur d'une fonction de plusieurs variables est généralement indéterminée.

Considérons, par exemple, la fonction $\dfrac{\varphi(x, y)}{\psi(x, y)}$. Supposons que φ et ψ s'annulent pour $x = a$, $y = b$, mais que leurs dérivées partielles ne s'annulent pas. La vraie valeur serait la limite du rapport

$$\frac{\varphi(a+h, b+k)}{\psi(a+h, b+k)} = \frac{\dfrac{\partial \varphi}{\partial a} h + \dfrac{\partial \varphi}{\partial b} k + R}{\dfrac{\partial \psi}{\partial a} h + \dfrac{\partial \psi}{\partial b} k + \rho}$$

ou

$$\frac{\dfrac{\partial \varphi}{\partial a} h + \dfrac{\partial \varphi}{\partial b} k}{\dfrac{\partial \psi}{\partial a} h + \dfrac{\partial \psi}{\partial b} k}.$$

On voit qu'elle dépend du rapport variable $\dfrac{h}{k}$, à moins que l'on n'ait

$$\frac{\dfrac{\partial \varphi}{\partial a}}{\dfrac{\partial \psi}{\partial a}} = \frac{\dfrac{\partial \varphi}{\partial b}}{\dfrac{\partial \psi}{\partial b}}.$$

IV. — Séries infinies.

109. Nous avons trouvé au § III l'expression de diverses transcendantes par des séries infinies. L'étude directe de ces séries constitue une branche importante du Calcul de l'infini, sur laquelle nous allons donner quelques explications.

Soient u_1, u_2, ..., u_n, ... une suite indéfinie de quantités. Formons les expressions

$$s_1 = u_1,$$
$$s_2 = u_1 + u_2,$$
$$\dots\dots\dots\dots,$$
$$s_n = u_1 + u_2 + \dots + u_n.$$

Si n augmente indéfiniment, il peut se faire :

1° Que ces sommes successives ne tendent vers aucune limite déterminée.

Ce cas se présentera, par exemple, pour la série

$$+1, \; -1, \; +1, \; -1, \; \dots$$

2° Qu'elles tendent vers ∞ .

Ce sera le cas pour la série

$$1, 2, 3, \; \dots$$

3° Qu'elles convergent vers une limite finie s.

On dira dans ce cas que la série infinie

$$u_1 + u_2 + \dots + u_n + \dots$$

est *convergente* et a pour *somme s*.

Il faut évidemment, pour la convergence, qu'en prenant n suffisamment grand, toutes les sommes successives s_n, s_{n+1}, ..., s_{n+p}, ... ne diffèrent de leur limite commune s, et par suite ne diffèrent entre elles, que d'une quantité aussi petite que l'on voudra. On doit donc, quelque petite que soit la quantité ε, pouvoir déterminer une quantité n telle que l'on ait, pour toute valeur de p,

$$s_{n+p} - s_n = u_{n+1} + \dots + u_{n+p} < \varepsilon$$

(en valeur absolue).

Réciproquement, si cette condition est satisfaite, deux quelconques des sommes considérées s_{n+p} et s_{n+q} différeront de moins de 2ε. Les sommes successives s_1, s_2, ..., s_n, ... convergeront donc vers une même limite.

Des conditions précédentes

$$u_{n+1} < \varepsilon, \quad u_{n+1} + u_{n+2} < \varepsilon, \quad \ldots, \quad u_{n+1} + \ldots + u_{n+p} < \varepsilon, \quad \ldots$$

(en valeur absolue), on déduit que u_{n+1}, u_{n+2}, ..., doivent être $< 2\varepsilon$ en valeur absolue. Il est donc nécessaire, sinon suffisant pour la convergence, que les termes de la série tendent vers zéro quand leur indice augmente.

110. Considérons, en premier lieu, les séries à termes positifs. Les sommes successives $s_1, s_2, \ldots$, allant constamment en croissant, tendront nécessairement vers une limite déterminée si elles ne croissent pas jusqu'à ∞.

111. Théorème. — *Soient*

$$s = u_1 + u_2 + \ldots \quad \text{et} \quad \Sigma = v_1 + v_2 + \ldots$$

deux séries à termes positifs. Si l'on suppose :

1° *Que la série Σ soit convergente;*

2° *Qu'à partir d'un certain rang tous ses termes soient plus grands que les termes correspondants de s, cette dernière série sera convergente.*

En effet, si l'on prend n assez grand pour que l'on ait

$$v_{n+1} + \ldots + v_{n+p} < \varepsilon,$$

quel que soit p, on aura, *a fortiori,*

$$u_{n+1} + \ldots + u_{n+p} < \varepsilon.$$

Si l'on suppose, au contraire : 1° *que la série Σ soit divergente;* 2° *qu'à partir d'un certain rang ses termes soient moindres que ceux de s, cette dernière série sera divergente.* Car on pourra déterminer, quel que soit n, un nombre p tel que l'on ait

$$v_{n+1} + \ldots + v_{n+p} > \varepsilon,$$

et, *a fortiori,*

$$u_{n+1} + \ldots + u_{n+p} > \varepsilon.$$

112. COROLLAIRE I. — *Une série* $s = u_1 + u_2 + \dots$ *à termes positifs est convergente* (*divergente*) *s'il existe une valeur* μ *du nombre variable* n *à partir de laquelle on ait constamment*

$$\sqrt[n]{u_n} < r, \quad \left(\sqrt[n]{u_n} > r\right),$$

r *étant une constante plus petite* (*plus grande*) *que l'unité.*

En effet, à partir du moment où l'inégalité est satisfaite, les termes de la série seront respectivement plus petits (plus grands) que ceux de la progression géométrique convergente (divergente)

$$r + r^2 + \dots + r^n + \dots.$$

113. COROLLAIRE II. — *La série* s *sera encore convergente* (*divergente*) *s'il existe une valeur* μ *du nombre* n *à partir de laquelle on ait constamment*

$$\frac{u_{n+1}}{u_n} < r, \quad \left(\frac{u_{n+1}}{u_n} > r\right),$$

r *étant* $< 1, (> 1)$.

On aura, en effet,

$$u_{\mu+1} < r u_\mu, \quad (u_{\mu+1} > r u_\mu),$$
$$u_{\mu+2} < r u_{\mu+1} < r^2 u_\mu, \quad (u_{\mu+2} > r^2 u_\mu),$$
$$\dots\dots\dots\dots\dots\dots, \quad \dots\dots\dots\dots,$$
$$u_n < r u_{n-1} < r^{n-\mu} u_\mu, \quad (u_n > r^{n-\mu} u_\mu).$$

Les termes $u_{\mu+1}, \dots, u_n, \dots$ seront donc moindres (plus grands) que ceux de la progression géométrique convergente (divergente)

$$r u_\mu + r^2 u_\mu + \dots.$$

114. On obtient un critérium de convergence plus précis en considérant la série

$$s = \frac{1}{1^\alpha} + \frac{1}{2^\alpha} + \dots + \frac{1}{n^\alpha} + \dots.$$

Ses termes peuvent être groupés comme il suit :

$$s = \frac{1}{1^\alpha} + \frac{1}{2^\alpha} + \left(\frac{1}{3^\alpha} + \frac{1}{4^\alpha} \right) + \cdots$$

$$+ \left[\frac{1}{(2^n+1)^\alpha} + \cdots + \frac{1}{(2^{n+1})^\alpha} \right] + \cdots$$

Chacun des 2^n termes qui composent le terme général étant moindre que $\frac{1}{2^{n\alpha}}$, mais au moins égal à $\frac{1}{2^{(n+1)\alpha}}$, sa valeur sera comprise entre $\frac{1}{2^{n(\alpha-1)}}$ et $\frac{1}{2^\alpha} \frac{1}{2^{n(\alpha-1)}}$. On aura donc

$$s < \frac{1}{1^\alpha} + \frac{1}{2^\alpha} + \cdots + \frac{1}{2^{n(\alpha-1)}} + \cdots,$$

$$s > \frac{1}{1^2} + \frac{1}{2^\alpha} + \cdots + \frac{1}{2^\alpha} \cdot \frac{1}{2^{n(\alpha-1)}} + \cdots.$$

Les séries qui forment les seconds membres de ces inégalités sont (sauf les deux premiers termes) des progressions géométriques ayant pour raison $\frac{1}{2^{\alpha-1}}$. Ces progressions, et par suite la série s, seront convergentes si $\alpha > 1$, divergentes si $\alpha \lessgtr 1$.

115. Théorème. — *Une série $s = u_1 + u_2 + \ldots$ à termes positifs est convergente (divergente) s'il existe une valeur de n à partir de laquelle on ait constamment*

$$n \left(1 - \frac{u_{n+1}}{u_n} \right) > r, \quad \left[n \left(1 - \frac{u_{n+1}}{u_n} \right) < r \right],$$

r étant une constante plus grande (plus petite) que l'unité.

Comparons, en effet, cette série à la suivante

$$\Sigma = \frac{1}{1^\alpha} + \frac{1}{2^\alpha} + \cdots + \frac{1}{n^\alpha} + \cdots = v_1 + v_2 + \ldots,$$

α étant une quantité comprise entre r et l'unité.

On aura

$$n\left(1 - \frac{v_{n+1}}{v_n}\right) = n\left[\frac{(n+1)^\alpha - n^\alpha}{(n+1)^\alpha}\right] = \frac{\alpha n^\alpha + \ldots}{n^\alpha + \ldots}.$$

Cette quantité tend vers α quand n tend vers ∞. Il existe donc une valeur μ de n à partir de laquelle elle sera comprise entre r et l'unité.

A partir de ce moment, on aura, si $r > 1$, d'où $\alpha > 1$,

$$n\left(1 - \frac{u_{n+1}}{u_n}\right) > n\left(1 - \frac{v_{n+1}}{v_n}\right),$$

d'où

$$\frac{u_{n+1}}{u_n} < \frac{v_{n+1}}{v_n}, \quad \text{ou} \quad \frac{u_{n+1}}{v_{n+1}} < \frac{u_n}{v_n}.$$

On en déduit

$$u_{\mu+1} < \frac{u_\mu}{v_\mu} v_{\mu+1},$$

$$u_{\mu+2} < \frac{u_{\mu+1}}{v_{\mu+1}} v_{\mu+2} < \frac{u_\mu}{v_\mu} v_{\mu+2},$$

$$\ldots \ldots \ldots \ldots \ldots \ldots \ldots \ldots$$

quantités respectivement moindres que les termes de la série convergente

$$\frac{u_\mu}{v_\mu}(v_{\mu+1} + v_{\mu+2} + \ldots).$$

Donc la série s est convergente.

Si $r < 1$, le sens des inégalités étant renversé, la série s sera divergente.

116. Passons à la considération des séries composées d'une suite de termes quelconques que nous supposerons, pour plus de généralité, pouvoir être imaginaires de la forme $a + bi$.

Nous rappellerons d'abord, au sujet de ces expressions imaginaires, quelques notions indispensables.

La quantité $a + bi$ peut être représentée par un point P (*fig.* 3) ayant pour abscisse a et pour ordonnée b. Ce point se nomme l'*affixe* de $a + bi$.

Joignons OP. La longueur ρ de cette ligne se nomme le *module* de $a + bi$. L'angle POX $= \varphi$ qu'elle forme avec l'axe

Fig. 3.

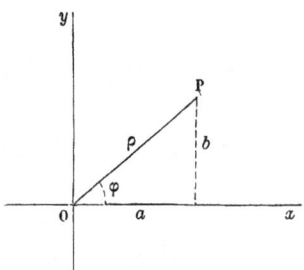

des x se nomme l'*argument*. On a évidemment

$$\rho = + \sqrt{a^2 + b^2}, \quad \cos\varphi = \frac{a}{\rho}, \quad \sin\varphi = \frac{b}{\rho},$$
$$a + bi = \rho(\cos\varphi + i\sin\varphi).$$

Pour que $a + bi$ soit nul, il faut et il suffit qu'on ait à la fois $a = o$, $b = o$. Ces deux conditions peuvent se résumer en une seule, $\rho = o$.

117. Soient $\rho(\cos\varphi + i\sin\varphi)$ et $\rho_1(\cos\varphi_1 + i\sin\varphi_1)$ deux imaginaires. Elles ont pour produit

$$\rho\rho_1[\cos(\varphi + \varphi_1) + i\sin(\varphi + \varphi_1)];$$

d'où ce théorème :

Un produit d'imaginaires a pour module le produit de leurs modules, pour argument la somme de leurs arguments.

118. Soient

$$\rho(\cos\varphi + i\sin\varphi), \quad \rho_1(\cos\varphi_1 + i\sin\varphi_1), \quad \rho_2(\cos\varphi_2 + i\sin\varphi_2), \quad \ldots$$

des imaginaires ayant respectivement pour affixes P, P₁,

$P_2, \ldots$ (*fig.* 4). Leur somme aura pour affixe le point q, qui a pour abscisse

$$\rho \cos \varphi + \rho_1 \cos \varphi_1 + \rho_2 \cos \varphi_2 + \ldots$$

et pour ordonnée

$$\rho \sin \varphi + \rho_1 \sin \varphi_1 + \rho_2 \sin \varphi_2 + \ldots$$

Pour obtenir ce point, il suffira évidemment de porter les unes au bout des autres les lignes OP, OP$_1$, OP$_2$, en conservant leur direction.

Fig. 4.

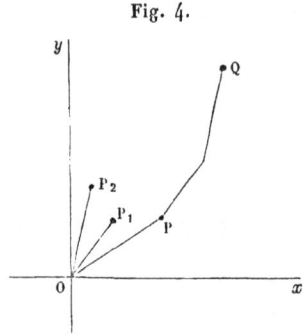

La somme aura pour module la ligne OQ qui ferme le polygone.

Aucun des côtés du polygone ne pouvant surpasser en longueur la somme des autres, on aura ce théorème :

Le module d'une somme algébrique ne peut surpasser la somme des modules de ses termes; mais il ne peut être moindre que la différence entre l'un de ces modules et la somme de tous les autres.

119. Soit maintenant

$$s = u_1 + u_2 + \ldots$$

une série à termes réels ou imaginaires de la forme

$$u_1 = a_1 + b_1 i, \quad u_2 = a_2 + b_2 i, \quad \ldots.$$

Pour qu'une semblable série soit convergente, il faut et il suffit évidemment qu'en prenant n suffisamment grand on puisse faire en sorte que la partie réelle α et la partie imaginaire β de la somme $u_{n+1} + \ldots + u_{n+p}$ soient toutes deux plus petites que toute quantité donnée, et cela pour toute valeur de p.

S'il en est ainsi, le module $\sqrt{\alpha^2 + \beta^2}$ de cette somme pourra lui-même être rendu inférieur à toute quantité donnée. Réciproquement, si n peut être choisi de telle sorte que ce module soit, pour toute valeur de p, inférieur à ε, α et β seront, *a fortiori*, inférieurs à ε, et la série sera convergente.

120. Cela posé, soient respectivement U_1, U_2, $\ldots$ les modules des termes u_1, u_2, $\ldots$; nous formerons la série

$$S = U_1 + U_2 + \ldots.$$

Si cette série est convergente, la série s le sera.

En effet, on peut choisir n assez grand pour que l'on ait

$$U_{n+1} + \ldots + U_{n+p} < \varepsilon,$$

et, *a fortiori*,

$$\operatorname{mod}(u_{n+1} + \ldots + u_{n+p}) < \varepsilon.$$

Nous dirons qu'une série est *absolument convergente* lorsque la série des modules de ses termes est convergente.

121. Théorème. — *On n'altère pas la valeur d'une série absolument convergente en changeant l'ordre de ses termes.*

Soit $s = u_1 + u_2 + \ldots$ la série donnée. Changeons l'ordre de ses termes, et prenons dans la nouvelle série s' un nombre de termes suffisant pour qu'on y retrouve les n premiers termes de s. Soient s_n la somme de ces termes, σ celle des termes que l'on a dû prendre dans la série s'. Cette dernière se composera :

1° Des termes de s_n ;

2° De quelques-uns des termes suivants, tels que u_α, u_β, $\ldots$.

Soit u_{n+p} celui de ces termes qui a le plus grand indice.
On aura

$$\sigma - s_n = u_\alpha + u_\beta + \ldots,$$

$$\operatorname{mod}(\sigma - s_n) = \operatorname{mod}(u_\alpha + u_\beta + \ldots)$$

$$\leqq \mathrm{U}_\alpha + \mathrm{U}_\beta + \ldots$$

$$< \mathrm{U}_{n+1} + \ldots + \mathrm{U}_{n+p},$$

et par suite, si n est suffisamment grand,

$$\operatorname{mod}(\sigma - s_n) < \varepsilon.$$

Donc σ différera aussi peu que l'on voudra de s_n, qui lui-même diffère de s aussi peu que l'on voudra.

122. Théorème. — *Si deux séries* $s = u_1 + u_2 + \ldots$, $t = v_1 + v_2 + \ldots$ *sont absolument convergentes, la série* $\Sigma u_\alpha v_\beta$ *formée par les produits deux à deux de leurs termes, écrits dans un ordre quelconque, sera absolument convergente et égale à* st.

Soient, en effet, S, T les sommes des séries respectivement formées par les modules U_1, U_2, $\ldots$, et V_1, V_2, $\ldots$ des termes de s et de t. Posons, d'autre part,

$$s_n = u_1 + \ldots + u_n,$$

$$t_n = v_1 + \ldots + v_n.$$

Prenons maintenant, dans la nouvelle série $\Sigma u_\alpha v_\beta$, assez de termes pour y retrouver tous ceux du produit $s_n t_n$. Soit K la somme de tous les termes que l'on a dû prendre. On aura évidemment

$$\mathrm{K} = s_n t_n + \mathrm{R},$$

R désignant une somme de termes de la forme $u_\alpha v_\beta$, dans chacun desquels l'un au moins des deux indices α, β sera $> n$.

Soit $\mathrm{R} = u_\alpha v_\beta + u_{\alpha'} v_{\beta'} + \ldots$, et soit $n + p$ le plus grand des indices α, β, α', β', $\ldots$. On aura

$$\mathrm{K} - s_n t_n = u_\alpha v_\beta + u_{\alpha'} v_{\beta'} + \ldots,$$

d'où

$$\begin{aligned}
&\operatorname{mod}(K - s_n t_n)\\
&\quad \overline{\overline{<}}\, U_\alpha V_\beta + U_{\alpha'} V_{\beta'} + \ldots\\
&\quad \overline{\overline{<}}\, (U_1 + U_2 + \ldots + U_{n+p})(V_{n+1} + \ldots + V_{n+p})\\
&\qquad + (U_{n+1} + \ldots + U_{n+p})(V_1 + \ldots + V_n)\\
&\quad < S(V_{n+1} + \ldots + V_{n+p}) + T(U_{n+1} + \ldots + U_{n+p}).
\end{aligned}$$

Cela posé, faisons croître n indéfiniment; $U_{n+1} + \ldots + U_{n+p}$ et $V_{n+1} + \ldots + V_{n+p}$ tendront vers zéro, quel que soit p; on aura donc

$$\operatorname{mod}(K - s_n t_n) < \varepsilon,$$

ε étant aussi petit que l'on voudra. Donc K se rapprochera indéfiniment du produit $s_n t_n$, qui lui-même aura pour limite st.

123. *Définition.* — Si la série

$$s = u_1 + u_2 + \ldots$$

est convergente, mais la série des modules

$$S = U_1 + U_2 + \ldots$$

divergente, on dira que la série s est *semi-convergente*.

Comme exemple de ces séries, on peut citer la suivante :

$$s = 1 - \tfrac{1}{2} + \tfrac{1}{3} + \tfrac{1}{4} + \ldots.$$

Nous avons vu, en effet, que la série des modules

$$S = 1 + \tfrac{1}{2} + \tfrac{1}{3} + \tfrac{1}{4} + \ldots$$

est divergente.

D'autre part, s est convergente. On a, en effet,

$$\begin{aligned}
&u_{n+1} + u_{n+2} + \ldots + u_{n+p}\\
&\quad = \pm\left(\frac{1}{n+1} - \frac{1}{n+2} + \frac{1}{n+3} - \ldots \pm \frac{1}{n+p}\right).
\end{aligned}$$

La somme entre parenthèses est positive, car chaque terme négatif y est précédé d'un terme positif plus grand que lui.

D'autre part, elle est inférieure à $\dfrac{1}{n+1}$, car chaque terme positif, sauf le premier, y est précédé d'un terme négatif plus grand que lui. Donc $u_{n+1} + \ldots + u_{n+p}$, étant $< \dfrac{1}{n+1}$ en valeur absolue, tendra vers zéro quand n augmente.

Remarque. — On démontrerait de la même manière la convergence de toute série formée de termes alternativement positifs et négatifs et décroissant continuellement en valeur absolue jusqu'à la limite zéro.

124. Théorème. — *On peut donner une infinité de valeurs différentes à une série semi-convergente en changeant l'ordre de ses termes.*

Soit
$$s = u_1 + u_2 + \ldots$$
une semblable série, et soit
$$u_n = a_n + b_n i$$
son terme général. Posons
$$\operatorname{mod} u_n = U_n, \quad \operatorname{mod} a_n = A_n, \quad \operatorname{mod} b_n = B_n.$$
On aura
$$U_n \lessgtr A_n + B_n.$$
La série
$$U_1 + U_2 + \ldots$$
ayant, par hypothèse, une somme infinie, il en sera de même, *a fortiori,* de la série
$$A_1 + B_1 + A_2 + B_2 + \ldots.$$
Donc l'une au moins des deux séries
$$A_1 + A_2 + \ldots$$
$$B_1 + B_2 + \ldots$$
aura une somme infinie.

Supposons, pour fixer les idées, que $A_1 + A_2 + \ldots$ ait une somme infinie.

Considérons la série

$$\sigma = a_1 + a_2 + \ldots$$

Elle sera convergente, car elle est formée par les parties réelles des termes de la série s, laquelle est convergente, par hypothèse.

Donc les termes de la série σ décroissent indéfiniment quand n augmente. D'ailleurs, la somme

$$A_1 + A_2 + \ldots$$

de ces termes, pris positivement, est infinie. Donc σ contient des termes positifs

$$c, \; c_1, \; \ldots$$

et des termes négatifs

$$d, \; d_1, \; \ldots$$

Chacune des deux sommes $c + c_1 + \ldots$ et $d + d_1 + \ldots$ sera infinie, et si σ a une somme finie, cela tient aux soustractions qui s'opèrent.

Cela posé, il est aisé de voir qu'en altérant l'ordre des termes de σ on pourra lui faire avoir pour somme un nombre quelconque M.

Prenons, en effet, dans la suite positive $c + c_1 + \ldots$ le nombre de termes nécessaire pour que leur somme surpasse M; puis, dans la suite négative $d, d_1, \ldots$ assez de termes pour ramener la somme au-dessous de M, puis dans la somme positive assez de termes pour ramener la somme au-dessus de M, et ainsi de suite.

La somme obtenue oscillera ainsi autour de M, dont elle se rapprochera d'ailleurs indéfiniment, car sa différence avec M ne surpasse pas le dernier terme employé pour changer son signe, et l'on a vu que ces termes décroissent indéfiniment lorsque leur rang augmente.

Cela posé, effectuons sur la série s les mêmes changements dans l'ordre des termes que dans la série σ; on trouvera pour somme de la série une expression de la forme $M + Ni$, M étant quelconque.

On voit par cet exemple combien il est nécessaire de n'effectuer sur une série aucune opération sans en avoir démontré la légitimité.

125. Nous terminerons ces considérations sur les séries dont les termes sont des quantités numériques en démontrant, d'après Abel, le théorème suivant :

THÉORÈME. — *Soient*

$$(1) \qquad\qquad u_1 + u_2 + \ldots$$

une série convergente et α_1, α_2, ... *des quantités quelconques telles que la série*

$$\operatorname{mod} \alpha_1 + \operatorname{mod}(\alpha_1 - \alpha_2) + \operatorname{mod}(\alpha_2 - \alpha_3) + \ldots$$

ait une limite finie s. *La série*

$$(2) \qquad\qquad \alpha_1 u_1 + \alpha_2 u_2 + \ldots$$

sera convergente.

En effet, la série (1) étant convergente, on pourra déterminer n de telle sorte que l'on ait, pour toute valeur de p,

$$\operatorname{mod}(u_{n+1} + \ldots + u_{n+p}) < \varepsilon.$$

Pour démontrer que la série (2) est convergente, il suffit d'établir que la quantité

$$\operatorname{mod}(\alpha_{n+1} u_{n+1} + \ldots + \alpha_{n+p} u_{n+p})$$

peut elle-même être rendue plus petite que toute quantité donnée.

Or on a évidemment

$$
\begin{aligned}
\alpha_{n+1} u_{n+1} &+ \ldots + \alpha_{n+p} u_{n+p} \\
&= \alpha_{n+p}(u_{n+1} + \ldots + u_{n+p}) \\
&\quad + (\alpha_{n+p-1} - \alpha_{n+p})(u_{n+1} + \ldots + u_{n+p-1}) \\
&\quad + (\alpha_{n+p-2} - \alpha_{n+p-1})(u_{n+1} + \ldots + u_{n+p-2}) \\
&\quad + \ldots\ldots\ldots\ldots\ldots\ldots\ldots\ldots\ldots\ldots \\
&\quad + (\alpha_{n+1} - \alpha_{n+2}) u_{n+1},
\end{aligned}
$$

et, par suite,

$$\text{mod}(\alpha_{n+1}u_{n+1} + \ldots + \alpha_{n+p}u_{n+p})$$
$$< \text{mod}\,\alpha_{n+p}\,\varepsilon$$
$$+ \text{mod}(\alpha_{n+p-1} - \alpha_{n+p})\,\varepsilon$$
$$+ \ldots\ldots\ldots\ldots\ldots\ldots$$
$$+ \text{mod}(\alpha_{n+1} - \alpha_{n+2})\,\varepsilon.$$

On a d'ailleurs

$$\alpha_{n+p} = \alpha_1 - (\alpha_1 - \alpha_2) - (\alpha_2 - \alpha_3) - \ldots - (\alpha_{n+p-1} - \alpha_{n+p}),$$

d'où

$$\text{mod}\,\alpha_{n+p} \lessgtr \text{mod}\,\alpha_1 + \text{mod}(\alpha_1 - \alpha_2) + \ldots + \text{mod}(\alpha_{n+p-1} - \alpha_{n+p}) < s.$$

D'autre part,

$$\text{mod}(\alpha_{n+1} - \alpha_{n+2}) + \ldots + \text{mod}(\alpha_{n+p-1} - \alpha_{n+p}) < s;$$

donc

$$\text{mod}(\alpha_{n+1}u_{n+1} + \ldots + \alpha_{n+p}u_{n+p}) < 2s\varepsilon,$$

quantité qui peut être rendue aussi petite que l'on voudra en choisissant ε assez petit.

Le cas le plus intéressant de ce théorème est celui où les coefficients α_1, α_2, ... sont réels et vont constamment en croissant ou en décroissant, mais en tendant vers une limite finie.

Soit m cette limite ; il est clair que l'on aura

$$s = \text{mod}\,\alpha_1 + \text{mod}(\alpha_1 - m).$$

126. *Remarque.* — Si la série (1) est absolument convergente, la condition imposée aux coefficients α par l'énoncé du théorème ne sera pas nécessaire. Pour que la série (2) soit convergente, et même absolument convergente, il suffira que les modules des coefficients α ne surpassent pas, au moins à partir d'un certain rang, une limite fixe M ; car on aura évidemment, dans ce cas, en prenant n suffisamment grand,

$$\text{mod}(\alpha_{n+1}u_{n+1} + \ldots + \alpha_{n+p}u_{n+p})$$
$$\lessgtr M(\text{mod}\,u_{n+1} + \ldots + \text{mod}\,u_{n+p}) \lessgtr M\varepsilon.$$

127. Passons à la considération des séries

$$s = u_1 + u_2 + u_3 + \ldots,$$

dont les termes sont des fonctions d'une même variable z. Une telle série sera convergente pour les valeurs de z comprises dans un certain intervalle, si pour chacune de ces valeurs et pour chaque valeur de la quantité infiniment petite ε on peut assigner une valeur de n telle que l'on ait pour toute valeur de p

$$(3) \qquad \mathrm{mod}\,(u_{n+1} + \ldots + u_{n+p}) < \varepsilon,$$

ε étant aussi petit que l'on voudra.

Le nombre n des termes qu'il est nécessaire de prendre dans la série pour arriver à ce résultat sera en général une fonction de z et de ε. Néanmoins on pourra très habituellement déterminer un nombre n, fonction de ε seulement, et tel que la condition (3) soit satisfaite pour toute valeur de z comprise dans l'intervalle considéré. On dira, dans ce cas, que la série s est *uniformément convergente* dans cet intervalle.

Comme exemple de série non uniformément convergente, nous citerons la progression géométrique

$$z + z(1-z) + \ldots + z(1-z)^n + \ldots$$

dans l'intervalle de o à 1.

Pour $z = o$, tous les termes s'annulent. Le nombre des termes à prendre pour que l'erreur ne surpasse pas ε sera donc égal à zéro.

Soit, au contraire, z différent de o. L'ensemble des termes qui suivent le $n^{\text{ième}}$ a pour somme

$$\frac{z(1-z)^{n+1}}{1-(1-z)} = (1-z)^{n+1}.$$

Pour qu'il soit $< \varepsilon$, il faudra que l'on ait

$$(1-z)^{n+1} < \varepsilon,$$

d'où

$$n > \frac{\log \varepsilon}{\log(1 - z)} - 1.$$

Cette quantité reste finie pour toutes les valeurs de z que nous considérons. Toutefois elle croît au delà de toute limite si z se rapproche suffisamment de zéro.

128. L'importance de la notion de la convergence uniforme résulte du théorème suivant, que nous démontrerons dans le Calcul intégral.

Si la série s est convergente dans un certain intervalle et si la série

$$s' = u'_1 + u'_2 + u'_3 + \ldots$$

des dérivées de ses différents termes est elle-même uniformément convergente dans ce même intervalle, s sera, dans cet intervalle, une fonction continue de z, et sa dérivée sera s'.

129. Considérons, en particulier, une série

$$s = a_0 + a_1 z + \ldots + a_n z^n + \ldots$$

procédant suivant les puissances entières et positives de la variable z. On pourra donner à z une valeur telle que les modules $M_0, M_1, \ldots, M_n, \ldots$ des termes de la série ne surpassent pas toute limite (la valeur $z = 0$ satisfait toujours à cette condition).

Parmi les valeurs de z qui jouissent de cette propriété, soit ζ celle qui a le plus grand module, et soient R ce module, μ la limite supérieure des modules $M_0, M_1, \ldots, M_n, \ldots$ pour $z = \zeta$.

THÉORÈME. — *La série s est absolument et uniformément convergente pour les valeurs réelles ou imaginaires de z dont le module ne surpasse pas ρ, ρ désignant une quantité quelconque inférieure à* R.

Les séries

$$s' = a_1 + 2a_2 z + \ldots + n a_n z^{n-1} + \ldots,$$
$$s'' = 2a_2 + \ldots + n(n-1)a_n z^{n-2} + \ldots,$$
$$\ldots\ldots\ldots\ldots\ldots\ldots\ldots\ldots\ldots\ldots\ldots\ldots\ldots\ldots,$$

obtenues en prenant les dérivées des termes de s, jouiront des mêmes propriétés.

En effet, la série s peut s'écrire

$$s = a_0 + a_1 \zeta \frac{z}{\zeta} + a_2 \zeta^2 \left(\frac{z}{\zeta}\right)^2 + \cdots + a_n \zeta^n \left(\frac{z}{\zeta}\right)^n + \cdots.$$

Son terme général aura pour module

$$\mathrm{M}_n = \mathrm{mod}\, a_n \zeta^n \, \mathrm{mod} \left(\frac{z}{\zeta}\right)^n \lessgtr \mu \left(\frac{\rho}{\mathrm{R}}\right)^n.$$

Posons, pour abréger,

$$\mu \left(\frac{\rho}{\mathrm{R}}\right)^n = u_n.$$

La série $\mathrm{M}_0 + \mathrm{M}_1 + \ldots + \mathrm{M}_n + \ldots$, ayant ses termes moindres que ceux de la progression géométrique

$$u_0 + u_1 + \ldots + u_n + \ldots,$$

sera convergente. Donc s est absolument convergente.

Pour démontrer l'uniformité de la convergence, il suffit de remarquer que l'on a

$$\mathrm{mod}(a_{n+1} z^{n+1} + \ldots + a_{n+p} z^{n+p}) < u_{n+1} + \ldots + u_{n+p}.$$

Pour rendre cette quantité $< \varepsilon$, il suffira donc de choisir n de telle sorte que l'on ait

$$u_{n+1} + \ldots + u_{n+p} < \varepsilon.$$

Mais z ne figure pas dans cette dernière condition. La valeur de n qui en résultera sera donc indépendante de z.

$2°$ La série s' pourra de même s'écrire

$$s' = \frac{a_1 \zeta}{\zeta} + 2 \frac{a_2 \zeta^2}{\zeta} \frac{z}{\zeta} + \cdots + n \frac{a_n \zeta^n}{\zeta} \left(\frac{z}{\zeta}\right)^{n-1} + \ldots,$$

et son terme général aura pour module

$$M_{n-1} = \frac{n}{R} \operatorname{mod} a_n \, \zeta^n \operatorname{mod} \left(\frac{z}{\zeta}\right)^{n-1} \leqq \frac{n\mu}{R}\left(\frac{\rho}{R}\right)^{n-1}.$$

La série $M_1 + \ldots + M_n + \ldots$ sera convergente, car ses termes sont moindres que ceux de la série

$$\sigma = \frac{\mu}{R} + \frac{2\mu}{R}\frac{\rho}{R} + \cdots + \frac{n\mu}{R}\left(\frac{\rho}{R}\right)^{n-1} + \cdots = u_1,$$

où le rapport $\dfrac{n+1}{n}\dfrac{\rho}{R}$ d'un terme au précédent tend pour n infini vers la limite $\dfrac{\rho}{R}$ plus petite que l'unité.

L'uniformité de la convergence résulte immédiatement, comme tout à l'heure, de ce que, pour rendre

$$\operatorname{mod}[(n+1)a_n \, z^n + \ldots + (n+p)a_{n+p}\, z^{n+p-1}]$$

inférieure à ε, il suffit de faire en sorte que la somme des termes correspondants de la série σ soit $< \varepsilon$, condition indépendante de z.

4° Le théorème se démontrerait d'une manière analogue pour chacune des autres séries s'', ...

130. De ce théorème, combiné avec celui énoncé au n° 128, on déduit immédiatement le suivant :

Théorème. — *La série s est une fonction continue de* z *ayant pour dérivée la série* s' *pour toutes les valeurs de* z *dont le module est inférieur à* ρ.

Cette proposition peut d'ailleurs se démontrer directement.

Posons, en effet, $s = f(z)$. Donnons à z un accroissement infiniment petit h, réel ou imaginaire; on aura

$$f(z+h) = a_0 + a_1(z+h) + a_2(z+h)^2 + \ldots$$
$$= a_0 + a_1 z + a_1 h + a_2 z^2 + 2a_2 z h + a_2 h^2 + \ldots$$
$$= (a_0 + a_1 z + a_2 z^2 + \ldots) + (a_1 + 2a_2 z + \ldots)h + \ldots$$
$$= f(z) + s'h + s''\frac{h^2}{1.2} + \cdots,$$

d'où

$$\frac{f(z+h) - f(z)}{h} = s' + s'' \frac{h}{1.2} + \cdots,$$

et enfin

$$f'(z) = \lim \frac{f(z+h) - f(z)}{h} = s'.$$

Les transformations successives que nous avons fait subir à l'expression $f(z+h)$ pour arriver à ce résultat ne sont évidemment licites que si la série

$$a_0 + a_1 z + a_1 h + a_2 z^2 + 2 a_2 z h + a_2 h^2 + \ldots$$

est absolument convergente. Mais cette condition sera satisfaite dès que h sera devenu assez petit pour que l'on ait

$$\mathrm{mod}\, z + \mathrm{mod}\, h < \mathrm{mod}\, \rho.$$

En effet, la série des modules a pour expression

$$\mathrm{mod}\, a_0 + \mathrm{mod}\, a_1 z + \mathrm{mod}\, a_1 h + \mathrm{mod}\, a_2 z^2 + \ldots$$
$$= \mathrm{mod}\, a_0 + \mathrm{mod}\, a_1 (\mathrm{mod}\, z + \mathrm{mod}\, h)$$
$$+ \mathrm{mod}\, a_2 (\mathrm{mod}\, z + \mathrm{mod}\, h)^2 + \ldots$$
$$< \mathrm{mod}\, a_0 + \mathrm{mod}\, a_1 \rho + \mathrm{mod}\, a_2 \rho^2 + \ldots.$$

et cette dernière expression est convergente d'après le théorème du n° 129.

131. *Remarque.* — La quantité ρ peut être choisie aussi voisine de R qu'on le voudra. Donc s sera continue et aura pour dérivée s' pour toute valeur de z dont l'affixe est contenu *dans l'intérieur* du cercle de rayon R. Si l'affixe est *en dehors* de ce cercle, les modules des termes de la série grandissant indéfiniment, par définition, la série est divergente et ne représente plus rien.

Enfin, si l'affixe est *sur* le cercle, nous ne sommes plus en mesure de rien affirmer.

Ce cercle se nomme *cercle de convergence.* Son rayon peut être infini, par exemple pour la série

$$1 + z + \frac{z^2}{1.2} + \cdots,$$

ou nul, comme pour la série

$$1 + z + 1.2 z^2 + 1.2.3 z^3 + \dots$$

V. — Produits infinis.

132. Soient, comme au paragraphe précédent,

$$u_1, \; u_2, \; \dots, \; u_n, \; \dots,$$

une suite indéfinie de quantités. Formons les produits successifs

$$\Pi_1 = u_1,$$
$$\dots\dots,$$
$$\Pi_n = u_1 u_2 \dots u_n,$$
$$\dots\dots\dots$$

Si n augmente indéfiniment, il peut se faire :

$1°$ Que ces produits successifs ne tendent vers aucune limite déterminée ;

$2°$ Qu'ils tendent vers ∞ ;

$3°$ Qu'ils tendent vers une limite finie Π.

On dira, dans ce dernier cas, que le produit infini

$$u_1 u_2 \dots u_n \dots$$

est *convergent* et a pour valeur Π.

133. Nous admettrons, pour plus de généralité, que $u_1, \dots,$ $u_n, \dots$ puissent être imaginaires. Soit, en général,

$$u_n = a_n + b_n i = \rho_n (\cos \alpha_n + i \sin \alpha_n).$$

Le produit Π_n aura pour module $\rho_1 \dots \rho_n$ et pour argument $\alpha_1 + \dots + \alpha_n$.

Deux cas de convergence seront à distinguer suivant que, pour $n = \infty$, Π_n tend vers zéro ou vers une limite différente de zéro.

Le premier cas se présentera, quels que soient les arguments, si l'on a

$$\lim \rho_1 \dots \rho_n = 0,$$

ou, ce qui revient au même,

$$\lim \log \rho_1 \ldots \rho_n = \lim (\log \rho_1 + \ldots + \log \rho_n) = - \infty.$$

Ce cas se reconnaîtra donc à ce caractère que la série

$$\log \rho_1 + \ldots + \log \rho_n + \ldots$$

est divergente et a pour limite $- \infty$.

134. Pour que le second cas se présente, il sera évidemment nécessaire et suffisant que les deux expressions

$$\log \rho_1 \ldots \rho_n \quad \text{et} \quad \alpha_1 + \ldots + \alpha_n$$

tendent toutes deux vers des limites déterminées, autrement dit que les séries

$$(1) \qquad \qquad \log \rho_1 + \ldots + \log \rho_n + \ldots$$

et

$$(2) \qquad \qquad \alpha_1 + \ldots + \alpha_n + \ldots$$

soient toutes deux convergentes.

Au lieu de la série (1), il sera, en général, plus commode de considérer celle-ci

$$(3) \qquad \qquad \log \rho_1^2 + \ldots + \log \rho_n^2 + \ldots,$$

qui s'obtient en doublant tous ses termes.

Si les séries (2) et (3) sont absolument convergentes, il en sera de même du produit Π, dont la valeur sera évidemment indépendante de l'ordre des facteurs. Il dépendra au contraire de cet ordre et sera semi-convergent si les séries (2) et (3) sont elles-mêmes semi-convergentes.

Si les quantités $u_1, \ldots, u_n, \ldots$ dépendent d'une variable z, le produit sera uniformément convergent ou non en même temps que les deux séries.

Une condition nécessaire, sinon suffisante, pour la convergence des séries (2) et (3), est que leurs termes tendent vers zéro pour n infini. Il faudra pour cela que ρ_n^2 tende vers l'unité et α_n vers zéro.

Mais on a

$$\rho_n^2 = a_n^2 + b_n^2, \quad \alpha_n = \text{arc} \begin{cases} \sin \dfrac{b_n}{\rho_n} \\ \cos \dfrac{a_n}{\rho_n}. \end{cases}$$

Il faudra donc que a_n tende vers l'unité et b_n vers zéro.

135. Théorème. — *Pour què le produit*

$$\Pi = u_1 \ldots u_n \ldots$$

soit absolument convergent vers une limite différente de zéro, il faut et il suffit que la série

$$s = (u_1 - 1) + \ldots + (u_n' - 1) + \ldots$$

soit absolument convergente.

En effet, la convergence de cette série, comme celle du produit, exige évidemment que l'on ait

$$\lim a_n = 1, \quad \lim b_n = 0, \quad \lim \rho_n = 1.$$

Cela posé, les expressions

$$\frac{\log \rho_n^2}{\rho_n^2 - 1} = \frac{\log (1 + \rho_n^2 - 1)}{\rho_n^2 - 1} = 1 - \tfrac{1}{2}(\rho_n^2 - 1) + \ldots$$

et

$$\frac{\alpha_n}{b_n} = \frac{\text{arc} \sin \dfrac{b_n}{\rho_n}}{b_n}$$

tendront évidemment vers l'unité pour $n = \infty$. Ces facteurs seront donc, à partir d'un certain rang, inférieurs à une limite fixe, et il en sera de même de leurs inverses. Donc les séries (2) et (3) seront absolument convergentes en même temps que les séries plus simples

$$\sum \frac{\rho_n^2 - 1}{\log \rho_n^2} \log \rho_n^2 = \sum (\rho_n^2 - 1) = \sum (a_n^2 + b_n^2 - 1)$$

et

$$\sum \frac{b_n}{\alpha_n} \alpha_n = \sum b_n.$$

Mais si la série $\sum b_n$ est absolument convergente, il en sera de même de la série $\sum b_n^2$, dont les termes ont des modules moindres, au moins à partir d'un certain rang. D'autre part, la série $\sum (a_n^2 - 1)$ peut s'écrire

$$\sum (a_n + 1)(a_n - 1)$$

et sera absolument convergente en même temps que la série $\sum (a_n - 1)$, puisque le facteur $a_n + 1$ tend, pour $n = \infty$, vers une limite fixe égale à 2. Donc, pour que Π soit absolument convergent, il faut et il suffit que les deux séries

$$\sum (a_n - 1) \quad \text{et} \quad \sum b_n$$

soient absolument convergentes, ou, ce qui revient au même, que la série

$$\sum (a_n - 1 + b_n i) = \sum (u_n - 1)$$

le soit.

136. Considérons, comme exemple, le produit

$$\Pi = \left(1 + \frac{A_1}{1^\alpha}\right) \cdots \left(1 + \frac{A_n}{n^\alpha}\right) \cdots$$

Il sera absolument convergent si, α étant > 1, les coefficients $A_1, \ldots, A_n, \ldots$ ont leurs modules inférieurs à une limite fixe M. On aura en effet

$$\sum \operatorname{mod}(u_n - 1) = \sum \frac{\operatorname{mod} A_n}{n^\alpha} < M \sum \frac{1}{n^\alpha},$$

et $\sum \dfrac{1}{n^\alpha}$ est convergente, comme nous l'avons vu.

Le contraire aura lieu si $\alpha \gtrless 1$ et si $A_1, \ldots, A_n, \ldots$ ont leurs modules supérieurs à une limite fixe.

137. Comme application, considérons l'expression

$$\Pi(n,\,z) = \frac{1.2\ldots(n-1)}{z(z+1)\ldots(z+n-1)}\, n^z.$$

Soit $\Gamma(z)$ la limite vers laquelle elle tend pour $n = \infty$. On aura évidemment $\Gamma(z) = \infty$ si z est un entier négatif, car, à partir de la valeur $n = -z+1$, toutes les fonctions $\Pi(n,\,z)$ auront un facteur nul au dénominateur.

Pour toute autre valeur de z, $\Gamma(z)$ aura au contraire une valeur finie et déterminée. En effet, on peut évidemment écrire

$$\Gamma(z) = \Pi(2,\,z)\,\frac{\Pi(3,\,z)}{\Pi(2,\,z)} \cdots \frac{\Pi(n+1,\,z)}{\Pi(n,\,z)} \cdots,$$

et il ne reste qu'à prouver la convergence de ce produit infini. Or on a

$$\frac{\Pi(n+1,\,z)}{\Pi(n,\,z)} = \frac{n}{n+z}\,\frac{(n+1)^z}{n^z}$$

$$= 1 + \frac{z(z-1)}{2}\,\frac{1}{n^2} + \ldots = 1 + \frac{A_n}{n^2},$$

A_n tendant, pour $n = \infty$, vers la limite fixe $\dfrac{z(z-1)}{2}$. Le produit est donc absolument convergent.

VI. — Fonctions exponentielles et circulaires.

138. Pour donner à la théorie des équations algébriques la simplicité et la généralité qu'elle possède, il a été nécessaire de considérer, conjointement avec leurs racines réelles, les racines imaginaires qu'elles peuvent avoir. On se trouve donc naturellement conduit, dans l'étude des fonctions, à tenir compte des valeurs imaginaires qu'elles sont susceptibles de prendre pour certaines valeurs de la variable indépendante.

Mais lorsque deux quantités variables sont liées par une relation, on peut choisir arbitrairement celle des deux que

l'on prendra pour variable indépendante. On est donc amené
par la force des choses à donner à la variable indépendante
elle-même, non seulement des valeurs réelles, mais des valeurs imaginaires, et à étudier les valeurs correspondantes
de la fonction.

Cette extension n'offre aucune difficulté pour les fonctions
algébriques, car on possède des méthodes pour calculer, sinon exactement, du moins avec telle approximation que l'on
veut, les valeurs des racines d'une équation algébrique, que
ses coefficients soient réels ou imaginaires.

Il en est de même pour toute fonction transcendante définie par une série procédant suivant les puissances entières
de la variable. En effet, dans l'intérieur de son cercle de
convergence, une semblable série représente une fonction
continue de z, dont on obtiendra la valeur $A + Bi$ correspondant à $z = a + bi$, en effectuant la substitution dans
chaque terme et développant chaque puissance de $a + bi$ par
la formule du binôme.

Les fonctions transcendantes élémentaires e^z, $\sin z$, $\cos z$,
$\log z$, z^m donnent lieu, au premier abord, à plus de difficulté. En effet, elles n'ont été définies que pour des valeurs
réelles de la variable, de telle sorte que les expressions
e^{a+bi}, $\sin(a + bi)$, ... n'ont jusqu'à présent aucun sens. Il
dépend de nous de leur en donner un, qu'il conviendra de
choisir de telle sorte que les propriétés fondamentales de ces
fonctions, démontrées pour les valeurs réelles de la variable x,
subsistent pour les valeurs imaginaires.

139. Or nous avons vu que e^z, $\sin z$, $\cos z$ sont représentées par les séries toujours convergentes

$$(1) \qquad e^z = 1 + \frac{z}{1} + \frac{z^2}{1.2} + \cdots + \frac{z^n}{1.2\ldots n} + \cdots,$$

$$(2) \qquad \sin z = z - \frac{z^3}{1.2.3} + \frac{z^5}{1.2.3.4.5} - \cdots,$$

$$(3) \qquad \cos z = 1 - \frac{z^2}{1.2} + \frac{z^4}{1.2.3.4} - \cdots.$$

On se trouve donc naturellement conduit à prendre ces séries pour définition de nos fonctions, que z soit réel ou imaginaire.

En vertu de ces définitions, on aura immédiatement

$$(4) \quad e^{iz} = 1 + \frac{iz}{1} - \frac{z^2}{1.2} + \cdots + \frac{i^n z^n}{1.2\ldots n} + \cdots = \cos z + i\sin z,$$

$$(5) \quad e^{-iz} = 1 - \frac{iz}{1} - \frac{z^2}{1.2} + \cdots + \frac{(-i)^n z^n}{1.2\ldots n} + \cdots = \cos z - i\sin z,$$

et, par suite,

$$(6) \qquad\qquad \cos z = \frac{e^{iz} + e^{-iz}}{2},$$

$$(7) \qquad\qquad \sin z = \frac{e^{iz} - e^{-iz}}{2}.$$

Ces formules fondamentales, établies par Euler, réduisent les fonctions trigonométriques aux exponentielles, et réciproquement.

140. Il est aisé d'établir que les propriétés essentielles de ces fonctions, démontrées pour les valeurs réelles de la variable, subsistent pour les valeurs imaginaires.

En effet, prenons les dérivées des séries (1), (2), (3); il viendra immédiatement

$$(e^z)' = 1 + \frac{z}{1} + \cdots + \frac{z^{n-1}}{1.2\ldots(n-1)} + \cdots = e^z,$$

$$(\sin z)' = 1 - \frac{z^2}{1.2} + \frac{z^4}{1.2.3.4} + \cdots = \cos z,$$

$$(\cos z)' = -z + \frac{z^3}{1.2.3} - \cdots = -\sin z.$$

D'autre part, formons le produit $e^a e^b$. En groupant ensemble les termes de même degré, il viendra

$$(8) \quad \left\{ \begin{aligned} e^a e^b &= 1 + \frac{a+b}{1} + \cdots \\ &\quad + \left(\frac{a^n}{1.2\ldots n} + \frac{a^{n-1}b}{1.2\ldots(n-1).1} + \frac{a^{n-2}b^2}{1.2\ldots(n-2).1.2} + \cdots \right) + \cdots \\ &= 1 + \frac{a+b}{1} + \cdots + \frac{(a+b)^n}{1.2\ldots n} + \cdots = e^{a+b}. \end{aligned} \right.$$

Enfin les formules

$$\sin(a+b) = \sin a \cos b + \cos a \sin b,$$
$$\cos(a+b) = \cos a \cos b - \sin a \sin b$$

peuvent se vérifier immédiatement en remplaçant les sinus et cosinus par leurs valeurs en exponentielles et tenant compte de la relation (8).

Nous signalerons encore la formule suivante :

$$(9) \qquad e^{a+bi} = e^a e^{bi} = e^a(\cos b + i \sin b),$$

qui permet de calculer aisément la valeur de la fonction exponentielle pour les valeurs imaginaires de la variable.

141. On sait que $\log z$ est la fonction inverse de e^z. Étendant cette définition aux valeurs imaginaires de la variable, cherchons à déterminer

$$\log[\rho(\cos\varphi + i\sin\varphi)].$$

Soit

$$\log[\rho(\cos\varphi + i\sin\varphi)] = x + iy.$$

On en déduira

$$\rho(\cos\varphi + i\sin\varphi) = e^{x+iy} = e^x(\cos y + i\sin y),$$

et, par suite,

$$(10) \qquad \begin{cases} \rho\cos\varphi = e^x\cos y, \\ \rho\sin\varphi = e^x\sin y. \end{cases}$$

Si ρ est nul ou infini, ces équations sont manifestement incompatibles, car e^x est fini et différent de zéro, quel que soit x; et, d'autre part, $\sin y$ et $\cos y$ sont finis et ne peuvent s'annuler en même temps.

Supposons au contraire ρ fini et différent de zéro. Ajoutons les carrés des équations (10); il viendra ·

$$\rho^2 = e^{2x},$$

d'où

$$\rho = e^x, \quad x = \mathrm{Log}\,\rho,$$

$\mathrm{Log}\,\rho$ désignant un logarithme arithmétique, puisque x est supposé réel.

Les équations (10) deviendront alors

$$\cos\varphi = \cos y, \quad \sin\varphi = \sin y$$

et donneront

$$y = \varphi + 2k\pi,$$

k étant un entier quelconque, positif ou négatif.

Nous voyons par là qu'*un nombre fini et différent de zéro, tel que* $z = \rho(\cos\varphi + i\sin\varphi)$, *a une infinité de logarithmes, donnés par la formule*

(11) $$\text{Log}\,\rho + i(\varphi + 2k\pi).$$

La fonction $\log z$ a donc une infinité de valeurs distinctes pour chaque valeur de z. Si z est réel et positif, on aura

$$\varphi = 0, \quad z = \rho;$$

l'une de ces valeurs sera réelle. C'est le logarithme arithmétique. Si z n'est pas réel et positif, il n'aura que des logarithmes imaginaires.

142. Soit

$$a = \rho\,(\cos\varphi + i\sin\varphi),$$
$$b = \rho'(\cos\varphi' + i\sin\varphi'),$$

d'où

$$ab = \rho\rho'[\cos(\varphi + \varphi') + i\sin(\varphi + \varphi')].$$

On aura

$$\log a = \text{Log}\,\rho \ + i(\varphi + 2k\pi),$$
$$\log b = \text{Log}\,\rho' \ + i(\varphi' + 2k'\pi),$$
$$\log ab = \text{Log}\,\rho\rho' + i(\varphi + \varphi' + 2k''\pi),$$

d'où

(12) $$\log ab = \log a + \log b + 2\pi i(k'' - k - k').$$

Le logarithme d'un produit est donc égal à la somme des logarithmes des facteurs, aux multiples près de $2\pi i$. Cette ambiguïté est nécessaire, les logarithmes qui entrent dans la formule n'étant définis qu'aux multiples près de $2\pi i$.

Enfin l'équation

$$e^{\log z} = z,$$

qui sert de définition au logarithme, donne, par différentiation,

$$e^{\log z}(\log z)' = 1,$$

d'où

$$(\log z)' = \frac{1}{e^{\log z}} = \frac{1}{z}.$$

143. On a identiquement, lorsque m est entier et positif et z réel,

$$(13) \qquad z^m = e^{m \log z},$$

en prenant pour le logarithme sa détermination arithmétique.

Cette même égalité pourra servir de définition à la fonction z^m pour tous les systèmes de valeurs possibles de z et de m, et fournira les diverses valeurs dont elle est susceptible, à la condition d'y laisser au logarithme son ambiguïté.

On aura donc, en posant $z = \rho(\cos\varphi + i\sin\varphi)$,

$$z^m = e^{m[\text{Log}\,\rho + i(\varphi + 2k\pi)]},$$

et les diverses valeurs de cette expression s'obtiendront en faisant parcourir à k la série des entiers réels.

Ces valeurs diffèrent les unes des autres par le facteur

$$e^{2mk\pi i} = \cos 2mk\pi + i\sin 2mk\pi.$$

Elles se réduisent à une seule si m est réel et entier, car $2mk\pi$ étant un multiple de 2π, le facteur ci-dessus se réduira à l'unité, quel que soit l'entier k.

Si m est une fraction réelle irréductible, telle que $\frac{p}{q}$, deux valeurs quelconques de k, différant l'une de l'autre d'un multiple de q, donneront la même valeur pour $z^{\frac{p}{q}}$. Soit, en effet, $k' = k + nq$; les deux arcs $2mk\pi$ et $2mk'\pi$, différant l'un de l'autre de $2pn\pi$, multiple de 2π, auront mêmes lignes trigonométriques; on aura donc

$$e^{2mk\pi i} = e^{2mk'\pi i}.$$

Donc $z^{\frac{p}{q}}$ n'aura que q valeurs distinctes, qui s'obtiendront en posant $k = 0, 1, \ldots, q - 1$.

Si m est incommensurable ou imaginaire, on voit aisément, au contraire, qu'à chaque valeur de k correspond une valeur distincte pour z^m. Ces valeurs seront donc en nombre infini.

144. Prenons la dérivée de l'équation (13); il viendra

$$(z^m)' = \frac{m}{z} e^{m \log z} = m e^{(m-1) \log z} = m z^{m-1}.$$

Soit enfin $m = m' + m''$; on aura

$$z^{m'} z^{m''} = e^{m'[\text{Log}\,\rho + i(\varphi + 2k'\pi)]} e^{m''[\text{Log}\,\rho + i(\varphi + 2k''\pi)]}$$

$$= e^{(m'+m'')[\text{Log}\,\rho + i(\varphi + 2k\pi)] + 2\pi i (k'm' + k''m'' - km)}$$

$$= z^{m'+m''} e^{2\pi i (k'm' + k''m'' - km)}.$$

C'est la généralisation de la formule

$$z^{m'} z^{m''} = z^{m'+m''},$$

relative aux radicaux arithmétiques. Elle n'en diffère que par la présence du facteur $e^{2\pi i (k'm' + k''m'' - km)}$, laquelle ne peut être évitée, vu l'ambiguïté des fonctions $z^{m'}$, $z^{m''}$, $z^{m'+m''}$.

145. Les transcendantes élémentaires e^z, $\sin z$, $\cos z$, $\log z$, z^m sont définies maintenant pour toute valeur de x, et nous avons établi que leurs propriétés fondamentales persistent après cette généralisation (**140**, **142** et **144**).

En particulier, les fonctions e^z, $\sin z$, $\cos z$, étant définies par des séries toujours convergentes, ont l'avantage de n'avoir pour chaque valeur de la variable qu'une seule valeur, parfaitement déterminée et toujours finie, tant que la variable reste elle-même finie. Nous allons donc les discuter avec un peu plus de détail.

146. On a

$$e^{z+\pi i} = e^z (\cos \pi + i \sin \pi) = -e^z,$$

$$e^{z+2\pi i} = e^z (\cos 2\pi + i \sin 2\pi) = e^z.$$

Cette dernière formule montre que e^z est une fonction *périodique* ayant pour période $2\pi i$.

Nous avons vu d'ailleurs que l'on peut déterminer pour la variable z une infinité de valeurs telles que e^z prenne une valeur donnée finie et différente de zéro, telle que $\rho(\cos\varphi + i\sin\varphi)$. Ces valeurs sont données par la formule

$$z = \mathrm{Log}\,\rho + i(\varphi + 2k\pi).$$

Si z est réel, e^z sera également réel et croîtra de o à ∞ lorsque z varie de $-\infty$ à $+\infty$.

Soit $z = x + iy$; la quantité

$$e^z = e^x(\cos y + i\sin y)$$

aura e^x pour module et y pour argument.

En particulier, si $x = $ o, e^z aura pour module l'unité.

Si x tend vers $-\infty$, e^z tendra vers zéro. Si x tend vers ∞, le module de e^z tendra vers ∞, mais son argument variera avec y. Enfin, si y tend vers ∞ sans que x tende en même temps vers zéro, e^z ne tendra vers aucune limite déterminée.

L'expression e^∞ ne représente donc rien de déterminé.

147. Passons aux fonctions trigonométriques. On a évidemment

$$\sin(-z) = -\sin z,$$
$$\cos(-z) = \cos z,$$

et, d'autre part,

$$\sin\left(\frac{\pi}{2} - z\right) = \sin\frac{\pi}{2}\cos z + \cos\frac{\pi}{2}\sin z = \cos z,$$

et l'on trouvera de même

$$\cos\left(\frac{\pi}{2} - z\right) = \sin z,$$
$$\sin(\pi + z) = -\sin z,$$
$$\cos(\pi + z) = -\cos z,$$
$$\sin(2\pi + z) = \sin z,$$
$$\cos(2\pi + z) = \cos z,$$

et enfin

$$\sin^2 z + \cos^2 z = \cos(z - z) = 1.$$

On voit par ces formules que $\sin z$ et $\cos z$ admettent la période réelle 2π.

Ces fonctions sont susceptibles de prendre toutes les valeurs possibles (l'infini excepté) pour des valeurs convenables de la variable.

Cherchons, en effet, à résoudre l'équation

$$\sin z = a,$$

a étant une quantité quelconque. Remplaçant $\sin z$ par sa valeur en exponentielles, il viendra

$$\frac{e^{iz} - e^{-iz}}{2i} = a$$

ou

$$e^{2iz} - 2aie^{iz} - 1 = 0.$$

Cette équation donne pour e^{iz} deux valeurs finies et différentes de zéro, ayant pour produit -1; soient donc

$$\rho(\cos\varphi + i\sin\varphi), \quad \frac{1}{\rho}[\cos(\pi - \varphi) + i\sin(\pi - \varphi)]$$

ces deux racines; on aura, pour les valeurs correspondantes de iz,

$$\mathrm{Log}\,\rho + i(\varphi + 2k\pi)$$

et

$$\mathrm{Log}\,\frac{1}{\rho} + i(\pi - \varphi + 2k\pi).$$

Posant donc, pour abréger,

$$\frac{1}{i}\mathrm{Log}\,\rho + \varphi = z_0$$

et remarquant que $\mathrm{Log}\,\dfrac{1}{\rho} = -\mathrm{Log}\,\rho$, nous obtiendrons pour z les deux séries de valeurs suivantes :

$$z_0 + 2k\pi,$$
$$\pi - z_0 + 2k\pi.$$

En traitant de même l'équation

$$\cos z = a,$$

on trouverait d'une manière analogue deux séries de solutions, données par la formule

$$\pm z_1 + 2k\pi.$$

148. Cherchons, en particulier, comment varient $\sin z$ et $\cos z$ lorsque l'on donne à z des valeurs purement imaginaires.

Soit $z = iy$. On aura

$$\sin iy = \frac{e^{-y} - e^y}{2i} = i\frac{e^y - e^{-y}}{2}.$$

Cette valeur est purement imaginaire et le coefficient de i croît évidemment de $-\infty$ à $+\infty$ en même temps que y.

Quant à la fonction

$$\cos iy = \sqrt{1 - \sin^2 iy},$$

elle sera évidemment réelle et plus grande que l'unité. Elle est d'ailleurs positive, car elle est égale à $+1$ pour $y = 0$, et ne pourrait changer de signe qu'en s'annulant. Enfin elle croît évidemment en même temps que le module de $\sin iy$. Elle croîtra donc de 1 à ∞ lorsque y variera de 0 à ∞ ou de 0 à $-\infty$.

149. Cela posé, les formules

$$\sin(x + iy) = \sin x \cos iy + \cos x \sin iy,$$
$$\cos(x + iy) = \cos x \cos iy - \sin x \sin iy$$

montrent que, pour $y = \infty$, le sinus et le cosinus deviennent infinis, mais que le rapport de leurs parties réelles à leur partie imaginaire dépend de x, et cesse d'être déterminé si x ne tend pas vers une limite finie et déterminée.

150. Tout produit de sinus et cosinus peut être transformé en une somme de sinus et cosinus. Il suffit pour cela de remplacer les sinus et cosinus par leur valeur en exponentielles, d'effectuer les multiplications et de revenir ensuite aux lignes trigonométriques.

Proposons-nous, par exemple, d'exprimer $\sin^m z$ en fonction des sinus et des cosinus de z et de ses multiples (m étant supposé entier). On aura

$$(2i)^m \sin^m z = (e^{iz} - e^{-iz})^m$$
$$= e^{miz} - me^{(m-2)iz} + \frac{m(m-1)}{2} e^{(m-4)iz} - \ldots.$$

Associons ensemble les termes à égale distance des extrêmes; il viendra :

Si m est impair,

$$(2i)^m \sin^m z$$
$$= 2i\left[\sin mz - m\sin(m-2)z + \frac{m(m-1)}{2}\sin(m-4)z - \ldots\right];$$

si m est pair,

$$(2i)^m \sin^m z = 2\cos mz - 2m\cos(m-2)z$$
$$+ 2\frac{m(m-1)}{2}\cos(m-4)z - \ldots$$
$$+ (-1)^{\frac{m}{2}} \frac{1.2\ldots m}{\left(1.2\ldots\dfrac{m}{2}\right)^2}.$$

On aura de même

$$2^m \cos^m z = (e^{iz} + e^{-iz})^m = e^{miz} + me^{(m-2)iz} + \ldots,$$

et, en associant les termes deux à deux,

$$2^m \cos^m z = 2\cos mz + 2m\cos(m-2)z + \ldots.$$

Cette série se terminera, si m est impair, par un terme en $\cos z$; si m est pair, par un terme constant $\dfrac{1.2\ldots m}{\left(1.2\ldots\dfrac{m}{2}\right)^2}$.

151. On peut réciproquement exprimer $\cos mz$ et $\sin mz$

en fonction de $\sin z$ et de $\cos z$. On a, en effet,

$$\cos m z + i \sin m z = e^{miz} = (e^{iz})^m = (\cos z + i \sin z)^m,$$

d'où, en développant par la formule du binôme et égalant séparément les parties réelles et les parties imaginaires,

$$\cos m z = \cos^m z - \frac{m(m-1)}{2} \cos^{m-2} z \sin^2 z$$
$$+ \frac{m(m-1)(m-2)(m-3)}{1.2.3.4} \cos^{m-4} z \sin^4 z + \ldots,$$

$$\sin m z = m \cos^{m-1} z \sin z - \frac{m(m-1)(m-2)}{1.2.3} \cos^{m-3} z \sin^3 z + \ldots.$$

Remplaçant dans ces formules $\sin^2 z$ par $1 - \cos^2 z$, ou réciproquement, on voit :

1° Que $\cos m z$ s'exprime par une fonction entière et de degré m en $\cos z$;

2° Que $\sin m z$ est une fonction entière de degré m en $\sin z$ si m est impair; que, si m est pair, $\sin m z$ sera égal au produit de $\cos z$ par une fonction de degré $m-1$ en $\sin z$.

152. Soit m un entier impair quelconque; on aura, comme nous venons de le voir,

$$\sin m z = f(\sin z),$$

f désignant une fonction entière de degré m. Il est aisé de mettre cette fonction sous forme d'un produit de facteurs.

En effet, $\sin m z$ s'annule pour les m valeurs suivantes de z

$$0, \quad \pm \frac{\pi}{m}, \quad \ldots, \quad \pm \frac{m-1}{2} \frac{\pi}{m},$$

auxquelles correspondent autant de valeurs distinctes pour $\sin z$.

On aura donc

$$\sin m z = A \sin z \left(1 - \frac{\sin^2 z}{\sin^2 \frac{\pi}{m}} \right) \cdots \left(1 - \frac{\sin^2 z}{\sin^2 \frac{m-1}{2} \frac{\pi}{m}} \right),$$

A désignant un facteur numérique.

Pour le déterminer, donnons à z une valeur infiniment petite. Le premier membre de l'équation précédente aura pour valeur principale mz et le second $A z$. Donc $A = m$.

Changeons z en $\dfrac{\pi z}{m}$; l'équation deviendra

$$\sin \pi z = m \sin \frac{\pi z}{m} \left(1 - \frac{\sin^2 \dfrac{\pi z}{m}}{\sin^2 \dfrac{\pi}{m}} \right) \cdots \left(1 - \frac{\sin^2 \dfrac{\pi z}{m}}{\sin^2 \dfrac{m-1}{2} \dfrac{\pi}{m}} \right).$$

153. Cherchons quelle est la limite de cette expression lorsque m croît indéfiniment.

Le premier facteur $m \sin \dfrac{\pi z}{m}$ tend évidemment vers πz.

Soit $1 - \dfrac{\sin^2 \dfrac{\pi z}{m}}{\sin^2 \dfrac{n\pi}{m}}$ un des autres facteurs; nous supposerons d'abord $n < k$, k étant un entier arbitraire, que nous nous réservons de fixer ultérieurement.

Les quantités $\sin^2 \dfrac{\pi z}{m}$ et $\sin^2 \dfrac{n\pi}{m}$ sont des infiniment petits ayant pour valeurs principales $\dfrac{\pi^2 z^2}{m^2}$ et $\dfrac{n^2 \pi^2}{m^2}$; leur rapport tendra donc vers $\dfrac{z^2}{n^2}$. Le produit des k premiers facteurs de l'expression précédente tendra donc vers

$$\pi z \left(1 - \frac{z^2}{1} \right) \left(1 - \frac{z^2}{4} \right) \cdots \left[1 - \frac{z^2}{(k-1)^2} \right].$$

Il est d'ailleurs aisé de voir qu'en prenant k suffisamment grand le produit des facteurs suivants différera de l'unité aussi peu que l'on voudra.

Considérons, en effet, l'un de ces facteurs, dans lequel n soit $\gtreqless k$, sans pouvoir surpasser $\dfrac{m-1}{2}$. La quantité $\sin^2 \dfrac{\pi z}{m}$ ayant pour valeur principale $\dfrac{\pi^2 z^2}{m^2}$ sera de la forme $\dfrac{\pi^2 z^2}{m^2}(1 + \varepsilon)$, ε étant infiniment petit. D'autre part on a, par la formule de Maclaurin,

$$\sin \frac{n\pi}{m} = \frac{n\pi}{m} - \frac{\left(\dfrac{n\pi}{m}\right)^3 \cos\theta \dfrac{n\pi}{m}}{1.2.3},$$

θ étant compris entre o et 1. D'ailleurs $\dfrac{n\pi}{m}$ est compris entre o et $\dfrac{\pi}{2}$. On aura donc

$$0 \lessgtr \cos\theta \frac{n\pi}{m} \lessgtr 1,$$

d'où

$$\sin \frac{n\pi}{m} = \frac{n\pi}{m} A_n,$$

A_n étant une quantité comprise entre 1 et $1 - \dfrac{\pi^2}{24}$.

On aura, par suite,

$$1 - \frac{\sin^2 \dfrac{\pi z}{m}}{\sin^2 \dfrac{n\pi}{m}} = 1 - \frac{z^2(1+\varepsilon)^2}{n^2 A_n^2} = 1 - \frac{B_n}{n^2},$$

B_n étant une quantité dont le module est compris entre des limites fixes (la valeur de z étant supposée fixe).

Or nous avons vu qu'un produit infini, dont le terme général est de la forme ci-dessus, est absolument convergent (**136**). Donc le produit d'un nombre quelconque de facteurs consécutifs

$$\left(1 - \frac{B_k}{k^2}\right)\left[1 - \frac{B_{k+1}}{(k+1)^2}\right]\cdots$$

sera aussi voisin que l'on voudra de l'unité, si k est assez grand. On aura donc

$$\sin \pi z = \pi z \left(1 - \frac{z^2}{1}\right)\cdots\left[1 - \frac{z^2}{(k-1)^2}\right] K,$$

K tendant vers l'unité à mesure que k augmente. En le faisant croître indéfiniment, on aura à la limite

$$(14) \qquad \sin \pi z = \pi z \prod_{n=1}^{n=\infty} \left(1 - \frac{z^2}{n^2} \right).$$

154. L'expression de $\cos \pi z$ par un produit infini pourrait s'obtenir par un procédé analogue. On y parvient plus rapidement au moyen de la relation

$$\cos \pi z = \frac{\sin 2 \pi z}{2 \sin \pi z} = \frac{\prod \left(1 - \frac{4 z^2}{n^2} \right)}{\prod \left(1 - \frac{z^2}{n^2} \right)},$$

qui donne, en supprimant les facteurs communs,

$$(15) \qquad \cos \pi z = \prod_{0}^{\infty} \left[1 - \frac{4 z^2}{(2 n + 1)^2} \right].$$

155. Posons $x = \frac{1}{2}$ dans la formule (14). Il viendra

$$1 = \frac{\pi}{2} \prod_{1}^{\infty} \left(1 - \frac{1}{4 n^2} \right) = \frac{\pi}{2} \prod_{1}^{\infty} \frac{(2 n - 1)(2 n + 1)}{2 n . 2 n},$$

d'où

$$(16) \qquad \frac{\pi}{2} = \frac{2 . 2 . 4 . 4 \ldots 2 n . 2 n \ldots}{1 . 3 . 3 . 5 \ldots (2 n - 1)(2 n + 1) \ldots},$$

formule découverte par Wallis.

156. Prenons la dérivée logarithmique de la formule (14), il viendra

$$(17) \qquad \pi \cot \pi z = \frac{1}{z} + \sum_{1}^{\infty} \frac{2 z}{z^2 - n^2}$$

et, en développant chaque terme suivant les puissances de z,

$$\pi \cot \pi z = \frac{1}{z} - 2 z \sum_{1}^{\infty} \frac{1}{n^2} - 2 z^3 \sum_{1}^{\infty} \frac{1}{n^4} - \ldots$$

Mais on a, d'autre part,

$$\pi \cot \pi z = \pi \frac{\cos \pi z}{\sin \pi z} = \pi i \frac{e^{i\pi z} + e^{-i\pi z}}{e^{i\pi z} - e^{-i\pi z}}$$

$$= \frac{1}{z} \frac{2\pi i z}{2} \frac{e^{2i\pi z} + 1}{e^{2i\pi z} - 1}$$

$$= \frac{1}{z} \left[1 + B_1 \frac{(2i\pi z)^2}{1.2} - B_2 \frac{(2i\pi z)^4}{1.2.3.4} + \cdots \right],$$

$B_1, B_2, \ldots$ désignant les nombres bernoulliens (88).

Égalant les coefficients des mêmes puissances de z dans ces développements, il viendra

$$(18) \qquad \begin{cases} \dfrac{B_1 2\pi^2}{1.2} = \displaystyle\sum_1^\infty \dfrac{1}{n^2}, \\ \cdots\cdots\cdots\cdots, \\ \dfrac{B_m 2^{2m-1}\pi^{2m}}{1.2\ldots 2m} = \displaystyle\sum_1^\infty \dfrac{1}{n^{2m}}. \end{cases}$$

VII. — Séries et produits périodiques.

157. On a souvent à considérer des séries de la forme

$$\ldots u_{-n} + \ldots + u_{-1} + u_0 + u_1 + \ldots + u_n + \ldots = \sum_{n=-\infty}^{n=+\infty} u_n,$$

s'étendant à l'infini dans les deux sens à partir d'un terme central u_0.

Pour qu'une semblable série soit convergente (absolument ou uniformément convergente), il faut et il suffit évidemment que les deux séries partielles

$$u_1 + \ldots + u_n + \ldots,$$
$$u_{-1} + \ldots + u_{-n} + \ldots,$$

considérées isolément, soient convergentes (absolument ou uniformément convergentes).

Toutefois, lorsque ces séries sont divergentes, il peut se faire que l'on arrive à un résultat convergent, à la condition d'établir une relation convenable entre le nombre des termes que l'on prend de chaque côté du terme central.

158. Considérons, par exemple, la série

$$S_\alpha = \sum_{-\infty}^{\infty} \frac{1}{(z+n)^\alpha} = \frac{1}{z^\alpha} + \sum_{1}^{\infty} \frac{1}{(z+n)^\alpha} + \sum_{-1}^{-\infty} \frac{1}{(z+n)^\alpha},$$

α désignant un entier réel.

On a

$$\frac{1}{(z+n)^\alpha} = \frac{\theta_n}{n^\alpha},$$

θ_n étant une quantité qui tend vers l'unité quand n augmente. Les deux séries partielles qui figurent dans l'expression de S_α seront donc convergentes si la série $\sum \frac{1}{n^\alpha}$ est convergente, autrement dit si $\alpha > 1$. Si $\alpha = 1$, elles seront, au contraire, divergentes, et tendront l'une vers $+\infty$, l'autre vers $-\infty$. Leur somme sera donc indéterminée.

Mais si nous convenons de prendre constamment le même nombre N de termes dans ces deux séries, nous aurons l'expression

$$\frac{1}{z} + \sum_{1}^{N} \frac{1}{z+n} + \sum_{1}^{N} \frac{1}{z-n} = \frac{1}{z} + \sum_{1}^{N} \frac{2z}{z^2 - n^2},$$

qui tendra, si N croît indéfiniment, vers la limite parfaitement déterminée

$$\frac{1}{z} + \sum_{1}^{\infty} \frac{2z}{z^2 - n^2} = \pi \cot \pi z.$$

159. Ce qui précède met immédiatement en évidence la périodicité de la fonction $\cot \pi z$. En effet, si dans l'expression

$$\frac{1}{z} + \sum_{1}^{N} \frac{1}{z+n} + \sum_{1}^{N} \frac{1}{z-n} = \sum_{-N}^{+N} \frac{1}{z+n}$$

on change z en $z + 1$, chaque terme se changera dans le suivant, de telle sorte que la variation de la fonction résultera simplement de la suppression du premier terme $\dfrac{1}{z - N}$ et de l'addition d'un dernier terme $\dfrac{1}{z + N + 1}$. A la limite, N étant infini, ces deux termes s'annulent; on aura donc

$$\pi \cot \pi (z + 1) = \pi \cot \pi z.$$

Le même raisonnement s'appliquerait évidemment aux autres séries $S_2, \ldots, S_\alpha, \ldots$.

160. Pour établir la périodicité du sinus, nous partirons de son expression en produit

$$\sin \pi z = \pi z \prod_1^\infty \left(1 - \frac{z^2}{n^2} \right) = \lim_{N = \infty} \pi z \prod_1^N \left(1 - \frac{z^2}{n^2} \right)$$

$$= \pi \lim_{N = \infty} \frac{(-1)^N}{(1.2\ldots N)^2} \prod_{-N}^N (z + n).$$

Si l'on change z en $z + 1$, le produit du second membre se reproduira évidemment, multiplié par le facteur $\dfrac{z + N + 1}{z - N}$. A la limite, pour $N = \infty$, ce facteur devient égal à -1; donc

$$\sin \pi (z + 1) = - \sin \pi z,$$

et, par suite,

$$\sin \pi (z + 2) = \sin \pi z.$$

On peut faire un raisonnement tout semblable par le cosinus.

161. Passons à la série de Jacobi,

$$\Theta (z) = \sum_{-\infty}^\infty e^{an^2 + bzn},$$

où a et b désignent des constantes réelles ou imaginaires.

Cette série sera absolument convergente si la partie réelle de a est imaginaire.

Considérons, en effet, la portion de la série qui correspond aux valeurs positives de n. La racine $n^{\text{ième}}$ du terme général sera

$$e^{an+bz}$$

et a pour module

$$e^{a'n} \operatorname{mod.} e^{bz},$$

a' désignant la partie réelle de a. Cette expression tend vers zéro lorsque n augmente, si a' est négatif. Donc la série sera convergente.

On démontrerait de même la convergence de la série correspondante aux valeurs négatives de n.

162. La fonction $\Theta(z)$ ainsi définie admet la période $\dfrac{2\pi i}{b}$; car, en changeant z en $z + \dfrac{2\pi i}{b}$, le terme général se reproduit, multiplié par le facteur $e^{2n\pi i}$, qui est égal à l'unité.

D'autre part, on a

$$e^{an^2+bzn} = e^{a\left(n+\frac{bz}{2a}\right)^2 - \frac{b^2}{4a}z^2},$$

d'où

$$\Theta(z) = e^{-\frac{b^2}{4a}z^2} \varphi(z),$$

et posant, pour abréger,

$$\varphi(z) = \sum_{-\infty}^{\infty} e^{a\left(n+\frac{bz}{2a}\right)^2}.$$

Si nous changeons z en $z + \dfrac{2a}{b}$, le facteur exponentiel deviendra

$$e^{-\frac{b^2}{4a}z^2 - bz - a},$$

et $\varphi(z)$ ne sera pas altérée, car le changement de z en $z + \dfrac{2a}{b}$, équivalant à celui de n en $n+1$, ne fait que permuter les termes de cette série. On aura donc

$$\Theta\left(z + \frac{2a}{b}\right) = e^{-bz-a}\Theta(z).$$

163. Posons

$$\frac{2\pi i}{b} = \omega, \quad \frac{2a}{b} = \omega', \quad e^{\pi i \frac{\omega'}{\omega}} = q,$$

d'où

$$b = \frac{2\pi i}{\omega}, \quad a = \frac{\pi i \omega'}{\omega};$$

il viendra

$$\Theta(z) = \sum_{-\infty}^{\infty} q^{n^2} e^{\frac{2ni\pi z}{\omega}},$$

et la condition de convergence sera que le rapport $\dfrac{\omega'}{\omega}$ soit imaginaire et que le coefficient de i y soit positif, ou, ce qui revient au même, que le module de q soit inférieur à l'unité.

164. Cherchons s'il existe d'autres fonctions de la forme

$$e^{\beta z}\Theta(z + \alpha),$$

qui se reproduisent au signe près quand z augmente de ω, et qui se reproduisent multipliées au signe près par le même facteur exponentiel que Θ, à savoir

$$e^{-bz-a} = q^{-1} e^{-\frac{2\pi i z}{\omega}}$$

lorsque z augmente de ω'.

Le changement de z en $z + \omega$ multiplie évidemment la fonction par le facteur $e^{\beta\omega}$; pour que ce facteur se réduise à ± 1, il faudra qu'on ait

$$\beta = \frac{k'\pi i}{\omega},$$

k' étant entier.

Le changement de z en $z + \omega'$ multiplie la même fonction par le facteur

$$e^{\beta\omega'-b(z+\alpha)-a},$$

qui prendra la forme voulue si l'on pose

$$e^{\beta\omega' - b\alpha} = \pm 1, \quad \text{d'où} \quad \beta\omega' - b\alpha = -k\pi i,$$

k étant entier.

On en déduit

$$\alpha = \frac{k\pi i + \beta\omega'}{b} = k\frac{\omega}{2} + k'\frac{\omega'}{2}.$$

En donnant à k, k' les valeurs o et 1, on obtiendra quatre fonctions distinctes. Les autres systèmes de valeurs de k et de k' les reproduiraient à des facteurs constants près. En affectant ces quatre fonctions de facteurs numériques convenables, nous poserons

(1)
$$\begin{cases}
\theta_3(z) = \Theta(z) = \sum_{-\infty}^{\infty} q^{n^2} e^{\frac{2ni\pi z}{\omega}}, \\[2mm]
\theta(z) = \Theta\left(z + \frac{\omega}{2}\right) = \sum_{-\infty}^{\infty} (-1)^n q^{n^2} e^{\frac{2ni\pi z}{\omega}}, \\[2mm]
\theta_2(z) = q^{\frac{1}{4}} e^{\frac{\pi i z}{\omega}} \Theta\left(z + \frac{\omega'}{2}\right) = \sum_{-\infty}^{\infty} q^{\left(n+\frac{1}{2}\right)^2} e^{\frac{(2n+1)i\pi z}{\omega}}, \\[2mm]
\theta_1(z) = \frac{1}{i} q^{\frac{1}{4}} e^{\frac{\pi i z}{\omega}} \Theta\left(z + \frac{\omega}{2} + \frac{\omega'}{2}\right) = \frac{1}{i} \sum_{-\infty}^{\infty} (-1)^n q^{\left(n+\frac{1}{2}\right)^2} e^{\frac{(2n+1)i\pi z}{\omega}}
\end{cases}$$

Si dans ces séries nous groupons ensemble les deux termes qui contiennent une même puissance de q, il viendra

$$\theta_3(z) = 1 + 2\sum_0^{\infty} q^{n^2} \cos\frac{2n\pi z}{\omega},$$

$$\theta(z) = 1 + 2\sum_0^{\infty} (-1)^n q^{n^2} \cos\frac{2n\pi z}{\omega},$$

$$\theta_2(z) = 2\sum_0^{\infty} q^{\left(n+\frac{1}{2}\right)^2} \cos\frac{(2n+1)\pi z}{\omega},$$

$$\theta_1(z) = 2\sum_0^{\infty} (-1)^n q^{\left(n+\frac{1}{2}\right)^2} \sin\frac{(2n+1)\pi z}{\omega}.$$

165. Si dans les formules (1) nous remplaçons successivement z par $z + \dfrac{\omega}{2}$, $z + \dfrac{\omega'}{2}$, $z + \omega$, $z + \omega'$, en posant, pour abréger,

$$q^{-\frac{1}{4}}e^{-\frac{\pi i z}{\omega}} = \lambda, \quad q^{-1}e^{-\frac{2\pi i z}{\omega}} = \mu,$$

nous trouverons

$$(2) \quad \left\{ \begin{array}{ll} \theta_3\left(z + \dfrac{\omega}{2}\right) = \ \theta\ (z), & \theta\left(z + \dfrac{\omega}{2}\right) = \theta_3(z), \\[2mm] \theta_2\left(z + \dfrac{\omega}{2}\right) = -\theta_1(z), & \theta_1\left(z + \dfrac{\omega}{2}\right) = \theta_2(z); \end{array} \right.$$

$$(3) \quad \left\{ \begin{array}{ll} \theta_3\left(z + \dfrac{\omega'}{2}\right) = \lambda\theta_2(z), & \theta\left(z + \dfrac{\omega'}{2}\right) = i\lambda\theta_1(z), \\[2mm] \theta_2\left(z + \dfrac{\omega'}{2}\right) = \lambda\theta_3(z), & \theta_1\left(z + \dfrac{\omega'}{2}\right) = i\lambda\theta(z); \end{array} \right.$$

$$(4) \quad \left\{ \begin{array}{ll} \theta_3(z + \omega) = \ \theta_3(z), & \theta\ (z + \omega) = \ \theta(z); \\[2mm] \theta_2(z + \omega) = -\theta_2(z), & \theta_1(z + \omega) = -\theta_1(z); \end{array} \right.$$

$$(5) \quad \left\{ \begin{array}{ll} \theta_3(z + \omega') = \mu\theta_3(z), & \theta\ (z + \omega') = -\mu\theta(z), \\[2mm] \theta_2(z + \omega') = \mu\theta_2(z), & \theta_1(z + \omega') = -\mu\theta_1(z). \end{array} \right.$$

Il résulte des expressions trigonométriques des fonctions θ que θ_3, θ, θ_2 sont paires; θ_1 est impaire, et s'annule pour $z = 0$. D'ailleurs, les facteurs exponentiels λ et μ étant toujours finis et différents de zéro, les relations (2), (3), (4) et (5) montrent :

1° Que si θ_1 s'annule pour une valeur z_0 de la variable, il s'annulera encore pour les valeurs $z_0 + \omega$, $z_0 + \omega'$, et en général pour les valeurs $z_0 + m\omega + n\omega'$, m et n étant deux entiers positifs ou négatifs;

2° Que θ_2 s'annulera pour $z_0 + \dfrac{\omega}{2}$;

$\qquad\qquad \theta \qquad \text{»} \qquad \text{pour } z_0 + \dfrac{\omega'}{2}$;

$\qquad\qquad \theta_3 \qquad \text{»} \qquad \text{pour } z_0 + \dfrac{\omega}{2} + \dfrac{\omega'}{2}.$

On aura donc :

$$\text{Si } z = m\omega + n\omega' \dots\dots\dots\dots\dots\dots \quad \theta_1 = 0$$

$$\text{Si } z = (m + \tfrac{1}{2})\omega + n\omega' \dots\dots\dots\dots \quad \theta_2 = 0$$

$$\text{Si } z = (m + \tfrac{1}{2})\omega + (n + \tfrac{1}{2})\omega' \dots\dots \quad \theta_3 = 0$$

$$\text{Si } z = m\omega + (n + \tfrac{1}{2})\omega' \dots\dots\dots\dots \quad \theta = 0$$

166. Cela posé, la fonction

$$1 + q^{2\nu+1} e^{\frac{2\pi i z}{\omega}} = 1 + e^{\frac{\pi i}{\omega}[(2\nu+1)\omega' + 2z]}$$

s'annule pour les valeurs de z qui satisfont à la relation

$$\frac{\pi i}{\omega}[(2\nu+1)\omega' + 2z] = \log(-1) = (2m+1)\pi i,$$

d'où l'on déduit

$$z = (m + \tfrac{1}{2})\omega - (\nu + \tfrac{1}{2})\omega',$$

m étant un entier arbitraire positif ou négatif; de même la fonction

$$1 + q^{2\nu+1} e^{-\frac{2i\pi z}{\omega}}$$

s'annule pour les valeurs

$$z = (m + \tfrac{1}{2})\omega + (\nu + \tfrac{1}{2})\omega'.$$

Donc le produit infini

$$\prod_{\nu=0}^{\nu=\infty} \left(1 + q^{2\nu+1} e^{\frac{2\pi i z}{\omega}}\right)\left(1 + q^{2\nu+1} e^{-\frac{2\pi i z}{\omega}}\right)$$

$$= \prod_{\nu=0}^{\nu=\infty} \left(1 + 2q^{2\nu+1} \cos\frac{2\pi z}{\omega} + q^{(2\nu+1)^2}\right)$$

s'annulera, comme θ_3, pour toutes les valeurs de la forme $(m + \tfrac{1}{2})\omega + (n + \tfrac{1}{2})\omega'$. On est donc fondé à prévoir l'existence d'un lien intime entre ces deux fonctions.

167. Proposons-nous de vérifier cette induction. Posons, pour abréger,

$$e^{\frac{2\pi i z}{\omega}} = x,$$

et considérons le produit

$$\prod_{\nu=0}^{\nu=m-1} (1 + q^{2\nu+1} x)(1 + q^{2\nu+1} x^{-1}) = \varphi(x).$$

Ce produit développé sera de la forme

$$(6) \qquad \begin{cases} A_{-m} x^{-m} + \ldots + A_{-1} x^{-1} + A_0 + A_1 x + \ldots \\ \quad + A_n x^n + \ldots + A_m x^m. \end{cases}$$

Pour calculer les coefficients, nous remarquerons tout d'abord que $\varphi(x) = \varphi(x^{-1})$. Donc on aura

$$A_{-m} = A_m, \quad \ldots \quad A_{-n} = A_n, \quad A_{-1} = A_1,$$

de sorte qu'il ne reste plus qu'à calculer

$$A_0, \ A_1, \ \ldots, \ A_m.$$

A cet effet, changeons x en $q^2 x$. La plupart des facteurs du produit se retrouveront dans l'expression transformée, de telle sorte qu'on aura simplement

$$\varphi(q^2 x) = \varphi(x) \frac{(1 + q^{2m+1} x)(1 + q^{-1} x^{-1})}{(1 + q x)(1 + q^{2m-1} x^{-1})},$$

ou, en réduisant,

$$(q x + q^{2m}) \varphi(q^2 x) = (1 + q^{2m+1} x) \varphi(x).$$

Substituant, dans cette relation, la valeur (6) de $\varphi(x)$ et la valeur correspondante de $\varphi(q^2 x)$, il viendra, en égalant les coefficients des termes en x^n,

$$q^{2n-1} A_{n-1} + q^{2m+2n} A_n = A_n + q^{2m+1} A_{n-1},$$

d'où

$$(7) \qquad A_{n-1} = A_n \frac{1 - q^{2m+2n}}{q^{2n-1}(1 - q^{2m-2n+2})}.$$

On a d'ailleurs, en effectuant la multiplication,

$$A_m = q^{1+3+\cdots+(2m-1)} = q^{m^2},$$

et la formule (7) donnera ensuite successivement

$$A_{m-1} = q^{(m-1)^2} \frac{1 - q^{4m}}{1 - q^2},$$

$$\ldots\ldots\ldots\ldots\ldots\ldots\ldots,$$

$$A_n = q^{n^2} \frac{(1 - q^{4m})(1 - q^{4m-2})\ldots(1 - q^{2m+2n+2})}{(1 - q^2)(1 - q^4)\ldots(1 - q^{2m-2n})}.$$

Les coefficients de l'expression (6) étant ainsi déterminés, cherchons vers quelle limite elle tend, lorsque m croît indéfiniment.

Le produit infini

$$P = (1 - q^2)(1 - q^4)(1 - q^6)\ldots$$

est absolument convergent; car, q ayant son module inférieur à l'unité, la série

$$q^2 + q^4 + q^6 + \cdots$$

le sera.

Le numérateur $(1 - q^{4m})\ldots(1 - q^{2m+2n+2})$ étant le produit de facteurs successifs de P, infiniment éloignés de l'origine, aura pour limite l'unité. Quant au dénominateur, on aura évidemment

$$\lim(1 - q^2)\ldots(1 - q^{2m-2n}) = P,$$

tant que n ne surpassera pas une limite fixe k, choisie d'ailleurs arbitrairement.

Pour les valeurs de n supérieures à k, le produit

$$(1 - q^2)\ldots(1 - q^{2m-2n})$$

aura d'ailleurs son module compris entre μ et M, μ désignant le minimum et M le maximum des modules des produits successifs

$$(1 - q^2), \quad (1 - q^2)(1 - q^4), \quad \ldots.$$

On aura donc à la limite

$$\varphi(x) = \frac{1}{P}\left[1 + q(x + x^{-1}) + \ldots + q^{k^2}(x^k + x^{-k})\right]$$
$$+ q^{(k+1)^2}T_{k+1}(x^{k+1} + x^{-k-1}) + \ldots$$
$$+ q^{n^2}T_n(x^n + x^{-n}) + \ldots,$$

$T_{k+1}, \ldots, T_n$ étant des quantités dont le module est compris entre les limites fixes $\frac{1}{\mu}$ et $\frac{1}{M}$.

Or la série dont le terme général est $q^{n^2}(x^n + x^{-n})$ est absolument convergente; et les quantités T ont leurs modules limités. Donc, en faisant croître k indéfiniment, la somme des termes qui n'appartiennent pas à la première ligne tendra vers zéro, et l'on aura

$$\lim \varphi(x) = \frac{1}{P}\left[1 + q(x + x^{-1}) + \ldots + q^{n^2}(x^n + x^{-n}) + \ldots\right],$$

ou enfin, en remettant pour x sa valeur en z,

$$(8) \quad \left\{ \begin{aligned} \theta_3(z) &= P\lim \varphi\left(e^{\frac{2\pi i z}{\omega}}\right) = P\prod_0^\infty \left(1 + q^{2n+1}e^{\frac{2i\pi z}{\omega}}\right)\left(1 + q^{2n+1}e^{-\frac{2i\pi z}{\omega}}\right) \\ &= P\prod_0^\infty \left(1 + 2q^{2n+1}\cos\frac{2\pi z}{\omega} + q^{4n+2}\right). \end{aligned} \right.$$

Changeons, dans cette formule, z en $z + \frac{\omega}{2}$, puis en $z + \frac{\omega'}{2}$, il viendra, d'une part,

$$(9) \quad \left\{ \begin{aligned} \theta(z) &= P\prod_0^\infty \left(1 - q^{2n+1}e^{\frac{2\pi i z}{\omega}}\right)\left(1 - q^{2n+1}e^{-\frac{2\pi i z}{\omega}}\right) \\ &= P\prod_0^\infty \left(1 - 2q^{2n+1}\cos\frac{2\pi z}{\omega} + q^{4n+2}\right), \end{aligned} \right.$$

et, d'autre part,

$$\theta_2(z) = \lambda^{-1}P\prod_0^\infty \left(1 + q^{2n+2}e^{\frac{2\pi i z}{\omega}}\right)\left(1 + q^{2n}e^{-\frac{2\pi i z}{\omega}}\right),$$

ou, en remplaçant λ par sa valeur, faisant sortir du produit le facteur $1 + e^{-\frac{2\pi i z}{\omega}}$, et multipliant les autres deux à deux,

$$(10) \quad \theta_2(z) = 2q^{\frac{1}{4}} \mathrm{P} \cos\frac{\pi z}{\omega} \prod_0^\infty \left(1 + 2q^{2n+2} \cos\frac{2\pi z}{\omega} + q^{4n+4}\right).$$

Enfin, en changeant dans cette dernière formule z en $z + \dfrac{\omega}{2}$, il viendra

$$(11) \quad \theta_1(z) = 2q^{\frac{1}{4}} \mathrm{P} \sin\frac{\pi z}{\omega} \prod_0^\infty \left(1 - 2q^{2n+2} \cos\frac{2\pi z}{\omega} + q^{4n+4}\right).$$

Il résulte de cette décomposition en facteurs des fonctions θ que les seules valeurs de la variable pour lesquelles elles s'annulent sont celles que nous avons indiquées plus haut. De plus, ces valeurs sont des racines simples des équations $\theta_3 = 0$, ... Car chacune d'elles n'annule qu'un des facteurs du produit, et n'annule pas sa dérivée.

168. On peut rattacher aux fonctions θ plusieurs autres fonctions intéressantes.

Considérons d'abord la fonction

$$\mathrm{Z}(z) = \frac{\theta_1'(z)}{\theta_1(z)}.$$

On trouvera, pour cette fonction, l'expression suivante :

$$\mathrm{Z}(z) = \frac{\pi}{\omega} \cot\frac{\pi z}{\omega} + \frac{4\pi}{\omega} \sin\frac{2\pi z}{\omega} \sum_0^\infty \frac{q^{2n+2}}{1 - 2q^{2n+2}\cos\frac{2\pi z}{\omega} + q^{4n+4}},$$

en prenant les logarithmes des deux membres de l'équation (11), puis égalant les dérivées du premier membre de la nouvelle équation ainsi obtenue à la somme des dérivées des termes du second membre.

Cette opération est légitime si la série

$$\sum_{0}^{\infty} \frac{q^{2n+2}}{1 - 2 q^{2n+2} \cos \dfrac{2\pi z}{\omega} + q^{4n+4}}$$

est uniformément convergente. Or il est aisé de voir qu'il en est ainsi. En effet, $\bmod q$ étant < 1, on pourra, quel que soit l'intervalle dans lequel on fasse varier z, déterminer un entier m assez grand pour que, pour toute valeur de n supérieure à m, le module de

$$1 - 2 q^{2n+2} \cos \dfrac{2\pi z}{\omega} + q^{2n+4}$$

soit $> 1 - \varepsilon$, ε étant une quantité aussi petite que l'on voudra. Le reste de la série sera donc inférieur à la quantité constante

$$\frac{1}{1-\varepsilon} (q^{2m+4} + q^{2m+6} + \ldots) = \frac{1}{1-\varepsilon} \frac{q^{2m+4}}{1 - q^2},$$

qui sera d'ailleurs aussi petite que l'on voudra, si m est assez grand.

La fonction $Z(z)$ satisfait aux équations

$$Z(z + \omega) = Z(z),$$

$$Z(z + \omega') = \frac{\mu'}{\mu} + Z(z) = - \frac{2\pi i}{\omega} + Z(z),$$

qu'on obtient en prenant la dérivée logarithmique des équations

$$\theta_1(z + \omega) = - \theta_1(z), \quad \theta_1(z + \omega') = - \mu \theta_1(z).$$

Une nouvelle différentiation donnera

$$Z'(z + \omega) = Z'(z), \quad Z'(z + \omega') = Z'(z);$$

Z' a donc deux périodes distinctes, ω et ω'.

169. On obtient d'autres fonctions doublement périodiques en prenant les quotients deux à deux des fonctions θ, θ_1, θ_2, θ_3. En effet, les équations (4) et (5) étant divisées les

unes par les autres, l'exponentielle μ disparaîtra et il viendra

$$\frac{\theta_1}{\theta}(z+\omega) = -\frac{\theta_1}{\theta}(z), \quad \text{d'où} \quad \frac{\theta_1}{\theta}(z+2\omega) \quad = \frac{\theta_1}{\theta}(z);$$

$$\frac{\theta_1}{\theta}(z+\omega') = \frac{\theta_1}{\theta}(z);$$

$$\frac{\theta_2}{\theta}(z+\omega) = -\frac{\theta_2}{\theta}(z), \quad \text{d'où} \quad \frac{\theta_2}{\theta}(z+2\omega) \quad = \frac{\theta_2}{\theta}(z);$$

$$\frac{\theta_2}{\theta}(z+\omega') = -\frac{\theta_2}{\theta}(z), \quad \text{d'où} \quad \frac{\theta_2}{\theta}(z+\omega+\omega') = \frac{\theta_2}{\theta}(z);$$

$$\frac{\theta_3}{\theta}(z+\omega) = \frac{\theta_3}{\theta}(z),$$

$$\frac{\theta_3}{\theta}(z+\omega') = -\frac{\theta_3}{\theta}(z), \quad \text{d'où} \quad \frac{\theta_3}{\theta}(z+2\omega') \quad = \frac{\theta_3}{\theta}(z).$$

Ces fonctions possèdent donc respectivement les périodes suivantes :

$$\frac{\theta_1}{\theta}, \quad 2\omega \quad \text{et} \quad \omega',$$

$$\frac{\theta_2}{\theta}, \quad 2\omega \quad \text{et} \quad \omega+\omega',$$

$$\frac{\theta_3}{\theta}, \quad \omega \quad \text{et} \quad 2\omega'.$$

$\frac{\theta_2}{\theta}$ admet encore la période $2\omega'$; mais ce n'est qu'une combinaison des deux précédentes; car on a

$$2\omega' = 2(\omega+\omega') - 2\omega.$$

Ces trois fonctions deviennent infinies pour les valeurs de z contenues dans la formule

$$z = m\omega + (n+\tfrac{1}{2})\omega',$$

et s'annulent respectivement pour

$$z = m\omega + n\omega',$$
$$z = (m+\tfrac{1}{2})\omega + n\omega',$$
$$z = (m+\tfrac{1}{2})\omega + (n+\tfrac{1}{2})\omega'.$$

Nous retrouverons ces fonctions dans le Calcul intégral, sous le nom de *fonctions elliptiques*.

VIII. — Série hypergéométrique. — Fonction Γ.

170. Considérons la série *hypergéométrique*

$$(1) \quad \begin{cases} F(\alpha, \beta, \gamma, x) = 1 + \dfrac{\alpha \cdot \beta}{1 \cdot \gamma} x + \dots \\ \qquad + \dfrac{\alpha(\alpha+1)\dots(\alpha+n-1)\beta(\beta+1)\dots(\beta+n-1)}{1.2\dots n.\gamma(\gamma+1)\dots(\gamma+n-1)} x^n + \dots \end{cases}$$

Cette expression est symétrique en α et β. Elle se réduira à un polynôme entier si α ou β est entier et négatif; car tous ses termes, à partir d'un certain rang, s'annuleront. Elle n'a d'ailleurs aucun sens si γ est entier et négatif, car ses termes deviendraient infinis à partir d'un certain rang.

Excluons donc le cas où l'un des paramètres α, β, γ serait entier et négatif; nous obtiendrons une série infinie, dont nous allons étudier tout d'abord la convergence.

Soit u_n le terme général; on aura

$$\frac{u_{n+1}}{u_n} = \frac{(\alpha+n)(\beta+n)}{(1+n)(\gamma+n)} x,$$

expression qui tend vers x quand n augmente indéfiniment. La série sera donc absolument convergente si $\operatorname{mod} x < 1$, divergente si $\operatorname{mod} x > 1$.

Soit enfin $\operatorname{mod} x = 1$. Admettons, pour plus de généralité, que α, β, γ soient imaginaires, et posons $\alpha = \alpha' + \alpha'' i$, $\beta = \beta' + \beta'' i$, $\gamma = \gamma' + \gamma'' i$. On aura

$$\begin{aligned} \operatorname{mod} \frac{u_{n+1}}{u_n} &= \operatorname{mod} \left[\frac{(\alpha+n)(\beta+n)}{(1+n)(\gamma+n)} \right] \\ &= \sqrt{\frac{[(n+\alpha')^2 + \alpha''^2][(n+\beta')^2 + \beta''^2]}{(n+1)^2[(n+\gamma')^2 + \gamma''^2]}} \\ &= \sqrt{\frac{n^4 + 2(\alpha'+\beta')n^3 + \dots}{n^4 + 2(1+\gamma')n^3 + \dots}} \\ &= \sqrt{1 + 2(\alpha'+\beta'-\gamma'-1)\frac{1}{n} + \dots} \\ &= 1 + (\alpha'+\beta'-\gamma'-1)\frac{1}{n} + \dots, \end{aligned}$$

et enfin

$$\lim n\left(1 - \operatorname{mod} \frac{u_{n+1}}{u_n}\right) = 1 + \gamma' - \alpha' - \beta'.$$

La série des modules sera donc convergente, et la série $F(\alpha, \beta, \gamma, x)$ absolument convergente, si $\gamma' - \alpha' - \beta' > 0$. Au contraire, si $\gamma' - \alpha' - \beta' < 0$, la série des modules sera divergente.

171. On peut former aisément une équation différentielle à laquelle satisfasse la série $F(\alpha, \beta, \gamma, x)$. En effet, considérons l'expression

$$\Phi = AF + BxF' + Cx^2F'' + DF' + ExF'',$$

où A, B, C, D, E sont des constantes arbitraires. Le terme en x^n aura pour coefficient

$$\left[\begin{array}{l} A(\gamma + n) + Bn(\gamma + n) + Cn(n-1)(\gamma + n) \\ \quad + D(\alpha + n)(\beta + n) + En(\alpha + n)(\beta + n) \end{array}\right] q,$$

en posant, pour abréger,

$$q = \frac{\alpha(\alpha + 1)\ldots(\alpha + n - 1)\beta(\beta + 1)\ldots(\beta + n - 1)}{1.2\ldots n\gamma(\gamma + 1)\ldots(\gamma + n - 1)} \frac{1}{\gamma + n}.$$

La quantité qui multiplie q est un polynôme en n du troisième degré, et l'on pourra évidemment disposer des rapports des cinq constantes A, B, C, D, E, de manière à annuler ses quatre coefficients; on aura alors identiquement

$$\Phi = 0.$$

On trouvera ainsi

$$(2) \qquad (x - x^2)F'' + [\gamma - (\alpha + \beta + 1)x]F' - \alpha\beta F = 0.$$

172. En faisant varier les paramètres α, β, γ de la série F, on obtiendra une infinité de fonctions distinctes. Deux de ces fonctions seront dites *contiguës* si deux de leurs paramètres ont la même valeur, leurs troisièmes paramètres différant d'une unité.

Théorème. — *La fonction* F *et deux quelconques de ses contiguës sont liées par une équation linéaire ayant pour coefficients des polynômes du premier degré en* x.

La fonction F ayant six contiguës différentes, on aura ainsi $\dfrac{6.5}{2} = 15$ équations différentes. Nous allons indiquer comment on peut les établir.

Considérons, par exemple, les trois fonctions

$$F(\alpha, \beta, \gamma, x), \quad F(\alpha, \beta, \gamma - 1, x), \quad F(\alpha, \beta, \gamma + 1, x),$$

que nous représenterons, pour abréger, par

$$F, \quad F_{-1}, \quad F_1.$$

Soit N le coefficient de x^n dans F, formons son coefficient dans les fonctions F, xF, F_{-1}, xF_{-1}, F_1, xF_1. On trouvera immédiatement les valeurs suivantes :

$$\text{pour } F \ldots\ldots \quad N,$$

$$xF \ldots\ldots \quad N \frac{n(\gamma + n - 1)}{(\alpha + n - 1)(\beta + n - 1)},$$

$$F_{-1} \ldots\ldots \quad N \frac{\gamma + n - 1}{\gamma - 1},$$

$$xF_{-1} \ldots\ldots \quad N \frac{\gamma + n - 1}{\gamma - 1} \frac{n(\gamma + n - 2)}{(\alpha + n - 1)(\beta + n - 1)},$$

$$F_1 \ldots\ldots \quad N \frac{\gamma}{\gamma + n},$$

$$xF_1 \ldots\ldots \quad N \frac{\gamma}{\gamma + n} \frac{n(\gamma + n)}{(\alpha + n - 1)(\beta + n - 1)}.$$

On en déduit immédiatement que le coefficient de x^n dans l'expression

$$(A + Bx)F + (C + Dx)F_{-1} + ExF_1$$

sera égal au produit de $\dfrac{N}{(\alpha + n - 1)(\beta + n - 1)}$ par une fonction entière du troisième degré en N. On pourra déterminer le rapport des constantes A, B, C, D, E de manière à annuler cette fonction. On trouvera ainsi

$$(3) \quad \begin{cases} \gamma[\gamma - 1 - (2\gamma - \alpha - \beta - 1)x]F - \gamma(\gamma - 1)(1 - x)F_{-1} \\ \qquad\qquad + (\gamma - \alpha)(\gamma - \beta)xF_1 = 0. \end{cases}$$

Les quatorze autres équations peuvent s'obtenir par un procédé identique. On simplifiera les calculs, soit en permutant les paramètres α et β par rapport auxquels F est symétrique, soit en profitant des équations déjà trouvées pour en obtenir d'autres, par l'élimination d'une des fonctions qui y figurent.

Trois fonctions

$$F(\alpha, \beta, \gamma, x), \quad F(\alpha', \beta', \gamma', x), \quad F(\alpha'', \beta'', \gamma'', x),$$

dont les paramètres diffèrent de nombres entiers, sont liées par une équation linéaire, dont les coefficients sont des polynômes en x. En effet, ces trois fonctions se rattachent les unes aux autres par une suite de fonctions contiguës. Formant les relations qui existent entre ces fonctions, et éliminant les fonctions intermédiaires, on obtiendra l'équation cherchée.

173. Il est intéressant de déterminer la valeur de la fonction $F(\alpha, \beta, \gamma, x)$ pour $x = 1$, lorsque cette série est convergente.

Posons $x = 1$ dans l'équation (3); il viendra

$$\gamma(\alpha + \beta - \gamma)F(\alpha, \beta, \gamma, 1) + (\gamma - \alpha)(\gamma - \beta)F(\alpha, \beta, \gamma + 1, 1) = 0,$$

d'où

$$\frac{F(\alpha, \beta, \gamma, 1)}{F(\alpha, \beta, \gamma + 1, 1)} = \frac{(\gamma - \alpha)(\gamma - \beta)}{\gamma(\gamma - \alpha - \beta)}.$$

Changeant, dans cette équation, γ en $\gamma + 1$, $\gamma + 2$, ..., $\gamma + n - 1$

et multipliant ensemble les équations obtenues, il viendra

$$\frac{\mathrm{F}(\alpha, \beta, \gamma, 1)}{\mathrm{F}(\alpha, \beta, \gamma + n, 1)}$$

$$= \frac{(\gamma - \alpha)(\gamma - \alpha + 1)\ldots(\gamma - \alpha + n - 1)}{\gamma(\gamma + 1)\ldots(\gamma + n - 1)} \frac{(\gamma - \beta)\ldots(\gamma - \beta + n - 1)}{(\gamma - \alpha - \beta)\ldots(\gamma - \alpha - \beta + n - 1)}$$

$$= \frac{\Pi(n, \gamma)\,\Pi(n, \gamma - \alpha - \beta)}{\Pi(n, \gamma - \alpha)\,\Pi(n, \gamma - \beta)},$$

en posant, comme au § V,

$$(4) \qquad \Pi(n, z) = \frac{1 \cdot 2 \ldots (n - 1)\, n^z}{z(z + 1)\ldots(z + n - 1)},$$

Faisons tendre n vers ∞ ; $\mathrm{F}(\alpha, \beta, \gamma + n, 1)$ tendra évidemment vers l'unité; on aura donc, en posant encore

$$(5) \qquad \lim_{n = \infty} \Pi(n, z) = \Gamma(z),$$

$$\mathrm{F}(\alpha, \beta, \gamma, 1) = \frac{\Gamma(\gamma)\,\Gamma(\gamma - \alpha - \beta)}{\Gamma(\gamma - \alpha)\,\Gamma(\gamma - \beta)}.$$

174. La fonction $\Gamma(z)$, définie par les équations (4) et (5), jouit de propriétés nombreuses et importantes. Nous allons en établir quelques-unes.

On a évidemment

$$\Pi(n, z + 1) = \frac{zn}{z + n}\, \Pi(n, z),$$

d'où, en posant $n = \infty$,

$$(6) \qquad \Gamma(z + 1) = z\, \Gamma(z),$$

et, par suite, k étant un entier positif quelconque,

$$\Gamma(z + k) = z(z + 1)\ldots(z + k - 1)\, \Gamma(z).$$

On a d'ailleurs, identiquement,

$$\Pi(n, 1) = 1,$$

d'où

$$\Gamma(1) = 1,$$

et, par suite,

$$\Gamma(1 + k) = 1 \cdot 2 \ldots k.$$

175. On a, en second lieu,

$$\Pi(n,z)\Pi(n,-z) = -\frac{[1.2\ldots(n-1)]^2}{z^2(1-z^2)\ldots[(n-1)^2-z^2]}$$

$$= -\frac{\pi}{z}\frac{1}{\pi z\left[1-\dfrac{z^2}{1}\right]\cdots\left[1-\dfrac{z^2}{(n-1)^2}\right]},$$

et, à la limite,

$$\Gamma(z)\Gamma(-z) = -\frac{\pi}{z\sin z\pi} \quad (153).$$

On en déduit

$$(7) \qquad \Gamma(z)\Gamma(1-z) = -z\,\Gamma(z)\,\Gamma(-z) = \frac{\pi}{\sin z\pi}.$$

Posons, en particulier. $z = \frac{1}{2}$; il viendra

$$\Gamma(\tfrac{1}{2})^2 = \pi,$$

d'où

$$\Gamma(\tfrac{1}{2}) = \sqrt{\pi}.$$

176. Formons encore le produit

$$\frac{m^{mz}\,\Pi(n,z)\,\Pi\left(n,z+\dfrac{1}{m}\right)\ldots\Pi\left(n,z+\dfrac{m-1}{m}\right)}{\Pi(mn,mz)}.$$

On vérifie aisément qu'il a pour valeur

$$\frac{m^{mn}[1.2\ldots(n-1)]^{mn}\,n^{\frac{m-1}{2}}}{1.2\ldots(mn-1)} = k,$$

quantité indépendante de z.

On aura donc, en posant $n = \infty$,

$$\frac{m^{mz}\,\Gamma(z)\,\Gamma\left(z+\dfrac{1}{m}\right)\ldots\Gamma\left(z+\dfrac{m-1}{m}\right)}{\Gamma(mz)} = \lim k = C,$$

C désignant une constante indépendante de z.

Pour la déterminer, posons $z = o$. Il viendra

$$\Gamma\left(\frac{1}{m}\right)\ldots\Gamma\left(\frac{m-1}{m}\right) = C.$$

Multiplions cette équation par elle-même, en renversant l'ordre des termes du premier membre. Il viendra, en tenant compte de l'équation (7),

$$\frac{\pi}{\sin\dfrac{\pi}{m}}\frac{\pi}{\sin\dfrac{2\pi}{m}}\cdots\frac{\pi}{\sin\dfrac{(m-1)\pi}{m}} = C^2.$$

Or on a

$$x^{2m} - 1 = (x^2 - 1)\left(x - e^{\frac{2\pi i}{2m}}\right)\ldots\left(x - e^{\frac{2(2m-1)\pi i}{2m}}\right)$$

$$= (x^2 - 1)\left(x^2 - 2\cos\frac{2\pi}{2m}x + 1\right)\ldots\left[x^2 - 2\cos\frac{2(m-1)\pi}{2m} + 1\right]$$

Posons $x = 1 + h$, et égalons les termes du premier degré en h dans les deux membres; il viendra

$$2m = 2\left(2\sin\frac{\pi}{2m}\right)^2\ldots\left[2\sin\frac{(m-1)\pi}{2m}\right]^2.$$

Posant $x = -1 + h$, on trouverait de même

$$2m = 2\left(2\cos\frac{\pi}{2m}\right)^2\ldots\left[2\cos\frac{(m-1)\pi}{2m}\right]^2.$$

Multiplions ces deux égalités, et extrayons la racine carrée; il viendra

$$m = 2^{m-1}\sin\frac{\pi}{m}\ldots\sin\frac{m-1}{m}\pi,$$

et, par suite

$$C = (2\pi)^{\frac{m-1}{2}} m^{-\frac{1}{2}}.$$

IX. — Séries et produits multiples.

177. Considérons un système de quantités $u_{m_1 m_2 \ldots}$, distinguées les unes des autres par plusieurs indices m_1, m_2, $\ldots$, dont chacun peut prendre une infinité de valeurs (par exemple toutes les valeurs entières et positives).

Disposons ces quantités dans un ordre arbitraire

$$u_{\alpha_1 \alpha_2 \ldots}, \quad u_{\beta_1 \beta_2 \ldots}, \quad \ldots,$$

et formons-en la série infinie

(1) $$u_{\alpha_1 \alpha_2 \ldots} + u_{\beta_1 \beta_2 \ldots} + \ldots$$

Formons également la série des modules

(2) $$U_{\alpha_1 \alpha_2 \ldots} + U_{\beta_1 \beta_2 \ldots} + \ldots$$

Trois cas pourront se présenter :

1° *La série* (2) *est convergente*. Dans ce cas, la série (1) aura, comme nous l'avons vu, une limite parfaitement déterminée et indépendante de l'ordre des termes. Nous dirons que cette limite S est la *valeur de la série multiple* $\Sigma u_{m_1 m_2 \ldots}$.

2° *La série* (1) *est convergente; mais la série* (2) *divergente*. Dans ce cas, la valeur de la série (1) dépend de l'ordre de ses termes. L'expression $\Sigma u_{m_1 m_2 \ldots}$ n'acquerra donc un sens précis que lorsque cet ordre aura été spécifié.

3° *La série* (1) *est divergente, quel que soit l'ordre des termes*. Dans ce cas, l'expression $\Sigma u_{m_1 m_2} \ldots$ sera entièrement dépourvue de sens, et son emploi devra être proscrit.

Des théorèmes établis au § IV, on déduit immédiatement les conséquences suivantes :

1° *Si la série* $\Sigma u_{m_1 m_2 \ldots}$ *est absolument convergente, il en sera de même de la série*

$$\Sigma \alpha_{m_1 m_2 \ldots} u_{m_1 m_2 \ldots}$$

si les coefficients $\alpha_{m_1 m_2 \ldots}$ *sont tels que leurs modules (au moins à partir d'un certain rang) ne surpassent pas une limite fixe* M.

2° *On obtiendra le produit de deux séries absolument convergentes* $\Sigma u_{m_1 m_2 \ldots}$ *et* $\Sigma v_{m_1 m_2 \ldots}$, *en multipliant tous les*

termes de l'une par tous les termes de l'autre, et ajoutant
les produits obtenus dans un ordre quelconque.

178. On peut considérer également des produits infinis
multiples, tels que

$$\Pi u_{m_1 m_2 \dots}.$$

D'après ce qui a été démontré, pour qu'un produit de ce
genre soit absolument convergent, il faut et il suffit que la
série

$$\Sigma (u_{m_1 m_2 \dots} - 1)$$

le soit.

Nous ferons encore remarquer que la notion de la convergence uniforme s'applique, sans aucune modification, aux
séries ou produits multiples dont les termes ou les facteurs
sont fonction d'une ou de plusieurs variables.

179. Considérons en particulier la série à termes réels et
positifs

$$(3) \qquad S = \sum_{-\infty}^{\infty} \frac{1}{(m_1^2 + m_2^2 + \dots + m_n^2)^\alpha}$$

(où l'on exclut le terme correspondant à $m_1 = m_2 \dots = m_n = 0$,
qui serait infini), et cherchons dans quel cas elle sera convergente.

Soit x un entier positif quelconque. Le nombre des systèmes de valeurs de m_1, ..., m_n dont la valeur absolue ne
surpasse pas x est évidemment égal à $(2x + 1)^n$. Si nous
excluons ceux de ces systèmes où m_1, ..., m_n sont tous $< x$
en valeur absolue, il en restera

$$(2x + 1)^n - (2x - 1)^n = n\,2^n x^{n-1} + \dots.$$

Soit S_x l'ensemble des termes de S qui correspondent aux
systèmes restants. Chacun de ces termes est évidemment com-
pris entre les deux limites suivantes $\dfrac{1}{x^{2\alpha}}$ et $\dfrac{1}{(n x^2)^\alpha}$; on aura

donc

$$\frac{n\,2^n\,x^{n-1}+\cdots}{x^{2\alpha}} \geqq S_x \geqq \frac{1}{n^\alpha}\,\frac{n\,2^n\,x^{n-1}+\cdots}{x^{2\alpha}}.$$

On a d'ailleurs, évidemment,

$$S = S_1 + \cdots + S_x + \cdots,$$

et, par suite,

$$T \geqq S \geqq \frac{1}{n^\alpha}\,T,$$

en posant, pour abréger,

$$T = \sum_{x=1}^{x=\infty} \frac{n\,2^n\,x^{n-1}+\cdots}{x^{2\alpha}}.$$

S sera donc convergente ou divergente en même temps que T. Mais on peut évidemment écrire

$$T = \sum_{x=1}^{x=\infty} \frac{A_n}{x^{2\alpha-n+1}},$$

A_n tendant vers $n = \infty$ pour la limite constante $n\,2^n$. Pour que T soit convergent, il sera nécessaire et suffisant que la série

$$\sum \frac{1}{x^{2\alpha-n+1}}$$

le soit, ce qui donne (**114**) la condition

$$2\alpha > n.$$

180. Ce résultat peut être généralisé comme il suit :

Soient φ une fonction continue homogène de degré 2α des indices $m_1, \ldots, m_n$; ψ une fonction des mêmes indices de degré inférieur à 2α.

Si la fonction φ est de telle nature qu'elle ne s'annule pour aucun système de valeurs réelles des variables $m_1, m_2, \ldots$

(le système o, o, ... excepté), la série

$$\sum \frac{1}{\varphi + \psi}$$

(où l'on exclut de la sommation les termes pour lesquels on aurait $\varphi + \psi = 0$) sera convergente si $\alpha > \dfrac{n}{2}$, divergente si $\alpha \lessgtr \dfrac{n}{2}$.

En effet, donnons successivement aux variables $m_1, m_2, \ldots$ tous les systèmes de valeurs réelles qui satisfont à la condition

$$m_1^2 + m_2^2 + \ldots = 1.$$

Les valeurs correspondantes de φ seront évidemment finies et de même signe, car φ ne pourrait changer de signe qu'en s'annulant.

Soient K la plus grande de ces valeurs, k la plus petite. Le rapport des fonctions φ et $(m_1^2 + \ldots + m_n^2)^\alpha$ restera compris entre K et k pour tous les systèmes de valeurs que l'on considère. D'ailleurs ce rapport, étant une fonction homogène et de degré zéro de $m_1, \ldots, m_n$, ne dépend que des rapports mutuels de ces quantités ; il sera donc toujours compris entre K et k.

D'autre part, ψ étant de degré $< 2\alpha$ par rapport à $m_1, \ldots, m_n$, son rapport à $(m_1^2 + \ldots + m_n^2)^\alpha$ tendra vers zéro si les variables $m_1, \ldots, m_n$, ou seulement quelques-unes d'entre elles, croissent indéfiniment; car ce rapport est moindre que $\dfrac{\psi}{m_\rho^{2\alpha}}$, m_ρ désignant la plus grande en valeur absolue des quantités $m_1, \ldots, m_n$, et ce dernier rapport tend évidemment vers zéro.

On aura donc

$$f(m_1, m_2, \ldots, m_n) = A_{m_1 \ldots m_n}(m_1^2 + \ldots + m_n^2)^\alpha,$$

$A_{m_1 \ldots m_n}$ étant une quantité finie, comprise pour des valeurs suffisamment grandes des variables entre deux limites fixes, voisines de K et de k. La série $\sum \dfrac{1}{\varphi + \psi}$ sera donc convergente ou divergente en même temps que la série S, considérée tout à l'heure.

181. Comme application, considérons la série

$$S_\alpha = \sum \frac{1}{(\omega m_1 + \omega' m_2 + z)^\alpha},$$

où $\omega = a' + a'' i$, $\omega' = b' + b'' i$, $z = z' + z'' i$ sont des quantités complexes et α une quantité positive. La série des modules a pour terme général

$$\frac{1}{[(a' m_1 + b' m_2 + z')^2 + (a'' m_1 + b'' m_2 + z'')^2]^{\frac{\alpha}{2}}} = \frac{1}{\varphi + \psi},$$

en posant

$$\varphi = [(a' m_1 + b' m_2)^2 + (a'' m_1 + b'' m_2)^2]^{\frac{\alpha}{2}}.$$

La fonction φ est continue et homogène de degré α. Enfin, elle ne s'annulera que si $m_1 = m_2 = 0$, pourvu que le déterminant $a' b'' - b' a''$ soit différent de zéro.

On voit donc, en appliquant le théorème précédent, que la série sera absolument convergente si $\alpha > 2$. Elle sera divergente, ou semi-convergente, si $\alpha \lessgtr 2$.

182. Posons, en particulier, $\alpha = 1$, et considérons l'expression

$$S'_1 = \lim_{M_2 = \infty} \sum_{m_2 = -M_2}^{m_2 = M_2} \left(\lim_{M_1 = \infty} \sum_{m_1 = -M_1}^{m_1 = M_1} \frac{1}{\omega m_1 + \omega' m_2 + z} \right),$$

laquelle est évidemment formée des termes de S_1, rangés dans un ordre déterminé. Il est aisé d'effectuer les sommations.

On a, en effet (158),

$$\lim_{M_1=\infty} \sum_{m_1=-M_1}^{m_1=M_1} \frac{1}{\omega m_1 + \omega' m_2 + z} = \frac{1}{\omega} \lim_{M_1=\infty} \sum_{m_1=-M_1}^{m_1=M_1} \frac{1}{m_1 + \dfrac{\omega' m_2 + z}{\omega}}$$

$$= \frac{\pi}{\omega} \cot \frac{\pi}{\omega} (\omega' m_2 + z),$$

puis

$$S'_1 = \lim_{M_2=\infty} \sum_{m_2=-M_2}^{m_2=M_2} \frac{\pi}{\omega} \cot \frac{\pi}{\omega} (\omega' m_2 + z)$$

$$= \frac{\pi}{\omega} \cot \frac{\pi}{\omega} z + \frac{\pi}{\omega} \sum_{1}^{\infty} \left[\cot \frac{\pi}{\omega} (\omega' m_2 + z) + \cot(-\omega' m_2 + z) \right]$$

$$= \frac{\pi}{\omega} \cot \frac{\pi}{\omega} z + \frac{\pi}{\omega} \sum_{1}^{\infty} \frac{\sin \dfrac{2\pi z}{\omega}}{\sin \dfrac{\pi}{\omega}(\omega' m_2 + z) \sin \dfrac{\pi}{\omega}(-\omega' m_2 + z)}$$

$$= \frac{\pi}{\omega} \cot \frac{\pi}{\omega} z + \frac{2\pi}{\omega} \sin \frac{2\pi z}{\omega} \sum_{1}^{\infty} \frac{1}{\cos \dfrac{2\pi\omega}{\omega} m_2 - \cos \dfrac{2\pi z}{\omega}},$$

ou, en posant

$$e^{\frac{\pi i \omega'}{\omega}} = q, \quad \text{d'où} \quad \cos \frac{2\pi\omega'}{\omega} m_2 = \frac{q^{2m_2} + q^{-2m_2}}{2},$$

$$S'_1 = \frac{\pi}{\omega} \cot \frac{\pi}{\omega} z + \frac{4\pi}{\omega} \sin \frac{2\pi z}{\omega} \sum_{1}^{\infty} \frac{q^{2m_2}}{1 - 2q^{2m_2} \cos \dfrac{2\pi z}{\omega} + q^{4m_2}},$$

et enfin, en changeant m_2 en $n+1$,

$$S'_1 = \frac{\pi}{\omega} \cot \frac{\pi}{\omega} z + \frac{4\pi}{\omega} \sin \frac{2\pi z}{\omega} \sum_{0} \frac{q^{2n+2}}{1 - 2q^{2n+2} \cos \dfrac{2\pi z}{\omega} + q^{4n+4}},$$

expression qui se réduit à $Z(z)$ (168).

183. Cette relation étant supposée satisfaite, $S'_1 = Z(z)$ sera l'une des valeurs que peut prendre la série S_1. Il est d'ailleurs aisé de se rendre compte, dans une certaine mesure, de la manière dont la valeur de S_1 varie lorsqu'on change l'ordre de ses termes.

On a, en effet,

$$S_1 = \sum \frac{1}{\omega m_1 + \omega' m_2 + z}$$

$$= \sum \left[\frac{1}{\omega m_1 + \omega' m_2} - \frac{z}{(\omega m_1 + \omega' m_2)^2} + \frac{z^2}{(\omega m_1 + \omega' m_2)^2 (\omega m_1 + \omega' m_2 + z)} \right].$$

Or il est aisé de voir que la série

$$\sum \frac{z^2}{(\omega m_1 + \omega' m_2)^2 (\omega m_1 + \omega' m_2 + z)}$$

est absolument convergente. Le changement de l'ordre des termes n'influera donc que sur les deux premières parties de la somme

$$\sum \frac{1}{\omega m_1 + \omega' m_2} \quad \text{et} \quad -z \sum \frac{1}{(\omega m_1 + \omega' m_2)^2},$$

et accroîtra S_1 d'une quantité de la forme $A - Bz$, A et B étant les accroissements que prennent les deux séries

$$\sum \frac{1}{\omega m_1 + \omega' m_2}, \quad \sum \frac{1}{(\omega m_1 + \omega' m_2)^2},$$

lesquels accroissements sont indépendants de z.

184. L'expression que nous venons de trouver,

$$Z(z) = S'_1 = \lim_{M_2 = \infty} \sum_{m_2 = -M_2}^{m_2 = M_2} \frac{\pi}{\omega} \cot \frac{\pi}{\omega} (\omega' m_2 + z),$$

montre que $Z(z + \omega) = Z(z)$, car le changement de z en $z + \omega$ n'altère pas le terme général de cette série.

Changeons, d'autre part, z en $z + \omega'$; il viendra

$$Z(z + \omega') = \lim_{M_2 = \infty} \sum_{m_2 = -M_2}^{m_2 = M_2} \frac{\pi}{\omega} \cot \frac{\pi}{\omega} [\omega'(m_2 + 1) + z],$$

d'où

$$Z(z + \omega') - Z(z) = \lim_{M_2 = \infty} \frac{\pi}{\omega} \left\{ \cot \frac{\pi}{\omega} [\omega'(m_2 + 1) + z] - \cot \frac{\pi}{\omega}(\omega' m_2 + z) \right\}$$

$$= \lim_{M_2 = \infty} \frac{\pi}{\omega} \left\{ \cot \frac{\pi}{\omega} [\omega'(M_2 + 1) + z] - \cot \frac{\pi}{\omega}(-\omega' M_2 + z) \right\}$$

$$= \lim_{M_2 = \infty} \frac{\pi}{\omega} \frac{2 \sin \left[-\frac{\pi \omega'}{\omega}(2 M_2 + 1) \right]}{\cos \left[-\frac{\pi \omega'}{\omega}(2 M_2 + 1) \right] - \cos \frac{\pi}{\omega}(\omega' + 2 z)}$$

$$= \lim_{M_2 = \infty} - \frac{2 \pi}{\omega} \frac{\frac{1}{2 i}(q^{2 M_2 + 1} - q^{-2 M_2 - 1})}{\frac{1}{2}(q^{2 M_2 + 1} + q^{-2 M_2 - 1}) - \cos \frac{\pi}{\omega}(\omega' + 2 z)}.$$

Si le module de q est < 1, $q^{2 M_2 + 1}$ tendra vers zéro, et $q^{-2 M_2 - 1}$ vers ∞. On aura donc à la limite

$$Z(z + \omega') - Z(z) = -\frac{2 \pi i}{\omega},$$

ainsi qu'on l'avait déjà trouvé (168).

Si, au contraire, le module de q est > 1, c'est $q^{2 M_2 + 1}$ qui tendra vers ∞, et l'on aura

$$Z(z + \omega') - Z(z) = \frac{2 \pi i}{\omega}.$$

185. Il est aisé de généraliser la théorie des fonctions θ, en l'étendant au cas de plusieurs variables.

Considérons, en effet, la série double

$$(1) \quad \theta_{\alpha_1 \alpha_2 \beta_1 \beta_2}(z_1, z_2) = \sum_{-\infty}^{\infty} e^{\varphi \left(m_1 + \frac{\alpha_1}{2},\, m_2 + \frac{\alpha_2}{2} \right) + (z_1 + \beta_1 \pi i)\left(m_1 + \frac{\alpha_1}{2} \right) + (z_2 + \beta_2 \pi i)\left(m_2 + \frac{\alpha_2}{2} \right)},$$

où α_1, α_2, β_1, β_2 sont des entiers constants, et

$$\varphi(m_1, m_2) = am_1^2 + 2bm_1m_2 + cm_2^2$$

une fonction homogène et du second degré en m_1, m_2, dont la partie réelle $\varphi' = a'm_1^2 + 2b'm_1m_2 + c'm_2^2$ reste constamment négative pour tout système de valeurs de m_1, m_2 autre que le système o, o (ce qui implique, comme on sait, les deux conditions $a' < o$, $b'^2 - a'c' < o$.

La série ainsi définie sera absolument convergente pour toute valeur de z_1, z_2.

En effet, son terme général a pour module

$$e^{\varphi' + z_1'\left(m_1 + \frac{\alpha_1}{2}\right) + z_2'\left(m_2 + \frac{\alpha_2}{2}\right)},$$

z_1', z_2' étant les parties réelles de z_1, z_2.

Si l'une des quantités m_1, m_2 tend vers ∞, φ' tendra vers l'infini négatif et sera du même ordre de grandeur que $m_1^2 + m_2^2$ (180), tandis que $z_1'\left(m_1 + \frac{\alpha_1}{2}\right) + z_2'\left(m_2 + \frac{\alpha_2}{2}\right)$ sera d'un ordre inférieur. Donc l'exposant

$$\varphi' + z_1'\left(m_1 + \frac{\alpha_1}{2}\right) + z_2'\left(m_2 + \frac{\alpha_2}{2}\right)$$

tend vers l'infini négatif.

On sait d'ailleurs que, si x tend vers l'infini négatif, e^x tend vers zéro plus rapidement qu'une puissance quelconque de $\frac{1}{x}$ (101). Donc, quel que soit l'exposant ρ, on aura, dès que l'une des quantités m_1, m_2 surpassera une certaine limite,

$$e^{\varphi' + z_1'\left(m_1 + \frac{\alpha_1}{2}\right) + z_2'\left(m_2 + \frac{\alpha_2}{2}\right)} < \frac{1}{\left[\varphi' + z_1'\left(m_1 + \frac{\alpha_1}{2}\right) + z_2'\left(m_2 + \frac{\alpha_2}{2}\right)\right]^\rho}.$$

Mais les quantités

$$\frac{1}{\left[\varphi' + z_1'\left(m_1 + \frac{\alpha_1}{2}\right) + z_2'\left(m_2 + \frac{\alpha_2}{2}\right)\right]^\rho}$$

forment une série convergente si $\rho > 1$ (180). Donc, *a for-tiori*, la série

$$\Sigma e^{\varphi' + z'_1\left(m_1 + \frac{\alpha_1}{2}\right) + z'_2\left(m_2 + \frac{\alpha_2}{2}\right)}$$

sera convergente.

186. L'expression (4) ne change pas si l'on change m_1 en $m_1 + 1$, ses termes étant simplement permutés entre eux. Mais cela revient à changer α_1 en $\alpha_1 + 2$. On aura donc

$$(5) \qquad \theta_{\alpha_1+2,\,\alpha_2\beta_1\beta_2} = \theta_{\alpha_1\alpha_2\beta_1\beta_2}.$$

On aura de même

$$(6) \qquad \theta_{\alpha_1,\,\alpha_2+2,\,\beta_1\beta_2} = \theta_{\alpha_1\alpha_2\beta_1\beta_2}.$$

D'autre part, changeons z_1 en $z_1 + 2\pi i$, ce qui revient à changer β_1 en $\beta_1 + 2$. Le terme général de la fonction θ se reproduira multiplié par la constante

$$e^{2\pi i\left(m_1 + \frac{\alpha_1}{2}\right)} = (-1)^{\alpha_1}.$$

On aura donc

$$(7) \qquad \theta_{\alpha_1\alpha_2,\,\beta_1+2,\,\beta_2} = (-1)^{\alpha_1}\theta_{\alpha_1\alpha_2\beta_1\beta_2},$$

et de même

$$(8) \qquad \theta_{\alpha_1\alpha_2\beta_1,\,\beta_2+2} = (-1)^{\alpha_2}\theta'_{\alpha_1\alpha_2\beta_1\beta_2}.$$

Les fonctions $\theta_{\alpha_1\alpha_2\beta_1\beta_2}$ se reproduisant ainsi au signe près lorsque α_1, α_2, β_1 ou β_2 augmentent de deux unités, on peut se borner à considérer les seize fonctions distinctes obtenues en donnant à chacun de ces entiers les valeurs o ou 1. Ces seize fonctions ont d'ailleurs entre elles des relations intimes, ainsi que nous allons le voir.

187. Si dans l'expression (4) nous changeons β_1 en $\beta_1 + 1$, ce qui revient à changer z_1 en $z_1 + \pi i$, il viendra

$$(9) \qquad \theta_{\alpha_1\alpha_2,\,\beta_1+1,\,\beta_2}(z_1, z_2) = \theta_{\alpha_1\alpha_2\beta_1\beta_2}(z_1 + \pi i, z_2).$$

On aura de même

$$(10) \qquad \theta_{\alpha_1\alpha_2\beta_1,\beta_2+1}(z_1, z_2) = \theta_{\alpha_1\alpha_2\beta_1\beta_2}(z_1, z_2 + \pi i).$$

Changeons, d'autre part, α_1 en $\alpha_1 + 1$ dans la formule (4). L'exposant du terme général sera accru de la quantité

$$a\left(m_1 + \frac{\alpha_1}{2}\right) + b\left(m_2 + \frac{\alpha_2}{2}\right) + \frac{a}{4} + \tfrac{1}{2}(z_1 + \beta_1\pi i).$$

On aura, par suite,

$$(11) \quad \left\{ \begin{aligned} &\theta_{\alpha_1+1,\,\alpha_2\beta_1\beta_2}(z_1, z_2) \\ &= \sum_{-\infty}^{\infty} e^{\varphi\left(m_1 + \frac{\alpha_1}{2},\, m_2 + \frac{\alpha_2}{2}\right) + (z_1 + a + \beta_1\pi i)\left(m_1 + \frac{\alpha_1}{2}\right) + \ldots + \tfrac{1}{2}(z_1 + \beta_1\pi i) + \frac{a}{4}} \\ &= i^{\beta_1} e^{\frac{1}{2}z_1 + \frac{a}{4}} \theta_{\alpha_1\alpha_2\beta_1\beta_2}(z_1 + a, z_2 + b). \end{aligned} \right.$$

On trouvera de même

$$(12) \quad \theta_{\alpha_1,\,\alpha_2+1,\,\beta_1\beta_2}(z_1, z_2) = i^{\beta_2} e^{\frac{1}{2}z_2 + \frac{c}{4}} \theta_{\alpha_1\alpha_2\beta_1\beta_2}(z_1 + b, z_2 + c).$$

Les formules (5) à (12) permettent évidemment de réduire nos seize fonctions à une seule d'entre elles.

188. Changeons encore une fois β_1 en $\beta_1 + 1$ dans la formule (9). Il viendra, en tenant compte de la formule (7),

$$(13) \qquad (-1)^{\alpha_1} \theta_{\alpha_1\alpha_2\beta_1\beta_2}(z_1, z_2) = \theta_{\alpha_1\alpha_2\beta_1\beta_2}(z_1 + 2\pi i, z_2).$$

La formule (10) donnera de même

$$(-1)^{\alpha_2} \theta_{\alpha_1\alpha_2\beta_1\beta_2}(z_1, z_2) = \theta_{\alpha_1\alpha_2\beta_1\beta_2}(z_1, z_2 + 2\pi i).$$

Changeons α_1 en $\alpha_1 + 1$ dans la formule (11); on trouvera, en tenant compte de (5),

$$(14) \quad \left\{ \begin{aligned} \theta_{\alpha_1\alpha_2\beta_1\beta_2}(z_1, z_2) &= i^{\beta_1} e^{\frac{1}{2}z_1 + \frac{a}{4}} \theta_{\alpha_1+1,\,\alpha_2\beta_1\beta_2}(z_1 + a, z_2 + b) \\ &= (-1)^{\beta_1} e^{z_1 + a} \theta_{\alpha_1\alpha_2\beta_1\beta_2}(z_1 + 2a, z_2 + 2b). \end{aligned} \right.$$

On trouvera enfin, de la même manière,

$$(15) \qquad \theta_{\alpha_1\alpha_2\beta_1\beta_2} = (-1)^{\beta_2} e^{z_2 + c} \theta_{\alpha_1\alpha_2\beta_1\beta_2}(z_1 + 2b, z_2 + 2c).$$

189. On voit, par ces formules, que nos seize fonctions se reproduisent au signe près si l'on augmente z_1 ou z_2 de $2\pi i$, et qu'elles se reproduisent au signe près, multipliées par une même exponentielle, si l'on augmente simultanément z_1 et z_2 de $2a$ et de $2b$, ou de $2b$ et de $2c$.

Par ces divers changements, leurs logarithmes se reproduiront donc sans altération ou seront simplement accrus de fonctions linéaires de z_1, z_2. Les dérivées secondes $\dfrac{\partial^2 \log \theta}{\partial z_1^2}$, $\dfrac{\partial^2 \log \theta}{\partial z_1 \partial z_2}$, $\dfrac{\partial^2 \log \theta}{\partial z_2^2}$ de l'un quelconque de ces logarithmes se reproduiront donc sans aucune altération.

Nous avons ainsi construit des fonctions des deux variables z_1 et z_2, qui admettent les quatre systèmes de périodes simultanées

$$
\begin{array}{rcl}
2\pi i & \text{et} & 0, \\
0 & \text{et} & 2\pi i, \\
2a & \text{et} & 2b, \\
2b & \text{et} & 2c.
\end{array}
$$

Ces fonctions sont évidemment les analogues de la fonction Z du n° 168.

190. On obtient de nouvelles fonctions à quatre systèmes de périodes et analogues aux trois fonctions elliptiques en divisant quinze des fonctions θ par la seizième. En effet, leurs rapports, restant constants au signe près, si l'on accroît z_1 et z_2 d'un système de périodes simultanées, tel que $2a$ et $2b$ par exemple, admettront pour système de périodes $2a$ et $2b$, ou tout au moins $4a$ et $4b$.

X. — Fractions continues.

191. Soit A une quantité réelle et positive quelconque; on pourra évidemment poser

$$
A = a_0 + \frac{1}{A_1},
$$

a_0 étant un entier, et A_1 une quantité > 1.

On pourra poser de même

$$A_1 = a_1 + \frac{1}{A_2},$$

a_1 étant un entier au moins égal à 1, et A_2 une quantité > 1.

Continuant ainsi, on obtiendra pour A un développement en *fraction continue*, tel que

$$A = a_0 + \cfrac{1}{a_1 + \cfrac{1}{a_2 + \dots}}$$

Ce développement sera évidemment limité si A est commensurable, illimité dans le cas contraire.

On nomme *réduites* de la fraction continue les fractions

$$\frac{P_0}{Q_0} = \frac{a_0}{1}, \quad \frac{P_1}{Q_1} = a_0 + \frac{1}{a_1} = \frac{a_0 a_1 + 1}{a_1},$$

$$\frac{P_2}{Q_2} = a_0 + \cfrac{1}{a_1 + \cfrac{1}{a_2}} = \frac{a_0 a_1 a_2 + a_2 + a_0}{a_1 a_2 + 1}, \quad \dots,$$

192. THÉORÈME. — *On a généralement*

$$(1) \qquad \begin{cases} P_n = a_n P_{n-1} + P_{n-2}, \\ Q_n = a_n Q_{n-1} + Q_{n-2}. \end{cases}$$

Cette formule est vérifiée pour $n = 2$ par les valeurs ci-dessus de P_2 et de Q_2. Nous allons d'ailleurs montrer que si elle est vraie pour un nombre n, elle le sera pour $n + 1$.

En effet, $\dfrac{P_{n+1}}{Q_{n+1}}$ se déduit de $\dfrac{P_n}{Q_n}$ par le changement de a_n en $a_n + \dfrac{1}{a_{n+1}}$. On aura donc

$$\frac{P_{n+1}}{Q_{n+1}} = \frac{\left(a_n + \dfrac{1}{a_{n+1}}\right) P_{n-1} + P_{n-2}}{\left(a_n + \dfrac{1}{a_{n+1}}\right) Q_{n-1} + Q_{n-2}}$$

$$= \frac{a_{n+1}(a_n P_{n-1} + P_{n-2}) + P_{n-1}}{a_{n+1}(a_n Q_{n-1} + Q_{n-2}) + Q_{n-1}} = \frac{a_{n+1} P_n + P_{n-1}}{a_{n+1} Q_n + Q_{n-1}}.$$

On voit par les formules (1) que les quantités Q_n croissent au delà de toute limite quand n augmente. En effet, a_n étant au moins égal à 1, on aura

$$Q_n \gtreqless Q_{n-1} + Q_{n-2} \gtreqless Q_{n-2} + Q_{n-3} + Q_{n-2} \gtreqless 2 Q_{n-2}.$$

On déduit encore des formules (1) la relation

$$P_n Q_{n-1} - P_{n-1} Q_n = -(P_{n-1} Q_{n-2} - P_{n-2} Q_{n-1}),$$

et, comme $P_1 Q_0 - P_0 Q_1 = 1$, on aura

$$(2) \qquad P_n Q_{n-1} - P_{n-1} Q_n = (-1)^{n-1}.$$

On voit par là que P_n et Q_n n'ont aucun diviseur commun. *Les réduites sont donc des fractions irréductibles.*

On a enfin

$$(3) \qquad \frac{P_n}{Q_n} - \frac{P_{n-1}}{Q_{n-1}} = \frac{P_n Q_{n-1} - P_{n-1} Q_n}{Q_{n-1} Q_n} = \frac{(-1)^{n-1}}{Q_{n-1} Q_n}.$$

193. Les quantités $\dfrac{P_n}{Q_n}$ convergent vers A. En effet, si dans l'identité (3), qui peut s'écrire ainsi

$$\frac{P_n}{Q_n} - \frac{P_{n-1}}{Q_{n-1}} = \frac{(-1)^{n-1}}{Q_{n-1}(a_n Q_{n-1} + Q_{n-2})},$$

on change a_n en $a_n + \dfrac{1}{A_n}$, $\dfrac{P_n}{Q_n}$ étant évidemment changé en A, il viendra

$$(4) \qquad A - \frac{P_{n-1}}{Q_{n-1}} = \frac{(-1)^{n-1}}{Q_{n-1}\left(Q_n + \dfrac{1}{A_n} Q_{n-1}\right)}.$$

Les quantités Q croissant indéfiniment quand n augmente, cette différence décroîtra indéfiniment. D'ailleurs, $\dfrac{1}{A_n}$ étant compris entre 0 et 1, cette différence sera comprise entre les deux limites suivantes :

$$\frac{(-1)^{n-1}}{Q_{n-1} Q_n} \quad \text{et} \quad \frac{(-1)^{n-1}}{Q_{n-1}(Q_n + Q_{n-1})}.$$

Changeant n en $n + 1$, on trouvera de même que $A - \dfrac{P_n}{Q_n}$ est compris entre

$$\frac{(-1)^n}{Q_n Q_{n+1}} \quad \text{et} \quad \frac{(-1)^n}{Q_n (Q_{n+1} + Q_n)}.$$

Ces deux quantités sont de signe contraire aux précédentes et moindres en valeur absolue; car on a

$$Q_n > Q_{n-1}, \quad Q_{n+1} \gtreqless Q_n + Q_{n-1},$$

d'où

$$Q_n Q_{n+1} > Q_{n-1}(Q_n + Q_{n-1}).$$

Donc A *est compris entre deux réduites consécutives quelconques et plus rapproché de la dernière.*

194. *Une réduite quelconque* $\dfrac{P_n}{Q_n}$ *est plus rapprochée de* A *qu'une fraction quelconque* $\dfrac{P}{Q}$ *dont le dénominateur est moindre que* Q_n.

Supposons, en effet, que $\dfrac{P}{Q}$ soit plus voisin de A que $\dfrac{P_n}{Q_n}$; $\dfrac{P}{Q}$ tombera nécessairement entre $\dfrac{P_{n-1}}{Q_{n-1}}$ et $\dfrac{P_n}{Q_n}$. On aura donc

$$\mathrm{mod}\left(\frac{P}{Q} - \frac{P_{n-1}}{Q_{n-1}}\right) < \mathrm{mod}\left(\frac{P_n}{Q_n} - \frac{P_{n-1}}{Q_{n-1}}\right),$$

ou

$$\mathrm{mod}\left(\frac{P Q_{n-1} - P_{n-1} Q}{Q_{n-1} Q}\right) < \frac{1}{Q_{n-1} Q_n}.$$

Mais $P Q_{n-1} - P_{n-1} Q$ est un entier qui ne peut s'annuler; car on aurait

$$\frac{P}{Q} = \frac{P_{n-1}}{Q_{n-1}},$$

et cette fraction est moins approchée de A que $\dfrac{P_n}{Q_n}$. On aura donc

$$\mathrm{mod}(P Q_{n-1} - P_{n-1} Q) \gtreqless 1,$$

et l'inégalité ne pourra avoir lieu que si

$$Q > Q_n,$$

contrairement à l'hypothèse faite.

195. Considérons maintenant une fonction A développable en série suivant les puissances entières et décroissantes d'une variable x. On pourra poser

$$A = a_0 + \frac{\alpha_1}{x} + \frac{\alpha_2}{x^2} + \cdots,$$

a_0 désignant un polynôme en x, et $\alpha_1, \alpha_2, \ldots$ des constantes. Posons

$$\frac{\alpha_1}{x} + \frac{\alpha_2}{x^2} + \cdots = \frac{1}{A_1}.$$

Si α_{μ_1} est le premier coefficient qui ne s'annule pas, A_1 deviendra infini d'ordre μ_1 avec x. En le développant suivant les puissances décroissantes de x, il viendra donc

$$A_1 = a_1 + \frac{\beta_1}{x} + \frac{\beta_2}{x^2} + \cdots,$$

a_1 étant un polynôme de degré μ_1.
    Posons de même

$$\frac{\beta_1}{x} + \frac{\beta_2}{x^2} + \cdots = \frac{1}{A_2};$$

on en déduira

$$A_2 = a_2 + \frac{\gamma_1}{x} + \frac{\gamma_2}{x^2} + \cdots,$$

a_2 étant un polynôme en x du premier degré au moins.
    Continuant ainsi, on obtiendra un développement

$$A = a_0 + \cfrac{1}{a_1 + \cfrac{1}{a_2 + \cdots}},$$

limité si A est une fraction rationnelle, illimité dans le cas contraire, $a_1, a_2, \ldots$ étant des polynômes dont les degrés en x, que nous désignerons par μ_1, μ_2, ..., sont au moins égaux à l'unité.

196. Considérons les réduites

$$\frac{P_0}{Q_0} = \frac{a_0}{1}, \quad \frac{P_1}{Q_1} = a_0 + \frac{1}{a_1} = \frac{a_0 a_1 + 1}{a_1}, \quad \frac{P_2}{Q_2} = a_0 + \cfrac{1}{a_1 + \cfrac{1}{a_2} + \ldots}, \quad \ldots$$

Les relations (1) subsisteront avec toutes leurs conséquences.

On en déduit tout d'abord que le degré ν_n du polynôme Q_n est égal à $\mu_1 + \mu_2 + \ldots + \mu_n$.

La relation (2) montre ensuite que *la fraction algébrique* $\dfrac{P_n}{Q_n}$ *est irréductible*.

On voit enfin, par la relation (4), que la différence $A - \dfrac{P_{n-1}}{Q_{n-1}}$ est d'ordre $-\nu_{n-1} - \nu_n$ par rapport à x. Car Q_{n-1} est d'ordre ν_{n-1}, et $Q_n + \dfrac{1}{A_n} Q_{n-1}$ est évidemment d'ordre ν_n, comme son premier terme q_n.

D'ailleurs, $\nu_n > \nu_{n-1}$; donc l'ordre de $A - \dfrac{P_{n-1}}{Q_{n-1}}$ sera $< -2\nu_{n-1}$.

197. Nous allons démontrer que, réciproquement, toute fraction $\dfrac{P}{Q}$ telle que la différence $A - \dfrac{P}{Q}$ soit d'ordre $< -2\nu$, ν étant le degré du dénominateur Q, est nécessairement égale à l'une des réduites précédentes.

En effet, considérons la série des nombres ν_1, ν_2, ...; soit ν_{n-1} le dernier nombre de cette suite qui ne surpasse pas ν. On aura, par hypothèse,

$$A - \frac{P}{Q} = \left(\frac{1}{x^{2\nu+1}} \right),$$

en désignant, pour abréger, par $\left(\dfrac{1}{x^{2\nu+1}} \right)$ une expression d'ordre $-(2\nu+1)$ au plus par rapport à x.

On a, d'autre part,

$$A - \frac{P_{n-1}}{Q_{n-1}} = \left(\frac{1}{x^{\nu_{n-1}+\nu_n}} \right),$$

d'où

$$\frac{P_{n-1}}{Q_{n-1}} - \frac{P}{Q} = \frac{P_{n-1}Q - PQ_{n-1}}{Q_{n-1}Q} = \left(\frac{1}{x^{2\nu+1}} \right) + \left(\frac{1}{x^{\nu_{n-1}+\nu_n}} \right).$$

Or on a

$$\nu_n > \nu \overset{=}{>} \nu_{n-1}.$$

Donc le second membre de l'égalité précédente sera d'ordre inférieur à $-(\nu + \nu_{n-1})$. Donc il doit en être de même du premier. Mais le dénominateur $Q_{n-1}Q$ est d'ordre $\nu + \nu_{n-1}$. Donc le numérateur doit être d'ordre $< o$. Mais c'est un polynôme, et son ordre ne peut être $< o$ que s'il s'annule identiquement.

On aura donc

$$P_{n-1}Q - PQ_{n-1} = o$$

d'où

$$\frac{P}{Q} = \frac{P_{n-1}}{Q_{n-1}},$$

et, par suite,

(5)
$$\begin{cases} P = kP_{n-1}, \\ Q = kQ_{n-1}, \end{cases}$$

k étant un polynôme d'ordre $\nu - \nu_{n-1}$.

On voit par là que $\frac{P}{Q}$ ne sera irréductible que si $\nu = \nu_{n-1}$, auquel cas le facteur k se réduit à une constante.

198. Proposons-nous de déterminer directement une fraction $\frac{P}{Q}$ dont le dénominateur Q soit de degré ν, et telle que l'on ait

$$A - \frac{P}{Q} = \left(\frac{1}{x^{2\nu+1}} \right).$$

On en déduit, en chassant le dénominateur,

$$AQ + P + \left(\frac{1}{x^{\nu+1}} \right).$$

Il faut donc que, dans le produit AQ, les termes en $\frac{1}{x}$, $\cdots$, $\frac{1}{x^{\nu}}$ disparaissent.

Soit, comme précédemment,

$$A = a_0 + \frac{\alpha_1}{x} + \frac{\alpha_2}{x^2} + \cdots,$$

et posons

$$Q = B_0 + B_1 x + \ldots + B_{\nu} x^{\nu}.$$

Le coefficient C_{λ} du terme en $\frac{1}{x^{\lambda}}$, dans le produit AQ, sera évidemment donné par la formule

$$C_{\lambda} = \alpha_{\lambda} B_0 + \alpha_{\lambda+1} B_1 + \ldots + \alpha_{\lambda+\nu} B_{\nu}.$$

Nous aurons à satisfaire aux conditions suivantes :

(6) $$C_1 = 0, \quad \ldots, \quad C_{\nu} = 0.$$

1° Si le déterminant

$$\Delta_{\nu} = \begin{vmatrix} \alpha_1 & \alpha_2 & \ldots & \alpha_{\nu+1} \\ \alpha_2 & \alpha_3 & \ldots & \alpha_{\nu+2} \\ \cdot\cdot & \cdot\cdot & \ldots & \ldots \\ \alpha_{\nu+1} & \alpha_{\nu+2} & \ldots & \alpha_{2\nu} \end{vmatrix}$$

n'est pas nul, ces équations détermineront, sans ambiguïté, les rapports des inconnues B; la fonction Q sera déterminée à un facteur constant près; on obtiendra la valeur correspondante de P en calculant la partie entière du produit AQ.

2° Si Δ_{ν} est nul, les équations (6) ne détermineront pas complètement les rapports des coefficients B, et le polynôme Q contiendra plusieurs constantes arbitraires.

Dans tous les cas, les constantes arbitraires disparaîtront

du rapport $\dfrac{P}{Q}$, en vertu de la relation

$$\frac{P}{Q} = \frac{P_{n-1}}{Q_{n-1}}$$

que nous avons trouvée plus haut.

On voit par ce qui précède que la condition $\Delta_\nu \gtrless 0$ exprime qu'il existe une réduite de degré ν. Si donc tous les déterminants Δ_1, Δ_2, ... sont différents de zéro, ce qui aura lieu en général, les nombres ν_1, ν_2, ..., ν_n, ... formeront la série complète des nombres entiers, et, par suite, les degrés μ_1, μ_2, ..., μ_n, ... des polynômes a_1, a_2, ..., a_n, ... seront égaux à l'unité.

CHAPITRE IV.

MAXIMA ET MINIMA.

199. Soit $y = f(x)$ une fonction de la variable réelle x, dont la dérivée soit continue de $x = a$ à $x = a + h$. On aura la formule

$$f(a + h) - f(a) = h f'(a + \theta h).$$

Si h décroît indéfiniment en valeur absolue, $f'(a + \theta h)$ tendra vers $f'(x)$, et finira par avoir le même signe que cette dernière quantité si elle diffère de zéro.

La différence $f(a + h) - f(a)$ changera donc de signe avec h. Si $f'(a) > o$, elle aura le même signe que h; la fonction $f(x)$ croîtra donc en même temps que la variable dans les environs de la valeur $x = a$. Au contraire, si $f'(a) < o$, cette différence sera de signe contraire à h, et la fonction $f(x)$ sera décroissante.

200. On dit que la fonction $f(x)$ est *maximum* pour $x = a$, si l'on peut déterminer une quantité ε telle que l'on ait

$$f(a + h) - f(a) < o$$

pour toute valeur de h moindre que ε en valeur absolue.

Elle sera *minimum,* si l'on a toujours

$$f(a + h) - f(a) > o$$

dans les mêmes conditions.

On voit par ce qui précède que *f(x) ne peut être maxi-*

mum ou minimum que pour les valeurs de la variable qui rendent $f'(x)$ discontinue ou nulle.

Pour trouver les maxima et minima de $f(x)$, on cherchera donc les valeurs de la variable qui rendent $f'(x)$ discontinue. ou nulle. Soit a l'une de ces valeurs. Pour s'assurer si elle donne effectivement lieu à un maximum ou à un minimum, on calculera le terme principal de l'expression $f(a+h)-f(a)$; car c'est évidemment de cette valeur principale que dépend le signe de l'expression tout entière pour les petites valeurs de h. Si ce terme principal reste constamment négatif quel que soit le signe de h, on aura un maximum; s'il reste toujours positif, on aura un minimum; s'il change de signe avec h, on n'aura ni maximum ni minimum.

201. Lorsque $f(a+h)-f(a)$ est développable par la formule de Taylor, la question ne présente nulle difficulté. En effet, dans cette hypothèse, $f'(x)$, ne pouvant être discontinue pour $x = a$, sera nulle, et l'on aura, si $f''(a) \gtreqless 0$,

$$f(a+h) - f(a) = \frac{h^2}{1.2} f''(a) + \mathrm{R}.$$

Le terme principal $\dfrac{h^2}{1.2} f''(a)$ ayant toujours le signe de $f''(a)$, on aura un minimum si $f''(a) > 0$, un maximum si $f''(a) < 0$.

Soit enfin $f''(a) = 0$. Supposons, pour plus de généralité, que $f'''(a), \ldots, f^{n-1}(a)$ s'annulent également, mais que $f^n(a)$ ne s'annule pas; on aura

$$f(a+h) - f(a) = \frac{h^n}{1.2 \ldots n} f^n(a) + \mathrm{R}.$$

Si n est impair, le terme principal change de signe avec h: on n'aura ni maximum ni minimum.

Si n est pair, il aura toujours le signe de $f^n(a)$; on aura un minimum si $f^n(a) > 0$, un maximum si $f^n(a) < 0$.

202. Une fonction de plusieurs variables, telle que $f(x, y)$

sera dite *maximum* pour $x = a$, $y = b$, si l'on peut déterminer une quantité ε telle que l'on ait

$$f(a + h, b + k) - f(a, b) < 0$$

pour tous les systèmes de valeurs de h et de k, qui ne surpassent pas ε en valeur absolue. Si cette différence était constamment positive, $f(x, y)$ serait *minimum*.

Tout système (a, b) *de valeurs des variables qui rend*
$f(x, y)$ *maximum ou minimum rend nulles ou discon-*
tinues les dérivées partielles $\dfrac{\partial f}{\partial x}$, $\dfrac{\partial f}{\partial y}$.

En effet, l'expression

$$f(a + h, b + k) - f(a, b)$$

doit avoir toujours le même signe pourvu que h et k soient
$< ε$; donc, en faisant en particulier $k = 0$, on voit que

$$f(a + h, b) - f(a, b)$$

doit toujours avoir le même signe, ce qui suppose que la dérivée $\dfrac{\partial f(a, b)}{\partial a}$ est nulle ou discontinue.

La démonstration serait la même pour l'autre dérivée
partielle.

On aura donc à déterminer tout d'abord les systèmes de
valeurs a, b de x et y, qui annulent ou rendent discontinues
$\dfrac{\partial f}{\partial x}$ et $\dfrac{\partial f}{\partial y}$, puis à s'assurer s'ils donnent lieu à un maximum
ou à un minimum.

203. Nous nous bornerons ici encore à discuter le cas où
la formule de Taylor est applicable, au moins jusqu'aux
termes du second ordre.

Dans cette hypothèse, $\dfrac{\partial f}{\partial x}$ et $\dfrac{\partial f}{\partial y}$, ne pouvant être discontinues pour $x = a$, $y = b$, devront s'annuler, ce qui revient évidemment à dire que la différentielle totale

$$df = \frac{\partial f}{\partial x}\,dx + \frac{\partial f}{\partial y}\,dy$$

s'annule identiquement pour $x = a$, $y = b$.

Cela posé, et écrivant pour abréger

$$\frac{\partial^2 f}{\partial a^2} = A, \quad \frac{\partial^2 f}{\partial a\,\partial b} = B, \quad \frac{\partial^2 f}{\partial b^2} = C$$

on aura

$$f(a + h, b + k) - f(a, b) = \frac{A h^2 + 2 B hk + C k^2}{2} + R,$$

R étant un infiniment petit d'ordre supérieur au second, et qui sera négligeable par rapport à ceux du second ordre, à moins que h et k ne soient choisis de manière à annuler ces derniers.

Supposons d'abord $A \gtrless o$. Les termes du second ordre pourront s'écrire ainsi

$$\frac{1}{2 A} (A^2 h^2 + 2 AB hk + AC k^2) = \frac{1}{2 A} [(A h + B k)^2 + (AC - B^2) k^2].$$

Si $AC - B^2 < o$, il n'y aura ni maximum ni minimum. En effet, le facteur entre parenthèses étant positif si $k = o$, et négatif si $A h + B k = o$, l'expression pourra changer de signe.

Si $AC - B^2 > o$, le facteur entre parenthèses étant positif, l'expression aura le signe de A; il y aura donc maximum si $A < o$, minimum si $A > o$.

Si $AC - B^2 = o$, les termes du second ordre ne changeront jamais de signe; mais ils s'annulent lorsque $A h + B k = o$; et, pour savoir dans ce cas quel signe aura l'expression, il faudra discuter le terme R auquel elle se réduit.

Soit enfin $A = o$. $AC - B^2$ sera $<$ ou $= o$, suivant qu'on aura $B \gtrless o$ ou $B = o$. Dans le premier cas, il n'y aura ni maximum ni minimum; car les termes du second degré

$$\frac{2\,\mathrm{B}\,hk + \mathrm{C}\,k^2}{2}$$

auront à volonté le signe de k ou le signe contraire, suivant qu'on prendra h plus grand ou plus petit que $-\dfrac{\mathrm{C}\,k}{2\,\mathrm{B}}$.

Dans le second cas, les termes du second degré s'annulant pour $k = 0$, il y aura doute.

Les résultats de cette discussion peuvent donc se résumer ainsi :

$$
\begin{array}{lll}
\text{Si } \mathrm{AC} - \mathrm{B}^2 < 0, & & \text{ni maximum ni minimum;} \\
\mathrm{AC} - \mathrm{B}^2 > 0, & \mathrm{A} > 0, & \text{minimum;} \\
\mathrm{AC} - \mathrm{B}^2 > 0, & \mathrm{A} < 0, & \text{maximum;} \\
\mathrm{AC} - \mathrm{B}^2 = 0, & & \text{incertitude.}
\end{array}
$$

204. Les règles qui précèdent s'appliquent sans difficulté à la recherche des maxima et minima des fonctions implicites; car il suffit, pour cet objet, de déterminer les dérivées successives (les dérivées partielles, s'il y a plusieurs variables) de la fonction implicite, au moyen des règles qui ont été données plus haut.

205. *Maxima et minima relatifs.* — Soient à trouver les maxima et minima d'une fonction $f(x, y, z, u)$, les variables étant liées par deux relations

(1) $$\varphi(x, y, z, u) = 0,$$

(2) $$\psi(x, y, z, u) = 0.$$

Imaginons qu'on ait tiré de ces relations les valeurs de z, u en x, y, pour les substituer dans f; il viendra

$$f(x, y, z, u) = \mathrm{F}(x, y);$$

et, pour qu'il y ait maximum ou minimum, il faudra que $\dfrac{\partial \mathrm{F}}{\partial x}$ et $\dfrac{\partial \mathrm{F}}{\partial y}$ soient nulles ou discontinues.

Bornons-nous encore au cas où l'on aura $\dfrac{\partial F}{\partial x} = 0$, $\dfrac{\partial F}{\partial y} = 0$, ou plus simplement $dF = 0$. On a

$$(3) \qquad dF = \frac{\partial f}{\partial x}\partial x + \frac{\partial f}{\partial y}dy + \frac{\partial f}{bz}dz + \frac{\partial f}{\partial u}du = 0,$$

et cette équation devra être identiquement satisfaite pour toute valeur de dx et de dy après qu'on y aura remplacé dz et du par leurs valeurs tirées des équations

$$(4) \qquad \frac{\partial \varphi}{\partial x}dx + \frac{\partial \varphi}{\partial y}dy + \frac{\partial \varphi}{\partial z}dz + \frac{\partial \varphi}{\partial u}du = 0,$$

$$(5) \qquad \frac{\partial \psi}{\partial x}dx + \frac{\partial \psi}{\partial y}dy + \frac{\partial \psi}{\partial z}dz + \frac{\partial \psi}{\partial u}du = 0,$$

qu'on obtient en différentiant les équations $\varphi = 0$, $\psi = 0$. Il faudra donc éliminer dz, du entre ces équations (3), (4), (5), et égaler à zéro les coefficients de dx et de dy dans l'équation résultante.

Pour effectuer cette élimination, multiplions les équations (4) et (5) par des facteurs indéterminés λ, μ, puis ajoutons-les à l'équation (3); il viendra

$$\left(\frac{\partial f}{\partial x} + \lambda\frac{\partial \varphi}{\partial x} + \mu\frac{\partial \psi}{\partial x}\right)dx + \left(\frac{\partial f}{\partial y} + \lambda\frac{\partial \varphi}{\partial y} + \mu\frac{\partial \psi}{\partial y}\right)dy$$
$$+ \left(\frac{\partial f}{\partial z} + \lambda\frac{\partial \varphi}{\partial z} + \mu\frac{\partial \psi}{\partial z}\right)dz + \left(\frac{\partial f}{\partial u} + \lambda\frac{\partial \varphi}{\partial u} + \mu\frac{\partial \psi}{\partial u}\right)du = 0,$$

et l'élimination sera effectuée si nous déterminons λ et μ de telle sorte qu'on ait

$$(6) \qquad \frac{\partial f}{\partial z} + \lambda\frac{\partial \varphi}{\partial z} + \mu\frac{\partial \psi}{\partial z} = 0, \qquad \frac{\partial f}{\partial u} + \lambda\frac{\partial \varphi}{\partial u} + \mu\frac{\partial \psi}{\partial u} = 0.$$

Égalant alors à zéro les coefficients de dx et de dy, nous aurons

$$(7) \qquad \frac{\partial f}{\partial x} + \lambda\frac{\partial \varphi}{\partial x} + \mu\frac{\partial \psi}{\partial x} = 0, \qquad \frac{\partial f}{\partial y} + \lambda\frac{\partial \varphi}{\partial y} + \mu\frac{\partial \psi}{\partial y} = 0.$$

Les équations (6) et (7), jointes aux équations (1) et (2), détermineront les six quantités x, y, z, u, λ, μ.

On remarquera que les équations (6) et (7) s'obtiendraient immédiatement en égalant à zéro les dérivées partielles de la fonction

$$f + \lambda \varphi + \mu \psi.$$

206. Soit à déterminer la plus grande (ou la plus petite) valeur que prend la fonction $f(x)$ lorsque x varie de x_0 à x_1. Cette valeur peut correspondre à l'une des limites ou à un point intermédiaire a. Dans ce dernier cas, il est clair que $f(a)$ sera un maximum (un minimum) de la fonction $f(x)$.

Pour résoudre la question, il faudra donc calculer les maxima (ou minima) $f(a)$, $f(b)$, ... de la fonction dans l'intervalle de x_0 à x_1, ainsi que ses valeurs extrêmes $f(x_0)$, $f(x_1)$, et prendre la plus grande (ou la plus petite) de ces quantités.

On agirait d'une manière analogue pour déterminer la plus grande ou la plus petite valeur d'une fonction de plusieurs quantités lorsque le champ de leurs variations est assujetti à certaines limitations.

207. Appliquons les méthodes précédentes à quelques problèmes.

PROBLÈME I. — *Trouver la plus courte distance d'un point* P *à une droite* D.

Soient $\alpha, \alpha_1, \alpha_2$ les coordonnées du point; a, a_1, a_2 celles d'un point fixe pris arbitrairement sur la droite; b, b_1, b_2 ses *cosinus directeurs*, c'est-à-dire les cosinus des angles qu'elle fait avec les axes. Les coordonnées x, y, z d'un point situé sur la droite à la distance t du point a, a_1, a_2 seront évidemment

$$x = a + bt, \quad y = a_1 + b_1 t, \quad z = a_2 + b_2 t,$$

et sa distance δ au point P sera donnée par la formule

$$\delta^2 = (a + bt - \alpha)^2 + (a_1 + b_1 t - \alpha_1)^2 + (a_2 + b_2 t - \alpha_2)^2$$
$$= \Sigma (a + bt - \alpha)^2.$$

Il s'agit de déterminer la distance variable t, de telle sorte que cette expression soit minimum.

Elle a pour dérivée $\Sigma 2b(a + bt - \alpha)$, quantité toujours continue. Il faudra donc égaler cette dérivée à zéro, ce qui donnera

$$\Sigma b(a - \alpha) + \Sigma b^2 t = 0,$$

d'où

$$t = -\frac{\Sigma b(a - \alpha)}{\Sigma b^2}.$$

Substituons cette valeur dans l'expression

$$\delta^2 = \Sigma(a + bt - \alpha)^2 = \Sigma(a - \alpha)^2 + 2t\Sigma b(a - \alpha) + t^2 \Sigma b^2,$$

il viendra

$$\delta^2 = \Sigma(a - \alpha)^2 - 2\frac{[\Sigma b(a - \alpha)]^2}{\Sigma b^2} + \frac{[\Sigma b(a - \alpha)]^2}{\Sigma b^2}$$

$$= \frac{\Sigma(a - \alpha)^2 \Sigma b^2 - [\Sigma b(a - \alpha)]^2}{\Sigma b^2}$$

$$= \frac{[(a-\alpha)b_1 - (a_1-\alpha_1)b]^2 + [(a_1-\alpha_1)b_2 - (a_2-\alpha_2)b_1]^2 + [(a_2-\alpha_2)b - (a-\alpha)b_2]^2}{b^2 + b_1^2 + b_2^2}.$$

Cette expression représente bien un minimum, car la dérivée seconde

$$\frac{d^2 \delta^2}{dt^2} = 2\Sigma b^2$$

est positive.

208. Problème II. — *Trouver la plus courte distance de deux droites.*

Soient

(8) $x = a + bt, \quad y = a_1 + b_1 t, \quad z = a_2 + b_2 t$

les coordonnées d'un point de la première droite,

(9) $\xi = \alpha + \beta\tau, \quad \eta = \alpha_1 + \beta_1\tau, \quad \zeta = \alpha_2 + \beta_2\tau$

celles d'un point de la seconde droite.

La distance δ de ces points sera donnée par la formule

$$\delta^2 = (x - \xi)^2 + (y - \eta_1)^2 + (z - \xi)^2$$
$$= (a - \alpha + bt - \beta\tau)^2 + (a_1 - \alpha_1 + b_1 t - \beta_1 \tau)^2$$
$$+ (a_2 - \alpha_2 + b_2 t - \beta_2 \tau)^2.$$

Il s'agit de déterminer les variables t et τ de telle sorte que cette expression soit minimum.

Les dérivées partielles de cette expression par rapport à t et à τ sont toujours continues. En les égalant à zéro, on aura les deux équations de condition

$$\frac{1}{2} \frac{\partial \delta^2}{\partial t} = b(a - \alpha + bt - \beta\tau) + b_1(a_1 - \alpha_1 + b_1 t - \beta_1 \tau)$$
$$+ b_2(a_2 - \alpha_2 + b_2 t - \beta_2 \tau) = 0,$$
$$-\frac{1}{2} \frac{\partial \delta^2}{\partial \tau} = \beta(a - \alpha + bt - \beta\tau) + \beta_1(a_1 - \alpha_1 + b_1 t - \beta_1 \tau)$$
$$+ \beta_2(a_2 - \alpha_2 + b_2 t - \beta_2 \tau) = 0.$$

Éliminant successivement entre ces équations chacune des quantités entre parenthèses, et posant, pour abréger,

$$b_1 \beta_2 - b_2 \beta_1 = A, \quad b_2 \beta - b \beta_2 = A_1, \quad b \beta_1 - b_1 \beta = A_2,$$

on en déduit

$$\frac{a - \alpha + bt - \beta\tau}{A} = \frac{a_1 - \alpha_1 + b_1 t - \beta_1 \tau}{A_1} = \frac{a_2 - \alpha_2 + b_2 t - \beta_2 t}{A_2}.$$

Soit λ la valeur commune de ces rapports; on aura, pour déterminer t, τ et λ, les trois équations linéaires

$$A\lambda + \beta\tau - bt = a - \alpha,$$
$$A_1 \lambda + \beta_1 \tau - b_1 t = a_1 - \alpha_1,$$
$$A_2 \lambda + \beta_2 \tau - b_2 t = a_2 - \alpha_2,$$

d'où l'on déduit

$$\lambda = \frac{L}{D}, \quad \tau = \frac{M}{D}, \quad t = \frac{N}{D},$$

L, M, N, D désignant les déterminants suivants :

$$L = \begin{vmatrix} a-\alpha & \beta & -b \\ a_1-\alpha_1 & \beta_1 & -b_1 \\ a_2-\alpha_2 & \beta_2 & -b_2 \end{vmatrix} = A(a-\alpha)+A_1(a_1-\alpha_1)+A_2(a_2-\alpha_2),$$

$$M = \begin{vmatrix} A & a-\alpha & b \\ A_1 & a_1-\alpha_1 & b_1 \\ A_2 & a_2-\alpha_2 & b_2 \end{vmatrix},$$

$$N = \begin{vmatrix} A & \beta & a-\alpha \\ A_1 & \beta_1 & a_1-\alpha_1 \\ A_2 & \beta_2 & a_2-\alpha_2 \end{vmatrix},$$

$$D = \begin{vmatrix} A & \beta & -b \\ A_1 & \beta_1 & -b_1 \\ A_2 & \beta_2 & -b_2 \end{vmatrix} = A^2+A_1^2+A_2^2.$$

Enfin, l'on a

$$\delta = \sqrt{A^2\lambda^2+A_1^2\lambda^2+A_2^2\lambda^2} = \frac{\pm L}{\sqrt{A^2+A_1^2+A_2^2}}.$$

Il est évident, d'après la nature du problème, que cette valeur de δ^2 est un minimum. Pour le vérifier, formons les dérivées secondes

$$\frac{1}{2}\frac{\partial^2 \delta^2}{\partial t^2} = b^2+b_1^2+b_2^2,$$

$$\frac{1}{2}\frac{\partial^2 \delta^2}{\partial t\,\partial\tau} = -b\beta-b_1\beta_1-b_2\beta_2,$$

$$\frac{1}{2}\frac{\partial^2 \delta^2}{\partial\tau^2} = \beta^2+\beta_1^2+\beta_2^2.$$

La quantité représentée dans la théorie générale par $AC - B^2$ est égale à

$$4(b^2+b_1^2+b_2^2)(\beta^2+\beta_1^2+\beta_2^2)-4(b\beta+b_1\beta_1+b_2\beta_2)^2$$
$$= 4(A^2+A_1^2+A_2^2).$$

Elle est positive. Donc, il y a bien maximum ou minimum.

D'ailleurs

$$\frac{1}{2}\frac{\partial^2 \delta^2}{\partial t^2} = b^2 + b_1^2 + b_2^2 > 0;$$

ce sera donc un minimum.

209. *Remarque I.* — Les quantités b, b_1, b_2 et β, β_1, β_2, étant les cosinus directeurs des deux droites données, satisferont aux équations

$$b^2 + b_1^2 + b_2^2 = 1,$$
$$\beta^2 + \beta_1^2 + \beta_2^2 = 1.$$

Mais nous n'avons pas fait usage de ces équations. Les formules trouvées subsisteraient donc en donnant à b, b_1, b_2, β, β_1, β_2 des valeurs quelconques. D'ailleurs, les équations (8) et (9), pouvant se mettre sous la forme

$$\frac{x-a}{b} = \frac{y-a_1}{b_1} = \frac{z-a_2}{b_2} = t,$$

$$\frac{\xi-\alpha}{\beta} = \frac{\eta-\alpha_1}{\beta_1} = \frac{\zeta-\alpha_2}{\beta_2} = \tau,$$

ne cesseraient pas de représenter des lignes droites.

Remarque II. — Si nous posons

$$\alpha = a + \Delta a, \quad \alpha_1 = a_1 + \Delta a_1, \quad \alpha_2 = a_2 + \Delta a_2,$$
$$\beta = b + \Delta b, \quad b_1 = b_1 + \Delta b_1, \quad \beta_2 = b_2 + \Delta b_2,$$

les formules précédentes deviendront

$$\mathrm{A} = b_1 \Delta b_2 - b_2 \Delta b_1, \quad \mathrm{A}_1 = b_2 \Delta b - b \Delta b_2, \quad \mathrm{A}_2 = b \Delta b_1 - b_1 \Delta b,$$

$$\mathrm{L} = -(\mathrm{A}\,\Delta a + \mathrm{A}_1\,\Delta a_1 + \mathrm{A}_2\,\Delta a_2) = \begin{vmatrix} \Delta a & \Delta b & b \\ \Delta a_1 & \Delta b_1 & b_1 \\ \Delta a_2 & \Delta b_2 & b_2 \end{vmatrix},$$

$$\mathrm{M} = \begin{vmatrix} \mathrm{A} & b & \Delta a \\ \mathrm{A}_1 & b_1 & \Delta a_1 \\ \mathrm{A}_2 & b_2 & \Delta a_2 \end{vmatrix}, \quad \mathrm{N} = \begin{vmatrix} \mathrm{A} & b+\Delta b & -\Delta a \\ \mathrm{A}_1 & b_1+\Delta b_1 & -\Delta a_1 \\ \mathrm{A}_2 & b_2+\Delta b_2 & -\Delta a_2 \end{vmatrix},$$

$$\mathrm{D} = \mathrm{A}^2 + \mathrm{A}_1^2 + \mathrm{A}_2^2,$$

et l'on aura encore

$$\lambda = \frac{L}{D}, \quad \tau = \frac{M}{D}, \quad t = \frac{N}{D}, \quad \delta = \frac{\pm L}{\sqrt{A^2 + A_1^2 + A_2^2}}.$$

Nous ferons un fréquent emploi de ces formules.

210. Problème III. — *Trouver la plus courte distance d'un point à un plan.*

Soient a, b, c les coordonnées du point, et

$$(10) \qquad mx + ny + pz + q = o$$

l'équation du plan. Nous aurons à rendre minimum l'expression

$$\delta^2 = (x - a)^2 + (y - b)^2 + (z - c)^2,$$

où x, y, z sont liés par l'équation précédente. D'après la règle générale donnée pour la recherche des minima relatifs, nous aurons à égaler à zéro les dérivées partielles de l'expression

$$(x - a)^2 + (y - b)^2 + (z - c)^2 + \lambda(mx + ny + pz + q),$$

ce qui donnera les équations

$$2(x - a) + \lambda m = o,$$
$$2(y - b) + \lambda n = o,$$
$$2(z - c) + \lambda p = o,$$

auxquelles on joindra la suivante :

$$o = mx + ny + pz + q = m(x - a) + n(y - b) + p(z - c)$$
$$+ ma + nb + pc + q.$$

On en déduit

$$x - a = -\tfrac{1}{2}\lambda m, \quad y - b = -\tfrac{1}{2}\lambda n, \quad z - c = -\tfrac{1}{2}\lambda p,$$

$$\tfrac{1}{2}\lambda = \frac{ma + nb + pc + q}{m^2 + n^2 + p^2},$$

$$\delta^2 = (\tfrac{1}{2}\lambda)^2(m^2 + n^2 + p^2) = \frac{(ma + nb + pc + q)^2}{m^2 + n^2 + p^2}.$$

Pour vérifier que cette expression représente bien un minimum, cherchons les dérivées secondes de δ^2 considéré comme fonctions des variables indépendantes x, y et d'une fonction z de ces variables, définie par l'équation (10). On aura successivement

$$\frac{\partial \delta^2}{\partial x} = 2(x-a) + 2(z-c)\frac{\partial z}{\partial x} = (2x-a) - \frac{2m}{p}(z-c),$$

$$\frac{\partial^2 \delta^2}{\partial x^2} = 2 - \frac{2m}{p}\frac{\partial z}{\partial x} = 2 + \frac{2m^2}{p^2},$$

$$\frac{\partial^2 \delta^2}{\partial x\,\partial y} = -\frac{2m}{p}\frac{\partial z}{\partial y} = \frac{2mn}{p^2}.$$

On trouvera de même

$$\frac{\partial^2 \delta^2}{\partial y^2} = 2 + \frac{2n^2}{p^2}.$$

Les expressions désignées dans la théorie générale par $AC - B^2$ et A seront ici

$$\left(2 + \frac{2m^2}{p^2}\right)\left(2 + \frac{2n^2}{p^2}\right) - \frac{4m^2n^2}{p^4} = 4 + \frac{4m^2}{p^2} + \frac{4n^2}{p^2}$$

et

$$2 + \frac{2m^2}{p^2}.$$

Toutes deux étant positives, on aura un minimum.

211. Problème IV. — *Trouver les maxima et minima de la fraction $\frac{f}{\varphi}$,*

$$f = a_{11}x^2 + a_{22}y^2 + a_{33}z^2 + 2a_{12}xy + 2a_{23}yz + 2a_{13}zx,$$

et

$$\varphi = \alpha_{11}x^2 + \alpha_{22}y^2 + \alpha_{33}z^2 + 2\alpha_{12}xy + 2\alpha_{23}yz + 2\alpha_{13}zx$$

étant deux fonctions homogènes du second degré en x, y, z.

La valeur de cette fraction ne dépendant que des rapports

des variables x, y, z, il est permis de supposer leurs valeurs absolues choisies de telle sorte qu'on ait $\varphi = 1$.

On aura donc à trouver les maxima et minima de f, étant donnée l'équation de condition

$$\varphi - 1 = 0.$$

On devra, comme on sait, déterminer x, y, z, λ par les équations

$$\varphi = 1,$$

$$(11) \quad \frac{\partial f}{\partial x} + \lambda \frac{\partial \varphi}{\partial x} = 0, \quad \frac{\partial f}{\partial y} + \lambda \frac{\partial \varphi}{\partial y} = 0, \quad \frac{\partial f}{\partial z} + \lambda \frac{\partial \varphi}{\partial z} = 0,$$

ou, en effectuant les calculs,

$$(12) \quad \begin{cases} (a_{11} + \lambda \alpha_{11})x + (a_{12} + \lambda \alpha_{12})y + (a_{13} + \lambda \alpha_{13})z = 0, \\ (a_{12} + \lambda \alpha_{12})x + (a_{22} + \lambda \alpha_{22})y + (a_{23} + \lambda \alpha_{23})z = 0, \\ (a_{13} + \lambda \alpha_{13})x + (a_{23} + \lambda \alpha_{23})y + (a_{33} + \lambda \alpha_{33})z = 0. \end{cases}$$

Or l'équation $\varphi = 1$ montre que x, y, z ne peuvent être nuls à la fois. Donc le déterminant des équations (12) doit être nul, ce qui donnera une équation du troisième degré en λ.

Soit λ une des racines de cette équation; en la substituant dans les équations (12), elles se réduiront à deux équations distinctes, qui fourniront les rapports de x, y, z. L'équation $\varphi = 1$ achèvera de déterminer ces quantités.

La valeur correspondante de $\dfrac{f}{\varphi}$ sera $-\lambda$. En effet, f et φ étant des fonctions homogènes du second degré, l'on aura

$$x \frac{\partial f}{\partial x} + y \frac{\partial f}{\partial y} + z \frac{\partial f}{\partial z} = 2f,$$

$$x \frac{\partial \varphi}{\partial x} + y \frac{\partial \varphi}{\partial y} + z \frac{\partial \varphi}{\partial z} = 2\varphi.$$

Les équations (11), respectivement multipliées par x, y, z et ajoutées ensemble, donneront donc

$$2f + 2\varphi\lambda = 0, \quad \text{d'où} \quad \frac{f}{\varphi} = -\lambda.$$

Avant d'aller plus loin, nous remarquerons que la fonction φ peut se mettre sous la forme

$$\alpha_{11}\left(x_1 + \frac{\alpha_{12}}{\alpha_{11}}y + \frac{\alpha_{13}}{\alpha_{11}}z\right)^2 + \varphi_1,$$

φ_1 étant une fonction de z, telle que $\beta_{11}y^2 + 2\beta_{12}yz + \beta_{22}z^2$. On pourra de même mettre φ_1 sous la forme

$$\beta_{11}\left(y + \frac{\beta_{12}}{\beta_{11}}z\right)^2 + \gamma z^2.$$

La fonction φ sera ainsi décomposée en une somme de trois carrés, respectivement multipliés par α_{11}, β_{11}, γ.

Nous supposerons, dans ce qui va suivre, que ces trois coefficients sont positifs. Il est clair que cette condition est nécessaire et suffisante pour que φ prenne une valeur positive et différente de zéro pour tout système de valeurs de x, y, z autre que 0, 0, 0. Cette condition étant remplie, les valeurs de x, y, z pour lesquelles on a $\varphi = 1$ auront nécessairement un module limité; car il faudra que chacun des trois termes positifs dont φ se compose, pris isolément, soit $\lessgtr 1$. Les valeurs de f correspondantes à ces divers systèmes de valeurs de x, y, z seront donc finies, et, par suite, f présentera nécessairement au moins un maximum et un minimum réels, correspondant à des valeurs réelles des variables. Soient x_1, y_1, z_1 les valeurs qui correspondent au maximum, par exemple; λ_1 la valeur correspondante de λ.

Posons

$$x = x_1\xi + m\eta + n\zeta,$$
$$y = y_1\xi + m_1\eta + n_1\zeta,$$
$$z = z_1\xi + m_2\eta + n_2\zeta,$$

ξ, η, ζ étant de nouvelles variables, et m, n, m_1, n_1, m_2, n_2 des quantités quelconques telles que le déterminant de la substitution ne soit pas nul. Aux valeurs $x = x_1$, $y = y_1$, $z = z_1$, qui donnent le maximum, correspondront les valeurs $\xi = 1$, $\eta = 0$, $\zeta = 0$. D'ailleurs, après la transformation,

f et φ deviendront des fonctions des nouvelles coordonnées, homogènes et du second degré, comme auparavant.

La transformation une fois effectuée, appelons x, y, z nos nouvelles variables primitivement désignées par ξ, η, ζ. Appelons également a_{11}, ..., α_{11}, ... les coefficients des fonctions f et φ rapportés à ces nouvelles variables; $\dfrac{f}{\varphi}$ sera maximum et φ égal à l'unité pour $x = 1$, $y = 0$, $z = 0$, $\lambda = \lambda_1$. On aura, par suite, $\alpha_{11} = 1$, et les équations (12) étant satisfaites pour le maximum, on aura, d'autre part,

$$(13) \qquad a_{11} + \lambda_1 = 0, \quad a_{12} + \lambda_1 \alpha_{12} = 0, \quad a_{13} + \lambda_1 \alpha_{13} = 0.$$

Posant maintenant, pour abréger,

$$X = x + \alpha_{12} y + \alpha_{13} z,$$

on aura

$$\varphi = X^2 + \varphi_1,$$
$$f = - \lambda_1 X^2 + f_1,$$

φ_1 et f_1 étant des fonctions de y, z, dont la première sera positive pour tout système de valeurs de y, z autre que $y = 0$, $z = 0$.

Opérant maintenant sur les fonctions φ_1, f_1 de la même manière que nous l'avons fait sur φ et f, nous pourrons les mettre sous la forme

$$\varphi_1 = Y^2 + \varphi_2, \quad f_1 = - \lambda_2 Y^2 + f_2,$$

φ_2 et f_2 ne contenant plus que z, et par suite étant respectivement de la forme βz^2, γz^2.

Posant

$$Z = z \sqrt{\beta}, \quad - \lambda_3 = \frac{\gamma}{\beta},$$

on aura

$$\varphi_2 = Z^2, \quad f_2 = - \lambda_3 Z^2,$$

et, par suite,

$$(14) \qquad \begin{cases} \varphi = X^2 + Y^2 + Z^2, \\ f = - \lambda_1 X^2 - \lambda_2 Y^2 - \lambda_3 Z^2, \end{cases}$$

d'où ce théorème :

Étant donné un système de deux fonctions quadratiques f et φ dont l'une est toujours positive, on pourra, par un changement de variables réel, en faire disparaître les rectangles des variables.

Les deux fonctions étant ainsi préparées, l'équation en λ deviendra

$$0 = \begin{vmatrix} -\lambda_1 + \lambda & 0 & 0 \\ 0 & -\lambda_2 + \lambda & 0 \\ 0 & 0 & -\lambda_3 + \lambda \end{vmatrix} = (\lambda - \lambda_1)(\lambda - \lambda_2)(\lambda - \lambda_3).$$

Cette équation a pour racines les trois quantités réelles λ_1, λ_2, λ_3. Donc, *l'équation en λ a toujours ses racines réelles.*

On voit immédiatement sur les équations (14) que la plus grande de ces racines rendra $\dfrac{f}{\varphi}$ minimum ; la plus petite le rendra maximum, la troisième ne donnera ni maximum ni minimum.

CHAPITRE V.

APPLICATIONS GÉOMÉTRIQUES DE LA SÉRIE DE TAYLOR.

I. — Points ordinaires et points singuliers.

212. *Courbes planes.* — Une courbe plane est généralement représentée par une équation

$$F(x, y) = 0$$

entre ses coordonnées.

Le premier membre de cette équation peut d'ailleurs se
mettre sous une infinité de formes différentes équivalentes
entre elles. Ainsi, par exemple, les équations

$$x^2 + y^2 - R^2 = 0,$$

$$\frac{1}{x^2 + f(x, y)} + \frac{1}{y^2 - R^2 - f(x, y)} = 0,$$

$$\sqrt{x^2 + \varphi(x, y)} + \sqrt{R^2 - y^2 + \varphi(x, y)} = 0,$$

$$\dots\dots\dots\dots\dots\dots\dots\dots\dots\dots\dots\dots\dots\dots$$

représentent évidemment le même cercle.

Soient P un point de la courbe, x, y ses coordonnées.
Nous disons que P est un *point ordinaire,* si l'on peut mettre
le premier membre de l'équation de la courbe sous une forme
telle : 1° que ses dérivées partielles successives $\dfrac{\partial F}{\partial x}$, $\dfrac{\partial F}{\partial y}$,
$\dfrac{\partial^2 F}{\partial x^2}$, $\cdots$ aient des valeurs finies et déterminées au point (x, y);

2° que $\dfrac{\partial F}{\partial x}$ et $\dfrac{\partial F}{\partial y}$ ne s'y annulent pas simultanément. Dans le cas contraire, P sera un *point singulier*.

Cette distinction est indépendante du choix des axes coordonnés. Soient, en effet, x_1, y_1 les coordonnées relatives à un nouveau système d'axes. Elles sont liées à x, y par des équations de la forme

$$x = a x_1 + b y_1 + \alpha,$$
$$y = a_1 x_1 + b_1 y_1 + \alpha_1,$$

et l'équation de la courbe rapportée aux nouveaux axes sera

$$o = F(a x_1 + b y_1 + \alpha, \, a_1 x_1 + b_1 y_1 + \alpha_1) = F_1(x_1, y_1, z_1).$$

Prenons les dérivées partielles successives de cette équation par rapport à x_1, y_1 ; il viendra

$$\frac{\partial F_1}{\partial x_1} = a \frac{\partial F}{\partial x} + a_1 \frac{\partial F}{\partial y},$$

$$\frac{\partial F_1}{\partial y_1} = b \frac{\partial F}{\partial x} + b_1 \frac{\partial F}{\partial y},$$

$$\dotfill$$

Les dérivées partielles $\dfrac{\partial F_1}{\partial x_1}$, $\dfrac{\partial F_1}{\partial y_1}$, $\dfrac{\partial^2 F_1}{\partial x_1^2}$, $\cdots$, étant ainsi exprimées en fonction linéaire des dérivées $\dfrac{\partial F}{\partial x}$, $\dfrac{\partial F}{\partial y}$, $\dfrac{\partial^2 F}{\partial x^2}$, $\cdots$, auront, en même temps que ces dernières, des valeurs finies et déterminées.

Enfin, si $\dfrac{\partial F}{\partial x}$ et $\dfrac{\partial F}{\partial y}$ s'annulent à la fois, il en sera de même pour $\dfrac{\partial F_1}{\partial x_1}$ et $\dfrac{\partial F_1}{\partial y_1}$.

213. Soit P un point de la courbe dont les coordonnées x, y soient telles, que $\dfrac{\partial F}{\partial x}$, $\dfrac{\partial F}{\partial y}$, $\dfrac{\partial^2 F}{\partial x^2}$, $\cdots$ aient des valeurs finies et déterminées, et soit (X, Y) un point variable de la courbe, infiniment voisin du premier. On aura

$$o = F(X, Y) = F(x + X - x, \, y + Y - y).$$

Le second membre de cette équation sera développable par la série de Taylor, suivant les puissances des accroissements $X - x$ et $Y - y$; en effet, chacune des dérivées $\dfrac{\partial F}{\partial x}$, $\dfrac{\partial F}{\partial y}$, $\dfrac{\partial^2 F}{\partial x^2}$, $\cdots$ sera continue au point P, puisque ses dérivées partielles y sont finies et déterminées. L'équation précédente pourra donc s'écrire ainsi

$$(1) \qquad 0 = F(x, y) + \frac{\partial F}{\partial x}(X - x) + \frac{dF}{\partial y}(Y - y) + R,$$

R étant du second ordre en $X - x$ et $Y - y$.

Or, P étant sur la courbe, on a $F(x, y) = 0$. D'autre part, si P est un point ordinaire, les termes du premier ordre ne s'annulent pas identiquement, et R pourra être négligé dans une première approximation. L'équation (1) se réduira donc à

$$0 = \frac{\partial F}{\partial x}(X - x) + \frac{\partial F}{\partial y}(Y - y),$$

équation d'une droite, qu'on nomme la *tangente* au point (x, y), et avec laquelle la courbe se confondra sensiblement aux environs de ce point.

214. Supposons au contraire que P soit un point singulier. On aura $\dfrac{\partial F}{\partial x} = \dfrac{\partial F}{\partial y} = 0$, et l'équation (1) se réduira à

$$0 = R = \tfrac{1}{2}[A(X - x)^2 + 2B(X - x)(Y - y) + C(Y - y)^2] + R_1,$$

A, B, C désignant les dérivées secondes $\dfrac{\partial^2 F}{\partial x^2}$, $\cdots$, et R_1 un infiniment petit du troisième ordre.

Si A, B, C ne s'annulent pas à la fois, R_1 pourra être négligé dans une première approximation, et l'équation précédente se réduira à un système de deux droites qui se coupent en P. La courbe aura donc deux branches qui se croisent au point P et se confondent sensiblement avec les droites précédentes aux environs de ce point. On dira dans ce cas que P est un *point double*, où la courbe a ces deux droites pour tangentes.

Si $B^2 - AC > 0$, ces tangentes seront réelles. Si $B^2 - AC < 0$, elles seront imaginaires; le point P sera donc un point isolé, aux environs duquel la courbe n'a aucun point réel.

Enfin, si $B^2 - AC = 0$, ces deux tangentes se confondent, et l'on dira que P est un *point de rebroussement*.

215. Supposons, en dernier lieu, que A, B, C s'annulent à la fois, et admettons, pour plus de généralité, qu'il en soit de même des dérivées d'ordre 3, ..., $n - 1$, mais que l'une au moins des dérivées d'ordre n soit $\lessgtr 0$. L'équation (1) se réduira à

$$0 = \frac{1}{1 \cdot 2 \ldots n} \left[\frac{\partial^n F}{\partial x^n} (X - x)^n + \ldots + \frac{\partial^n F}{\partial y^n} (Y - y)^n \right] + R_2,$$

R_2 étant d'ordre $> n$. Si on le néglige, l'équation représentera un système de n droites. La courbe aura donc n branches distinctes se croisant en P et se confondant sensiblement avec ces droites.

On dira dans ce cas que P est un point *multiple d'ordre n*, où la courbe a pour tangentes les n droites ci-dessus.

Ces tangentes peuvent être réelles ou imaginaires. Si plusieurs d'entre elles venaient à se confondre, cette particularité importante devrait être soigneusement notée, parmi les caractères du point singulier considéré.

216. Il resterait à considérer les points singuliers pour lesquels l'une des dérivées $\frac{\partial F}{\partial x}$, $\frac{\partial F}{\partial y}$, $\frac{\partial^2 F}{\partial x^2}$, $\cdots$ serait infinie ou indéterminée, quelque forme qu'on donnât à l'équation de la courbe; mais leur étude est moins intéressante, et nous ne nous y arrêterons pas.

217. Une courbe plane est fréquemment définie par un

système de deux équations

$$(2) \qquad x = \varphi(t), \quad y = \varphi_1(t),$$

entre x, y et une variable auxiliaire t. En éliminant cette variable, on obtiendrait une équation unique

$$F(x, y) = 0;$$

mais cette opération est rarement avantageuse.

Une même courbe peut d'ailleurs être représentée d'une infinité de manières par un système d'équations de la forme (2). En effet, posons

$$t = \psi(u),$$

u désignant une nouvelle variable et ψ une fonction quelconque; il viendra

$$x = \varphi[\psi(u)], \quad y = \varphi_1[\psi(u)].$$

Théorème. — *Le point* P *qui a pour coordonnées* x, y, t *sera un point ordinaire, si les dérivées successives* $x', x'', \ldots,$ $y', y'', \ldots$ *de* x, y *par rapport à la variable indépendante* t *ont en ce point des valeurs finies et déterminées, et si* x', y' *ne s'annulent pas à la fois.*

Réciproquement, si P *est un point ordinaire, la variable indépendante* t *pourra être choisie de telle sorte que les conditions précédentes soient satisfaites.*

1° Supposons en effet que $x', x'', \ldots, y', y'', \ldots$ aient des valeurs finies et déterminées, et que x', par exemple, soit $\gtrless 0$. Substituons dans la seconde des équations (2) la valeur de t tirée de la première; on obtiendra l'équation de la courbe sous la forme

$$y = f(x),$$

ou

$$y - f(x) = 0.$$

Désignons par $F(x, y)$ le premier membre de cette dernière équation. Il suffit de montrer que $\dfrac{\partial F}{\partial x}$, $\dfrac{\partial F}{\partial y}$, $\dfrac{\partial^2 F}{\partial x^2}$, $\cdots$ ont des valeurs finies et déterminées, et que $\dfrac{\partial F}{\partial x}$, $\dfrac{\partial F}{\partial y}$ ne sont pas nuls tous les deux.

Ce second point est évident, car $\dfrac{\partial F}{\partial y} = 1$.

Pour établir le premier, nous remarquerons que les dérivées $\dfrac{\partial F}{\partial x}$, $\dfrac{\partial F}{\partial y}$, $\dfrac{\partial^2 F}{\partial x^2}$, $\cdots$ se réduisent toutes soit à 1, soit à o, soit aux dérivées $f'(x) = \dfrac{dy}{dx}$, $f''(x) = \dfrac{d^2 y}{dx^2}$, $\cdots$.

Mais nous avons vu, dans la théorie du changement de la variable indépendante, que x', x'', $\ldots$, y', y'', $\ldots$ et $\dfrac{dy}{dx}$, $\dfrac{d^2 y}{dx^2}$, $\cdots$ sont liées par les relations

$$y' = x' \frac{dy}{dx},$$

$$y'' = x'' \frac{dy}{dx} + x'^2 \frac{d^2 y}{dx^2},$$

$$\dots\dots\dots\dots\dots$$

Ces équations, résolues par rapport à $\dfrac{dy}{dx}$, $\dfrac{d^2 y}{dx^2}$, $\cdots$, donneront ces quantités sous forme de fractions, ayant pour dénominateur des puissances de x', quantité différente de zéro. Toutes ces expressions seront donc finies et déterminées.

2° Réciproquement, soit (x, y) un point ordinaire de la courbe

$$F(x, y) = 0.$$

Par définition, $\dfrac{\partial F}{\partial x}$, $\dfrac{\partial F}{\partial y}$, $\dfrac{\partial^2 F}{\partial x^2}$, $\cdots$ auront en ce point des valeurs finies et déterminées; et de plus, l'une des dérivées premières $\dfrac{\partial F}{\partial x}$, $\dfrac{\partial F}{\partial y}$, par exemple $\dfrac{\partial F}{\partial y}$, sera différente de zéro.

Cela posé, les dérivées successives $\dfrac{dy}{dx}$, $\dfrac{d^2 y}{dx^2}$, $\cdots$ seront fournies par les équations

$$\frac{\partial F}{\partial x} + \frac{\partial F}{\partial y} \frac{dy}{dx} = 0,$$

$$\frac{\partial^2 F}{\partial x^2} + 2 \frac{\partial^2 F}{\partial x \partial y} \frac{dy}{dx} + \frac{\partial^2 F}{\partial y^2} \frac{dy^2}{dx^2} + \frac{\partial F}{\partial y} \frac{d^2 y}{dx^2} = 0,$$

$$\dots\dots\dots\dots\dots\dots\dots\dots\dots\dots\dots\dots,$$

sous forme de fractions n'ayant en dénominateur que des puissances de $\frac{\partial F}{\partial y}$. Toutes ces expressions auront donc des valeurs finies et déterminées.

Prenons x pour variable indépendante. On aura $x' = 1$, $x'' = 0$, ... D'autre part, $y' = \frac{dy}{dx}$, $y'' = \frac{d^2 y}{dx^2}$, $\cdots$ ont des valeurs finies et déterminées. Toutes les conditions du théorème seront donc remplies.

218. *Surfaces.* — Une surface peut être représentée par une équation

$$F(x, y, z) = 0.$$

Un point (x, y, z) de la surface sera *ordinaire* si le premier membre de l'équation de la surface peut être mis sous une forme telle : 1° que les dérivées partielles $\frac{\partial F}{\partial x}$, $\frac{\partial F}{\partial y}$, $\frac{\partial F}{\partial z}$, $\frac{\partial^2 F}{\partial x^2}$, $\cdots$ aient des valeurs finies et déterminées ; 2° que $\frac{\partial F}{\partial x}$, $\frac{\partial F}{\partial y}$ et $\frac{\partial F}{\partial z}$ ne s'y annulent pas simultanément. Dans le cas contraire, (x, y, z) est un *point singulier*.

On verra, comme au n° **212**, que cette distinction est indépendante du choix des axes.

219. Bornons-nous, comme tout à l'heure, à l'étude des points de la surface pour lesquels toutes les dérivées partielles $\frac{\partial F}{\partial x}$, $\cdots$ ont des valeurs finies et déterminées ; soit (x, y, z) un de ces points et soit (X, Y, Z) un point variable de la courbe, infiniment voisin du précédent. On aura

$$(3) \begin{cases} 0 = F(X, Y, Z) = F(x + X - x, y + Y - y, z + Z - z) \\ = F(x,y,z) + \dfrac{\partial F}{\partial x}(X - x) + \dfrac{\partial F}{\partial y}(Y - y) + \dfrac{\partial F}{\partial z}(Z - z) + R, \end{cases}$$

R étant du second ordre en $X - x$, $Y - y$, $Z - z$.

Or on a $F(x, y, z) = 0$. D'autre part, si (x, y, z) est un point ordinaire, les termes du premier degré ne s'annulant pas identiquement, R pourra être négligé dans une première approximation. Il viendra alors

$$\frac{\partial F}{\partial x}(X - x) + \frac{\partial F}{\partial y}(Y - y) + \frac{\partial F}{\partial z}(Z - z) = 0,$$

équation d'un *plan tangent* avec lequel la surface se confondra sensiblement aux environs du point (x, y, z).

220. Si (x, y, z) est un point singulier, on aura

$$\frac{\partial F}{\partial x} = \frac{\partial F}{\partial y} = \frac{\partial F}{\partial z} = 0,$$

et le second membre de l'équation (3) se réduira à

$$\tfrac{1}{2}[A(X - x)^2 + A_1(Y - y)^2 + A_2(Z - z)^2 + 2B(Y - y)(Z - z) + \ldots] + R_1,$$

A, A_1, ... étant les dérivées $\dfrac{\partial^2 F}{\partial x^2}$, $\dfrac{\partial^2 F}{\partial y^2}$, ... et R_1 étant du troisième ordre.

$1°$ Si A, A_1, A_2, B, ... ne s'annulent pas à la fois, on pourra négliger R_1, et l'équation représentera un cône du second degré, ayant son sommet au point (x, y, z), et avec lequel la surface se confondra sensiblement aux environs de ce point. Dans certains cas, ce cône pourra dégénérer en un système de deux plans ou en un plan double.

$2°$ Supposons enfin que les dérivées secondes s'annulent toutes, ainsi que les dérivées d'ordre 3, ..., $n - 1$, mais qu'une au moins des dérivées d'ordre n soit différente de zéro. En ne conservant dans l'expression de R que les termes d'ordre n, on obtiendra l'équation d'un cône d'ordre n, tangent à la surface au point (x, y, z).

Si l'on coupe ce cône par un plan arbitraire, on obtiendra une courbe algébrique d'ordre n.dans certains cas particuliers, cette courbe pourra présenter des points multiples, ou se décomposer en courbes d'ordre inférieur à n. Toutes ces circonstances devront être notées, comme essentielles à la définition du point considéré.

221. Une surface peut présenter, non seulement des points singuliers isolés, mais des *lignes singulières* dont tous les points soient singuliers. Considérons par exemple un cône ayant pour base une courbe présentant un point double. La génératrice correspondante sera évidemment une génératrice *double*, en chaque point de laquelle on aura deux plans tangents correspondant aux deux nappes du cône qui se croisent suivant la génératrice.

222. On représente souvent une surface par un système de trois équations

$$(4) \qquad x = \varphi(t, u), \quad y = \varphi_1(t, u), \quad z = \varphi_2(t, u)$$

entre x, y, z et deux variables indépendantes t, u. L'élimination de ces variables auxiliaires donnerait l'équation de la surface sous la forme ordinaire

$$F(x, y, z) = 0.$$

La forme des équations (4) pourra d'ailleurs être variée à l'infini en remplaçant t, u par deux autres variables indépendantes quelconques.

Théorème. — *Le point* P *qui a pour coordonnées* x, y, z, t, u *sera un point ordinaire, si les dérivées partielles successives* $\dfrac{\partial x}{\partial t}$, $\dfrac{\partial x}{\partial u}$, $\dfrac{\partial^2 x}{\partial t^2}$, $\ldots$, $\dfrac{\partial y}{\partial t}$, $\ldots$ $\dfrac{\partial z}{\partial t}$, $\ldots$ *par rapport à* t *et* u *ont en ce point des valeurs finies et déterminées, et si de plus les trois déterminants*

$$D = \frac{\partial x}{\partial t}\frac{\partial y}{\partial u} - \frac{\partial x}{\partial u}\frac{\partial y}{\partial t},$$

$$D_1 = \frac{\partial y}{\partial t}\frac{\partial z}{\partial u} - \frac{\partial y}{\partial u}\frac{\partial z}{\partial t},$$

$$D_2 = \frac{\partial z}{\partial t}\frac{\partial x}{\partial u} - \frac{\partial z}{\partial u}\frac{\partial x}{\partial t}$$

ne s'y annulent pas à la fois.

Réciproquement, si P *est un point ordinaire, les variables indépendantes pourront être choisies de telle sorte que les conditions précédentes soient satisfaites.*

1° Supposons en effet que ces conditions soient satisfaites au point (x, y, z, t, u) et qu'on ait, par exemple, $D \gtrless o$. Substituons dans la troisième des équations (4) les valeurs de t, u tirées des deux premières; on obtiendra l'équation de la surface sous la forme

$$z = f(x, y),$$

ou

$$z - f(x, y) = o = F(x, y, z).$$

Il faut montrer : 1° que $\dfrac{\partial F}{\partial x}$, $\dfrac{\partial F}{\partial y}$, $\dfrac{\partial F}{\partial z}$, $\dfrac{\partial^2 F}{\partial x^2}$, $\cdots$ sont finies et déterminées au point considéré; 2° que $\dfrac{\partial F}{\partial x}$, $\dfrac{\partial F}{\partial y}$ et $\dfrac{\partial F}{\partial z}$ ne s'y annulent pas à la fois.

Pour établir le premier point, on remarquera que les dérivées $\dfrac{\partial F}{\partial x}$, $\dfrac{\partial F}{\partial y}$, $\dfrac{\partial F}{\partial z}$, $\dfrac{\partial^2 F}{\partial x^2}$, $\cdots$ se réduisent toutes soit à 1, soit à o, soit aux dérivées $\dfrac{\partial f}{\partial x} = \dfrac{\partial z}{\partial x}$, $\dfrac{\partial f}{\partial y} = \dfrac{\partial z}{\partial y}$, $\cdots$.

Mais ces dérivées partielles sont fournies par les équations

$$\frac{\partial z}{\partial t} = \frac{\partial z}{\partial x}\frac{\partial x}{\partial t} + \frac{\partial z}{\partial y}\frac{\partial y}{\partial t},$$

$$\frac{\partial z}{\partial u} = \frac{\partial z}{\partial x}\frac{\partial x}{\partial u} + \frac{\partial z}{\partial y}\frac{\partial y}{\partial u},$$

$$\cdots\cdots\cdots\cdots\cdots\cdots,$$

sous forme de fractions n'ayant en dénominateur que des puissances du déterminant D, qui n'est pas nul; elles auront donc des valeurs finies et déterminées.

2° Réciproquement, soit (x, y, z) un point ordinaire de la courbe

$$F(x, y, z) = 0.$$

Les dérivées partielles successives de F auront par définition des valeurs finies et déterminées; de plus, l'une au moins des dérivées premières, par exemple $\dfrac{\partial F}{\partial z}$, sera $\gtrless 0$.

Cela posé, $\dfrac{\partial z}{\partial x}$, $\dfrac{\partial z}{\partial y}$, $\dfrac{\partial^2 z}{\partial x^2}$, $\cdots$ seront données par les équations

$$\frac{\partial F}{\partial x} + \frac{\partial F}{\partial z} \frac{\partial z}{\partial x} = 0,$$

$$\frac{\partial F}{\partial y} + \frac{\partial F}{\partial z} \frac{\partial z}{\partial y} = 0,$$

$$\dots\dots\dots\dots\dots,$$

sous forme de fractions n'ayant en dénominateur que des puissances de $\dfrac{\partial F}{\partial z}$; elles seront donc finies et déterminées.

Prenons x, y pour variables indépendantes. Ayant ici

$$x = t, \quad y = u,$$

on aura

$$\frac{\partial x}{\partial t} = 1, \quad \frac{\partial x}{\partial u} = 0, \quad \frac{\partial^2 x}{\partial t^2} = 0, \quad \cdots,$$

$$\frac{\partial y}{\partial t} = 0, \quad \frac{\partial y}{\partial u} = 1, \quad \frac{\partial^2 y}{\partial t^2} = 0, \quad \cdots,$$

$$\frac{\partial z}{\partial t} = \frac{\partial z}{\partial x}, \quad \frac{\partial z}{\partial u} = \frac{\partial z}{\partial y}, \quad \frac{\partial^2 z}{\partial t^2} = \frac{\partial^2 z}{\partial x^2}, \quad \cdots.$$

Toutes ces dérivées seront finies et déterminées. On aura d'ailleurs $D = 1$. Donc, toutes les conditions du théorème seront satisfaites.

223. *Courbes gauches.* — Une courbe gauche peut être

représentée par deux équations

$$F(x, y, z) = 0, \quad \Phi(x, y, z) = 0.$$

Un point (x, y, z) de cette courbe sera dit *ordinaire* si les équations de la courbe peuvent être mises sous une forme telle, que les dérivées partielles $\dfrac{\partial F}{\partial x}, \dfrac{\partial F}{\partial y}, \dfrac{\partial F}{\partial z}, \dfrac{\partial^2 F}{\partial x^2}, \dots, \dfrac{\partial \Phi}{\partial x}, \dots,$ $\dfrac{\partial^2 \Phi}{\partial x^2}, \dots$ aient en ce point des valeurs finies et déterminées, et que l'un au moins des déterminants

$$\Delta = \frac{\partial F}{\partial y} \frac{\partial \Phi}{\partial z} - \frac{\partial F}{\partial z} \frac{\partial \Phi}{\partial y},$$

$$\Delta_1 = \frac{\partial F}{\partial z} \frac{\partial \Phi}{\partial x} - \frac{\partial F}{\partial x} \frac{\partial \Phi}{\partial z},$$

$$\Delta_2 = \frac{\partial F}{\partial x} \frac{\partial \Phi}{\partial y} - \frac{\partial F}{\partial y} \frac{\partial \Phi}{\partial x}$$

soit différent de zéro. Dans le cas contraire, (x, y, z) sera un *point singulier*.

224. Cette distinction ne dépend pas du choix des axes coordonnés. Supposons en effet qu'on les change. Les nouvelles coordonnées x_1, y_1, z_1 seront liées aux anciennes par des équations de la forme

$$x = a x_1 + b y_1 + c z_1 + \alpha,$$
$$y = a_1 x_1 + b_1 y_1 + c_1 z_1 + \alpha_1,$$
$$z = a_2 x_1 + b_2 y_1 + c_2 z_1 + \alpha_2.$$

Soit

$$F_1(x_1, y_1, z_1) = 0, \quad \Phi_1(x_1, y_1, z_1) = 0$$

ce que deviennent les équations de la courbe par cette substitution. Les identités

$$F_1(x_1, y_1, z_1) = F(x, y, z),$$
$$\Phi_1(x_1, y_1, z_1) = \Phi(x, y, z),$$

étant dérivées par rapport aux nouvelles variables donneront

$$\frac{\partial F_1}{\partial x_1} = \frac{\partial F}{\partial x} a + \frac{\partial F}{\partial y} a_1 + \frac{\partial F}{\partial z} a_2,$$

$$\frac{\partial F_1}{\partial y_1} = \frac{\partial F}{\partial x} b + \frac{\partial F}{dy} b_1 + \frac{\partial F}{\partial z} b_2,$$

$$\dots\dots\dots\dots\dots\dots\dots\dots,$$

$$\frac{\partial \Phi_1}{\partial x_1} = \frac{\partial \Phi}{\partial x} a + \frac{\partial \Phi}{\partial y} a_1 + \frac{\partial \Phi}{\partial z} a_2,$$

$$\frac{\partial \Phi_1}{\partial y_1} = \frac{\partial \Phi}{\partial x} b + \frac{\partial \Phi}{\partial y} b_1 + \frac{\partial \Phi}{\partial z} b_2,$$

$$\dots\dots\dots\dots\dots\dots\dots\dots$$

Les nouvelles dérivées partielles s'exprimant ainsi en
fonction linéaire des anciennes seront finies et déterminées
en même temps que ces dernières. D'autre part, on déduit
de séquations précédentes

$$\frac{\partial F_1}{\partial x_1} \frac{\partial \Phi_1}{\partial y_1} - \frac{\partial F_1}{\partial y_1} \frac{\partial \Phi_1}{\partial x_1} = (ab_1 - ba_1) \left(\frac{\partial F}{\partial x} \frac{\partial \Phi}{\partial y} - \frac{\partial F}{\partial y} \frac{\partial \Phi}{\partial x} \right)$$

$$+ (a_1 b_2 - a_2 b_1) \left(\frac{\partial F}{\partial y} \frac{\partial \Phi}{\partial z} - \frac{\partial F}{\partial z} \frac{\partial \Phi}{\partial y} \right)$$

$$+ (a_2 b - a b_2) \left(\frac{\partial F}{\partial z} \frac{\partial \Phi}{\partial x} - \frac{\partial F}{\partial x} \frac{\partial \Phi}{\partial z} \right),$$

et deux autres équations analogues pour

$$\frac{\partial F_1}{\partial y_1} \frac{\partial \Phi_1}{\partial z_1} - \frac{\partial F_1}{\partial z_1} \frac{\partial \Phi_1}{\partial y_1}, \quad \text{et} \quad \frac{\partial F_1}{\partial z_1} \frac{\partial \Phi_1}{\partial x_1} - \frac{\partial F_1}{\partial x_1} \frac{\partial \Phi_1}{\partial z_1}.$$

Ces trois déterminants s'annuleront donc si Δ, Δ_1, Δ_2 s'annulent.

225. Soit (x, y, z) un point de la courbe, pour lequel $\dfrac{\partial F}{\partial x}$,
$\dfrac{\partial F}{\partial y}$, $\dfrac{\partial F}{\partial z}$, $\dfrac{\partial^2 F}{\partial x^2}$, $\dots$, $\dfrac{\partial \Phi}{\partial x}$, $\dots$, $\dfrac{\partial^2 \Phi}{\partial x^2}$, $\dots$ aient des valeurs finies
et déterminées; et soit (X, Y, Z) un point variable de la

courbe, infiniment voisin du premier. On aura

$$o = F(X, Y, Z) = F(x + X - x, y + Y - y, z + Z - z),$$
$$o = \Phi(X, Y, Z) = \Phi(x + X - x, y + Y - y, z + Z - z).$$

Développons suivant la série de Taylor (ce qui est permis d'après les hypothèses admises) et supprimons les termes nuls $F(x, y, z)$ et $\Phi(x, y, z)$, il viendra

$$(5) \quad o = \frac{\partial F}{\partial x}(X - x) + \frac{\partial F}{\partial y}(Y - y) + \frac{\partial F}{\partial z}(Z - z) + R,$$

$$(6) \quad o = \frac{\partial \Phi}{\partial x}(X - x) + \frac{\partial \Phi}{\partial y}(Y - y) + \frac{\partial \Phi}{\partial z}(Z - z) + R_1,$$

R et R_1 étant du second ordre.

Si l'on néglige R et R_1, ces équations représenteront deux plans P, P_1, respectivement tangents aux deux surfaces $F(x, y, z) = o$, $\Phi(x, y, z) = o$. Ces deux plans se coupent suivant une droite, avec laquelle la courbe se confondra sensiblement aux environs du point (x, y, z). Cette droite se nomme la *tangente*.

226. Ce raisonnement serait néanmoins en défaut si (x, y, z) était un point singulier. En effet, les équations

$$\Delta = o, \quad \Delta_1 = o, \quad \Delta_2 = o,$$

que nous supposons satisfaites, équivalent à celles-ci :

$$\frac{\dfrac{\partial F}{\partial x}}{\dfrac{\partial \Phi}{\partial x}} = \frac{\dfrac{\partial F}{\partial y}}{\dfrac{\partial \Phi}{\partial y}} = \frac{\dfrac{\partial F}{\partial z}}{\dfrac{\partial \Phi}{\partial z}}.$$

Soit λ la valeur commune de ces rapports. Les deux plans P et P_1, ayant la même équation au facteur λ près, se confondront en un seul, à l'équation duquel $X - x$, $Y - y$, $Z - z$ devront approximativement satisfaire.

On obtiendra d'ailleurs une nouvelle relation entre ces

quantités, en retranchant de l'équation (5) l'équation (6) multipliée par le facteur λ. Il viendra

$$0 = R - \lambda R_1,$$

équation dont le second membre sera en général d'ordre 2, mais pourra être d'un ordre plus élevé si certains termes se détruisent.

Supposons que $R - \lambda R_1$ soit d'ordre n. En négligeant dans l'équation les termes d'ordre supérieur à n, elle représentera un cône d'ordre n que le plan P coupera suivant n génératrices. Le point (x, y, z) sera donc un point multiple d'ordre n, ayant ces droites pour tangentes.

Si plusieurs de ces tangentes coïncident, on devra signaler cette particularité.

227. Nous avons supposé implicitement, dans la discussion qui précède, que les dérivées du premier ordre $\dfrac{\partial F}{\partial x}$, $\dfrac{\partial F}{\partial y}$, $\dfrac{\partial F}{\partial z}$, $\dfrac{\partial \Phi}{\partial x}$, $\dfrac{\partial \Phi}{\partial y}$, $\dfrac{\partial \Phi}{\partial z}$ ne s'annulent pas à la fois. Si cette circonstance avait lieu, aucune des deux surfaces $F = 0$, $\Phi = 0$ n'aurait de plan tangent au point (x, y, z), mais elles auraient chacune un cône tangent. Ces deux cônes tangents se couperont, en général, suivant un certain nombre de génératrices, qui seront les tangentes à la courbe au point singulier (x, y, z).

Si ces deux cônes tangents se confondent en tout ou en partie, il faudra pousser plus loin la discussion. Les développements qui précèdent suffisent d'ailleurs à indiquer la marche à suivre dans ces cas exceptionnels.

228. On représente fréquemment une courbe gauche par un système de trois équations,

$$(7) \qquad x = \varphi(t), \quad y = \varphi_1(t), \quad z = \varphi_2(t),$$

entre x, y, z et une variable indépendante t.

THÉORÈME. — *Le point* (x, y, z, t) *sera ordinaire si les dérivées successives* x', x'', ..., y', y'', ..., z', z'', ... *des coordonnées par rapport à* t *ont en ce point des valeurs finies et déterminées, et si, de plus,* x', y' *et* z' *ne s'annulent pas à la fois.*

Réciproquement, si x, y, z *est un point ordinaire, la variable indépendante pourra être choisie de telle sorte que ces conditions soient satisfaites.*

1° Supposons, en effet, ces conditions satisfaites au point (x, y, z, t) et soit, pour fixer les idées, $x' \gtrless 0$. Tirons la valeur de t de la première des équations (7) pour la reporter dans les deux autres. Elles prendront la forme

$$y = f(x), \quad z = f_1(x),$$

ou

$$y - f(x) = 0 = F(x, y, z),$$
$$z - f_1(x) = 0 = \Phi(x, y, z).$$

Il faut montrer : 1° que les dérivées partielles successives de F et Φ sont finies et déterminées ; 2° que Δ, Δ_1, Δ_2 ne s'y annulent pas à la fois.

Le second point est évident, car $\Delta = 1$.

Pour établir le premier, on remarquera que les dérivées partielles de F et Φ se réduisent toutes à 1, à 0, ou aux dérivées des fonctions f et f_1, qui ne sont autre chose que $\dfrac{dy}{dx}$, $\dfrac{d^2y}{dx^2}$, ..., $\dfrac{dz}{dx}$, $\dfrac{d^2z}{dx^2}$, ...

Mais ces dérivées sont données par les équations

$$y' = x' \frac{dy}{dx}, \qquad\qquad z' = x' \frac{dz}{dx},$$

$$y'' = x'' \frac{dy}{dx} + x'^2 \frac{d^2y}{dx^2}, \quad z'' = x'' \frac{dz}{dx} + x'^2 \frac{d^2z}{dx^2},$$

$$\dotfill, \qquad\qquad \dotfill,$$

sous forme de fractions n'ayant en dénominateur qu'une puissance de x'. Elles ont donc des valeurs finies et déterminées.

Réciproquement, soit (x, y, z) un point ordinaire de la courbe

$$F(x, y, z) = 0, \quad \Phi(x, y, z) = 0.$$

L'un au moins des trois déterminants Δ, Δ_1, Δ_2, par exemple Δ, sera $\gtrless 0$.

Cela posé, les dérivées $\dfrac{dy}{dx}$, $\dfrac{dz}{dx}$, $\dfrac{d^2 y}{dx^2}$, $\cdots$ seront fournies par les équations

$$\frac{\partial F}{\partial x} + \frac{\partial F}{\partial y} \frac{dy}{dx} + \frac{\partial F}{\partial z} \frac{dz}{\partial x} = 0,$$

$$\frac{\partial \Phi}{\partial x} + \frac{\partial \Phi}{\partial y} \frac{dy}{dx} + \frac{\partial \Phi}{\partial z} \frac{dz}{dx} = 0,$$

$$\dots\dots\dots\dots\dots\dots\dots\dots,$$

sous forme de fractions n'ayant pour dénominateur que des puissances de Δ. Elles auront donc des valeurs finies et déterminées.

Prenons x pour variable indépendante, on aura $x' = 1$, $x'' = 0, \dots$ D'autre part, $y' = \dfrac{dy}{dx}$, $\dots$, $z' = \dfrac{dz}{dx}$, $\dots$ sont finies et déterminées. Toutes les conditions du théorème seront donc satisfaites.

229. Dans les théories qui vont suivre, nous nous bornerons exclusivement à la considération des points ordinaires.

II. — Théorie du contact.

230. Deux courbes C et C′ ayant un point commun P (*fig.* 5) ont, en ce point, un contact d'ordre n si les points de ces deux courbes infiniment voisins de P peuvent être associés deux à deux, de telle sorte que la distance QQ′ de deux points correspondants soit un infiniment petit d'ordre $n + 1$ par rapport à leur distance au point P. La même définition s'applique au contact de deux surfaces S, S′. Enfin, une courbe C et une surface S, ayant un point commun P, auront de même un contact d'ordre n, si à chaque point Q infiniment voisin de P et pris sur C on peut faire correspondre sur S un point Q' tel que QQ' soit d'ordre $n+1$ par rapport à PQ.

Fig. 5.

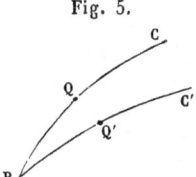

231. *Contact des courbes planes.* — Supposons d'abord que C et C' soient deux courbes planes dont la seconde ait pour équation

$$F(x, y) = o.$$

Soient

x, y les coordonnées du point P ;

x_1, y_1 celles d'un point Q infiniment voisin, pris sur la courbe C ;

$x_1 + \alpha, y_1 + \beta$ celles d'un point correspondant Q' pris sur la courbe C'.

On aura

$$(1) \quad o = F(x_1 + \alpha, y_1 + \beta) = F(x_1, y_1) + \alpha\, \frac{\partial F}{\partial x_1} + \beta\, \frac{\partial F}{\partial y_1} + \ldots$$

S'il y a contact d'ordre n, la distance $QQ' = \sqrt{\alpha^2 + \beta^2}$, et *a fortiori* α et β, seront d'ordre $n+1$ par rapport à PQ, et l'équation (1) montre qu'il en sera de même de $F(x_1, y_1)$.

Réciproquement, si $F(x_1, y_1)$ est d'ordre $n+1$, on pourra en général déterminer sur C' un point $x_1 + \alpha, y_1 + \beta$, tel que α et β et, par suite, $\sqrt{\alpha^2 + \beta^2} = QQ'$ soient d'ordre $n+1$.

En effet, la seule condition à laquelle α et β soient assujettis pour que Q' soit sur C' est l'équation (1). Si nous admettons que l'une au moins des deux quantités $\dfrac{\partial F}{\partial x_1}$, $\dfrac{\partial F}{\partial y_1}$, par exemple $\dfrac{\partial F}{\partial x_1}$, ne soit pas infiniment petite, on pourra prendre pour β une quantité quelconque d'ordre $n + 1$, et l'équation (1), résolue par rapport à α, donnera pour cette quantité une valeur qui sera également d'ordre $n + 1$.

Cette conclusion serait en défaut si $\dfrac{\partial F}{\partial x_1}$, $\dfrac{\partial F}{\partial y_1}$ étaient tous deux infiniment petits; mais ces quantités diffèrent infiniment peu des quantités constantes $\dfrac{\partial F}{\partial x}$, $\dfrac{\partial F}{\partial y}$. Il faudrait donc, pour qu'il y eût exception, qu'on eût simultanément

$$\frac{\partial F}{\partial x} = 0, \quad \frac{\partial F}{\partial y} = 0,$$

ce qui est impossible, x, y étant un point ordinaire sur la courbe C'.

Nous aurons donc pour condition générale du contact d'ordre n la suivante :

Il faut et il suffit que les coordonnées x_1, y_1 du point Q étant substituées dans l'équation de C', le résultat de la substitution soit d'ordre $n + 1$ par rapport à la distance $PQ = \sqrt{(x_1 - x)^2 + (y_1 - y)^2}$.

232. Supposons la courbe C définie par deux équations

$$x = \varphi(t), \quad y = \varphi_1(t),$$

et soit $t + dt$ la valeur du paramètre correspondante au point x_1, y_1; on aura, en désignant, pour abréger, par $x', y', \ldots$ les dérivées de x, y par rapport à t,

$$x_1 - x = x' dt + \ldots,$$
$$y_1 - y = y' dt + \ldots.$$

D'ailleurs, le point x, y étant ordinaire sur la courbe C, on pourra supposer la variable indépendante t choisie de telle sorte que x' et y' ne s'annulent pas à la fois (**217**). On aura donc sensiblement

$$PQ = \sqrt{x'^2 + y'^2}\, dt.$$

Donc PQ est de l'ordre de dt.

Posons, d'autre part,

$$F[\varphi(t), \varphi_1(t)] = \Psi(t);$$

on aura

$$\begin{aligned}
F(x_1, y_1) &= F[\varphi(t + dt), \varphi_1(t + dt)] \\
&= \Psi(t + dt) \\
&= \Psi(t) + \Psi'(t)\,dt + \ldots + \Psi^n(t)\,\frac{dt^n}{1.2\ldots n} + \ldots
\end{aligned}$$

Cette quantité devant être d'ordre $n + 1$, on aura, pour conditions du contact, les équations

$$(2) \qquad \Psi(t) = 0, \quad \Psi'(t) = 0, \quad \ldots, \quad \Psi^n(t) = 0.$$

233. Ces conditions prendront une forme plus symétrique, si nous supposons les deux courbes données sous la forme

$$y = f(x)$$

et

$$y = f_1(x),$$

lesquelles équivalent, pour la première, à

$$y - f(x) = 0,$$

et, pour la seconde, à

$$x = t, \quad y = f_1(t).$$

On aura alors

$$\Psi(t) = f(t) - f_1(t) = f(x) - f_1(x),$$

et les équations (2) deviendront

$$(3) \quad f(x) = f_1(x), \quad f'(x) = f_1'(x), \quad \ldots, \quad f^n(x) = f_1^n(x).$$

234. Enfin, si les deux courbes sont données sous la forme

$$F(x, y) = 0,$$

et

$$F_1(x, y) = 0,$$

on n'aura qu'à déterminer l'ordonnée y et ses dérivées y', $\ldots$,

$y^{(n)}$ dans la première courbe, au moyen des équations

$$F(x,y) = 0,$$

$$\frac{\partial F}{\partial x} + \frac{\partial F}{\partial y} y' = 0,$$

$$\ldots\ldots\ldots\ldots\ldots,$$

et, dans la seconde, par les équations

$$F_1(x,y) = 0,$$

$$\frac{\partial F_1}{\partial x} + \frac{\partial F_1}{\partial y} y' = 0,$$

$$\ldots\ldots\ldots\ldots\ldots$$

Les valeurs de ces quantités devant, d'après ce qu'on vient de voir, être les mêmes dans les deux courbes, on n'aura qu'à identifier les résultats pour obtenir les équations de condition cherchées.

235. *Contact d'une courbe* C *et d'une surface* S. — Soient

$F(x, y, z) = 0$ l'équation de la surface ;

x, y, z les coordonnées du point P ;

x_1, y_1, z_1 celles du point Q ;

$x_1 + \alpha, y_1 + \beta, z_1 + \gamma$ celles du point correspondant.

On aura

$$0 = F(x_1 + \alpha, y_1 + \beta, z_1 + \gamma)$$

$$= F(x_1, y_1, z_1) + \frac{\partial F}{\partial x_1} \alpha + \frac{\partial F}{\partial y_1} \beta + \frac{\partial F}{\partial z_1} \gamma + \ldots.$$

S'il y a contact d'ordre n, α, β, γ étant d'ordre $n+1$, il en sera de même de $F(x_1, y_1, z_1)$. Réciproquement, si $F(x_1, y_1, z_1)$ est d'ordre $n+1$, donnons à deux des quantités α, β, γ des valeurs arbitraires, mais d'ordre $n+1$. L'équation précédente donnera, pour la troisième, une valeur du même ordre, pourvu que le coefficient qui la multiplie ne soit pas infiniment petit.

Mais $\dfrac{\partial F}{\partial x_1}$, $\dfrac{\partial F}{\partial y_1}$, $\dfrac{\partial F}{\partial z_1}$ ne seraient tous infiniment petits que si $\dfrac{\partial F}{\partial x}$, $\dfrac{\partial F}{\partial y}$, $\dfrac{\partial F}{\partial z}$, dont ils diffèrent infiniment peu, étaient nuls. Cela est impossible, (x, y, z) étant un point ordinaire sur la surface.

On voit que *la condition du contact sera que* $F(x_1, y_1, z_1)$ *soit d'ordre* $n + 1$ *par rapport à* PQ.

236. Soient $x = \varphi(t)$, $y = \varphi_1(t)$, $z = \varphi_2(t)$ les équations de la courbe C. Admettant, ce qui est permis, que les dérivées x', y', z' ne s'annulent pas à la fois, on aura sensiblement

$$PQ = \sqrt{x'^2 + y'^2 + z'^2}\, dt.$$

D'autre part, en posant

$$F[\varphi(t), \varphi_1(t), \varphi_2(t)] = \Psi(t),$$

on aura

$$F(x_1, y_1, z_1) = \Psi(t + dt) = \Psi(t) + \Psi'(t)\, dt + \dots,$$

et la condition de contact sera exprimée par les équations

$$\Psi(t) = 0, \quad \Psi'(t) = 0, \quad \dots, \quad \Psi^n(t) = 0.$$

237. Si la courbe est définie par deux équations

$$\varphi(x, y, z) = 0, \quad \varphi_1(x, y, z) = 0,$$

il faudra, pour appliquer ces formules, concevoir qu'on prenne $x = t$; y et z seraient alors des fonctions implicites de la variable x, définies par les équations $\varphi = 0$, $\varphi_1 = 0$. On calculera alors par les méthodes connues les dérivées successives de la fonction $\Psi(t) = F(x, y, z)$ par rapport à la variable indépendante x, et on les égalera à zéro.

238. *Contact de deux courbes gauches* C *et* C'. — Soient $F(x, y, z) = 0$, $\Phi(x, y, z) = 0$ les équations de C';
x, y, z et x_1, y_1, z_1 les coordonnées des points P et Q;
$x_1 + \alpha, y_1 + \beta, z_1 + \gamma$ celles du point Q' correspondant à Q.

On aura

$$0 = F(x_1 + \alpha, y_1 + \beta, z_1 + \gamma) = F(x_1, y_1, z_1) + \frac{\partial F}{\partial x_1} \alpha$$
$$+ \frac{\partial F}{\partial y_1} \beta + \frac{\partial F}{\partial z_1} \gamma + \ldots,$$
$$0 = \Phi(x_1 + \alpha, y_1 + \beta, z_1 + \gamma) = \Phi(x_1, y_1, z_1) + \frac{\partial \Phi}{\partial x_1} \alpha$$
$$+ \frac{\partial \Phi}{\partial y_1} \beta + \frac{\partial \Phi}{\partial z_1} \gamma + \ldots.$$

Ces équations montrent que, si α, β, γ sont d'ordre $n + 1$ par rapport à PQ, il en sera de même pour $F(x_1, y_1, z_1)$, $\Phi(x_1, y_1, z_1)$.

Réciproquement, si $F(x_1, y_1, z_1)$ et $\Phi(x_1, y_1, z_1)$ sont d'ordre $n + 1$, on pourra assigner à l'une des quantités α, β, γ, par exemple à α, une valeur du même ordre, et les deux équations précédentes donneront, pour β et γ, des valeurs également d'ordre $n + 1$, pourvu que le déterminant

$$\frac{\partial F}{\partial y_1} \frac{\partial \Phi}{\partial z_1} - \frac{\partial F}{\partial z_1} \frac{\partial \Phi}{\partial y_1},$$

qui en forme le dénominateur, ne soit pas infiniment petit, ce qui aura lieu si le déterminant

$$\Delta = \frac{\partial F}{\partial y} \frac{\partial \Phi}{\partial z} - \frac{\partial F}{\partial z} \frac{\partial \Phi}{\partial y}$$

n'est pas nul.

Or, le point P étant ordinaire sur C', le déterminant Δ, ou l'un de ses analogues Δ_1, Δ_2, sera $\gtrless 0$. Donc on pourra assigner à α, β, γ un système de valeurs d'ordre $n + 1$.

La condition du contact d'ordre n est donc que

$$F(x_1, y_1, z_1) \quad \text{et} \quad \Phi(x_1, y_1, z_1)$$

soient d'ordre $n + 1$ par rapport à PQ.

239. Soient maintenant

$$x = \varphi(t), \quad y = \varphi_1(t), \quad z = \varphi_2(t)$$

les équations de la courbe C. Admettant, ce qui est permis, que x', y', z' ne s'annulent pas à la fois, on aura sensiblement

$$PQ = \sqrt{x'^2 + y'^2 + z'^2} \, dt;$$

et si l'on pose

$$F[\varphi(t), \varphi_1(t), \varphi_2(t)] = \Psi(t),$$

$$\Psi[\varphi(t), \varphi_1(t), \varphi_2(t)] = \Psi_1(t),$$

la condition du contact sera exprimée par les $2n + 2$ équations

$$\Psi(t) = 0, \quad \Psi'(t) = 0, \quad \ldots, \quad \Psi^n(t) = 0,$$

$$\Psi_1(t) = 0, \quad \Psi_1'(t) = 0, \quad \ldots, \quad \Psi_1^n(t) = 0,$$

240. Si les deux courbes étaient définies par les équations

$$y = f(x), \quad z = \varphi(x),$$

et

$$y = f_1(x), \quad z = \varphi_1(x),$$

en choisissant x pour variable indépendante, ces équations prendraient la forme symétrique

$$(4) \quad \begin{cases} f(x) = f_1(x), & \ldots, & f^n(x) = f_1^n(x), \\ \varphi(x) = \varphi_1(x), & \ldots, & \varphi^n(x) = \varphi_1^n(x). \end{cases}$$

241. Enfin, si elles étaient définies par les équations

$$F(x, y, z) = 0, \quad \Phi(x, y, z) = 0,$$

et

$$F_1(x, y, z) = 0, \quad \Phi_1(x, y, z) = 0,$$

on n'aurait, pour obtenir les équations du contact, qu'à calculer les valeurs de y, z et de leurs n premières dérivées dans les deux courbes, et à identifier les résultats.

242. *Contact de deux surfaces* S *et* S′. — Soient

$$F(x, y, z) = 0$$

l'équation de S′; x, y, z et x_1, y_1, z_1 les coordonnées de P et de Q. La condition du contact sera évidemment que $F(x_1, y_1, z_1)$ soit d'ordre $n + 1$ par rapport à PQ.

243. Cela posé, soient

$$x = \varphi(t, u), \quad y = \varphi_1(t, u), \quad z = \varphi_2(t, u),$$

les équations de la surface S; t, u et $t + dt$, $u + du$ les valeurs des paramètres correspondant aux points (x, y, z) et (x_1, y_1, z_1); on aura

$$x_1 - x = \frac{\partial x}{\partial t} \, dt + \frac{\partial x}{\partial u} \, du + \dots,$$

$$y_1 - y = \frac{\partial y}{\partial t} \, dt + \frac{\partial y}{\partial u} \, du + \dots,$$

$$z_1 - z = \frac{\partial z}{\partial t} \, dt + \frac{\partial z}{\partial u} \, du + \dots.$$

On aura donc sensiblement

$$PQ = \sqrt{\left(\frac{\partial x}{\partial t} \, dt + \frac{\partial x}{\partial u} \, du\right)^2 + \left(\frac{\partial y}{\partial t} \, dt + \frac{\partial y}{\partial u} \, du\right)^2 + \dots}$$

Donc, dt et du étant considérés comme du premier ordre, on voit que PQ sera également du premier ordre.

Cette conclusion ne serait en défaut que si le rapport de dt à du pouvait être déterminé de telle sorte qu'on eût à la fois

$$\frac{\partial x}{\partial t} \, dt + \frac{\partial x}{\partial u} \, du = 0,$$

$$\frac{\partial y}{\partial t} \, dt + \frac{\partial y}{\partial u} \, du = 0,$$

$$\frac{\partial z}{\partial t} \, dt + \frac{\partial z}{\partial u} \, du = 0,$$

ce qui aurait lieu si les trois déterminants

$$D = \frac{\partial x}{\partial t} \frac{\partial y}{\partial u} - \frac{\partial x}{\partial u} \frac{\partial y}{\partial t},$$

$$D_1 = \frac{\partial y}{\partial t} \frac{\partial z}{\partial u} - \frac{\partial y}{\partial u} \frac{\partial z}{\partial t},$$

$$D_2 = \frac{\partial z}{\partial t} \frac{\partial x}{\partial u} - \frac{\partial z}{\partial u} \frac{\partial x}{\partial t}$$

étaient nuls. Mais on peut choisir les variables indépendantes t, u, de telle sorte que cela n'ait pas lieu (**222**).

D'autre part, si l'on pose

$$F[\varphi(t, u), \varphi_1(t, u), \varphi_2(t, u)] = \Psi(t, u),$$

on aura

$$F(x_1, y_1, z_1) = \Psi(t + dt, u + du)$$
$$= \Psi(t, u) + \frac{\partial \Psi}{\partial t} dt + \frac{\partial \Psi}{\partial u} du + \ldots,$$

et, pour que cette quantité soit d'ordre $n + 1$, il faudra que Ψ et ses dérivées partielles, jusqu'à l'ordre n inclusivement, s'annulent au point P.

244. Si les deux surfaces étaient représentées par les équations

$$z = f(x, y) \quad \text{et} \quad z = f_1(x, y),$$

ces équations de condition deviendraient (en prenant x, y pour variables indépendantes)

$$(5) \quad f = f_1, \frac{\partial f}{\partial x} = \frac{\partial f_1}{\partial x}, \quad \frac{\partial f}{\partial y} = \frac{\partial f_1}{\partial y}, \quad \ldots, \quad \frac{\partial^n f}{\partial y^n} = \frac{\partial^n f_1}{\partial y^n}.$$

245. Enfin, si elles sont représentées par des équations

$$F(x, y, z) = 0,$$

et

$$F_1(x, y, z) = 0,$$

on exprimera que le contact a lieu en égalant les valeurs

de z et de ses dérivées partielles jusqu'à l'ordre n, respectivement calculées dans les deux surfaces.

246. Pour le contact du premier ordre, par exemple, il faudra exprimer d'abord que (x, y, z) est un point commun aux deux surfaces, puis égaler les dérivées $\dfrac{\partial z}{\partial x}$, $\dfrac{\partial z}{\partial y}$. Elles sont déterminées dans la première surface par les équations

$$\frac{\partial F}{\partial x} + \frac{\partial F}{\partial z} \frac{\partial z}{\partial x} = 0, \quad \frac{\partial F}{\partial y} + \frac{\partial F}{\partial z} \frac{\partial z}{\partial y} = 0,$$

et la seconde par les équations

$$\frac{\partial F_1}{\partial x} + \frac{\partial F_1}{\partial z} \frac{\partial z}{\partial x} = 0, \quad \frac{\partial F_1}{\partial y} + \frac{\partial F_1}{\partial z} \frac{\partial z}{\partial y} = 0.$$

La condition de contact est donc que $\dfrac{\partial F}{\partial x}$, $\dfrac{\partial F}{\partial y}$, $\dfrac{\partial F}{\partial z}$ soient proportionnels à $\dfrac{\partial F_1}{\partial x}$, $\dfrac{\partial F_1}{\partial y}$, $\dfrac{\partial F_1}{\partial z}$, ou que le déterminant $\dfrac{\partial F}{\partial y} \dfrac{\partial F_1}{\partial z} - \dfrac{\partial F}{\partial z} \dfrac{\partial F_1}{\partial y} = \Delta$ et ses analogues Δ_1 et Δ_2 soient nuls.

Ces conditions expriment que (x, y, z) est un point singulier sur la courbe d'intersection des deux surfaces F et F₁ (**223**).

247. Remarques. — 1° *Si deux surfaces* S *et* S′ *ont un contact d'ordre n en un point, leurs intersections avec une troisième surface* S″ *passant en ce point sans les y toucher auront un contact d'ordre n.*

Car les coordonnées d'un point Q infiniment voisin de P pris sur la courbe S = 0, S″ = 0 satisfont par hypothèse à l'équation S′ = 0 aux infiniment petits près d'ordre $n + 1$. D'autre part, elles satisfont rigoureusement à l'équation S″ = 0, qui, jointe à celle-ci, caractérise la courbe S′ = 0, S″ = 0. Il y a donc contact d'ordre n entre les deux courbes.

2° *Deux lignes* (ou deux surfaces) *ayant un contact*

d'ordre n avec une troisième ont entre elles un contact de même ordre.

Cela devient évident si l'on écrit les conditions du contact sous les formes (3), (4) et (5).

248. *Osculation.* — Soient C une courbe (ou surface) quelconque, K une autre courbe ou surface dont l'équation (ou les équations) contienne un nombre de paramètres égal à celui des conditions trouvées ci-dessus pour que C et K aient un contact de l'ordre *n* en un point donné de C.

Si l'on donne successivement à ces paramètres différentes valeurs, on obtiendra une famille de courbes (ou surfaces) K. Celle de ces courbes (ou surfaces) où ces paramètres sont déterminés de manière à satisfaire aux conditions du contact d'ordre *n* est dite *osculatrice* à C au point considéré.

249. Au lieu de déterminer les paramètres de K par la condition d'avoir avec C un contact donné en un point donné, on pourrait se proposer de les déterminer de telle sorte que K rencontrât C en un certain nombre de points donnés.

Soit, par exemple, C une courbe plane ayant pour équations

$$x = \varphi(t), \quad y = \varphi_1(t),$$

K une autre courbe dont l'équation

$$F(x, y) = 0$$

contienne *n + 1* paramètres.

Posons, comme précédemment,

$$F[\varphi(t), \varphi_1(t)] = \Psi(t).$$

La courbe passera par les *n + 1* points $t + \Delta t, t + \Delta_1 t, \ldots, t + \Delta_n t$, si l'on a les équations de condition

$$\Psi(t + \Delta t) = 0, \quad \Psi(t + \Delta_1 t) = 0, \quad \ldots, \quad \Psi(t + \Delta_n t) = 0.$$

15

Voyons ce que deviendront ces conditions lorsque Δt, $\Delta_1 t, \ldots$ tendront simultanément vers zéro.

On aura, en développant $\Psi(t + \Delta t), \ldots$ par la formule de Taylor,

$$0 = \Psi(t) + \Psi'(t)\,\Delta t + \ldots + \Psi^n(t)\,\frac{\Delta t^n}{1.2\ldots n} + R,$$

$$0 = \Psi(t) + \Psi'(t)\,\Delta_1 t + \ldots + \Psi^n(t)\,\frac{\Delta_1 t^n}{1.2\ldots n} + R_1,$$

$$\ldots\ldots\ldots\ldots\ldots\ldots\ldots\ldots\ldots\ldots\ldots\ldots\ldots\ldots\ldots\ldots$$

$$0 = \Psi(t) + \Psi'(t)\,\Delta_n t + \ldots + \Psi^n(t)\,\frac{\Delta_n t^n}{1.2\ldots n} + R_n.$$

$R_1, R_2, \ldots, R_n$ désignant les restes du développement.

Résolvant ces équations par rapport à $\Psi(t), \ldots, \dfrac{\Psi^n(t)}{1.2\ldots n}$, il viendra

$$\Psi(t) = -\frac{E}{M}, \quad \ldots, \quad \frac{\Psi^n(t)}{1.2\ldots n} = -\frac{E_n}{M},$$

M désignant le déterminant

$$\begin{vmatrix} 1 & \Delta t & \ldots & \Delta t^n \\ 1 & \Delta_1 t & \ldots & \Delta_1 t^n \\ \cdot & \cdot\cdot & \ldots & \cdot\cdot\cdot\cdot \\ 1 & \Delta_n t & \ldots & \Delta_n t^n \end{vmatrix}$$

et $E, \ldots, E_n$ les déterminants analogues qui s'en déduisent en y substituant la colonne des R à la place de chacune de ses colonnes successives.

Or $\Delta t, \Delta_1 t, \ldots, \Delta_n t$ étant supposés du premier ordre, M sera en général d'ordre $1 + 2 + \ldots + n = \dfrac{n(n+1)}{2}$; d'autre part, $R, R_1, \ldots, R_n$ étant d'ordre supérieur à n, $E, E_1, \ldots, E_n$ seront d'un ordre plus élevé que M; on aura donc à la limite

$$\Psi(t) = 0, \quad \ldots, \quad \Psi^n(t) = 0,$$

d'où ce théorème :

Si les $n + 1$ points où K *est assujettie à rencontrer la* *courbe* C *se rapprochent indéfiniment d'un même point t,* K *tendra à devenir osculatrice en ce point à la courbe* C.

250. Cette proposition subsiste quelle que soit la loi des variations simultanées de $\Delta t, \ldots, \Delta_n t$, lors même que cette loi serait calculée de telle sorte que M fût un infiniment petit d'ordre supérieur à $\dfrac{n(n+1)}{2}$.

En effet, M s'annulant évidemment si deux quelconques des quantités $\Delta t, \ldots, \Delta_n t$ sont égales, sera divisible par le produit des différences

$$(\Delta_1 t - \Delta t) \ldots (\Delta_n - \Delta t) \ldots (\Delta_n t - \Delta_{n-1} t).$$

Il est d'ailleurs du même degré que ce produit par rapport aux quantités $\Delta t, \ldots, \Delta_n t$. Donc il lui est égal, à un facteur constant près, que la comparaison de l'un des termes montre être égal à l'unité.

Donc, si les $n+1$ points $t + \Delta t, \ldots t + \Delta_n t$, tout en se déplaçant, restent constamment distincts, M ne sera pas nul ; mais son ordre sera $> \dfrac{n(n+1)}{2}$ si l'une des différences $\Delta_1 t - \Delta t, \ldots$ est infiniment petite d'un ordre supérieur au premier.

Supposons que M soit de l'ordre $\dfrac{n(n+1)}{2} + \mu$. On aura, d'autre part,

$$R = \frac{\Psi^{n+1}(t)}{1.2 \ldots (n+1)} \Delta t^{n+1} + \ldots + \frac{\Psi^{n+\mu}(t)}{1.2 \ldots (n+\mu)} \Delta t^{n+\mu} + R',$$

$$\ldots\ldots\ldots\ldots\ldots\ldots\ldots\ldots\ldots\ldots\ldots\ldots\ldots\ldots$$

$$R_n = \frac{\Psi^{n+1}(t)}{1.2 \ldots (n+1)} \Delta_n t^{n+1} + \ldots + \frac{\Psi^{n+\mu}(t)}{1.2 \ldots (n+\mu)} \Delta_n t^{n+\mu} + R'_n,$$

$R', \ldots, R'_n$ étant d'ordre $> n + \mu$.

On aura, par suite, E_m désignant l'une quelconque des quantités E,

$$E_m = \frac{\Psi^{n+1}(t)}{1.2 \ldots (n+1)} I_1 + \ldots + \frac{\Psi^{n+\mu}(t)}{1.2 \ldots (n+1)} I_\mu + E'_m,$$

où $I_1, \ldots, I_\mu, E'_m$ représentent ce que devient E_m quand on
y remplace $R, \ldots, R_n$ par $\Delta t^{n+1}, \ldots, \Delta_n t^{n+1}, \ldots$; par
$\Delta t^{n+\mu}, \ldots, \Delta_n t^{n+\mu}$; et enfin par $R', \ldots, R'_n$.

Or il est clair que l'ordre de E'_m est supérieur à $\dfrac{n(n+1)}{2} + \mu$,
ordre de M; et la même chose a lieu pour $I_1, \ldots, I_\mu$; car
chacune de ces quantités, s'annulant si deux des quantités
$\Delta t, \ldots, \Delta_n t$ sont égales, est divisible par le produit M de
leurs différences; étant d'ailleurs d'un degré plus élevé que M
par rapport à $\Delta t, \ldots, \Delta_n t$, elle sera égale à MN, N étant un
infiniment petit.

Donc chaque terme de E_m, et par suite E_m lui-même, sera
d'un ordre plus élevé que M, et l'on aura toujours à la limite

$$\Psi(t) = 0, \quad \ldots, \quad \Psi^n(t) = 0.$$

251. Ce mode de raisonnement s'appliquerait identiquement au cas où, C étant une courbe gauche, K serait une surface ou une autre courbe gauche, et conduirait au même
résultat.

Si C était une surface

$$x = \varphi(t, u), \quad y = \varphi_1(t, u), \quad z = \varphi_2(t, u)$$

qui dût être rencontrée par une autre surface

$$K = F(x, y, z) = 0$$

aux points $(t + \Delta t, u + \Delta u), (t + \Delta_1 t, u + \Delta_1 u, \ldots)$, on ver-
rait de même que, si ces points se rapprochent indéfiniment
du point (t, u), K tendra à devenir osculatrice en ce point,
pourvu toutefois que $\Delta t, \Delta u, \Delta_1 t, \Delta_1 u, \ldots$ varient de manière que le déterminant

$$\begin{vmatrix} 1 & \Delta t & \Delta u & \Delta t^2 & \Delta t\,\Delta u & \Delta u^2 & \ldots & \Delta u^n \\ 1 & \Delta_1 t & \Delta_1 u & \Delta_1 t^2 & \Delta_1 t\,\Delta_1 u & \Delta_1 u^2 & \ldots & \Delta_1 u^n \\ \cdot & \ldots & \ldots & \ldots & \ldots\ldots & \ldots & \ldots & \ldots\ldots \end{vmatrix}$$

ne soit pas un infiniment petit d'un ordre supérieur à ce
qu'indique son degré.

III. — Courbes et surfaces enveloppes.

232. Soit $F(x, y, c) = 0$ une famille de courbes planes, caractérisées par les différentes valeurs attribuées au paramètre c. Donnons à c une suite de valeurs $c_0, c_1, c_2, \ldots$ Nous obtiendrons une suite de courbes

$$F(x, y, c_0) = 0, \quad F(x, y, c_1) = 0, \quad F(x, y, c_2) = 0.$$

Marquons les points d'intersection A, B, C, ... ($\it{fig}$. 6) de chacune de ces courbes avec la suivante. Si les valeurs

Fig. 6.

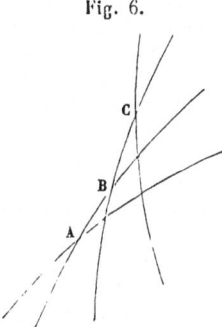

successives attribuées à c se rapprochent indéfiniment les unes des autres, les points A, B, C, ... se rapprocheront également et finiront par dessiner une courbe continue, qu'on nomme l'*enveloppe* des courbes $F(x, y, c) = 0$.

Pour trouver l'équation de cette enveloppe, considérons l'une de ces courbes

$$F(x, y, c) = 0,$$

et la courbe infiniment voisine

$$F(x, y, c + dc) = 0.$$

Leur point d'intersection sera défini par le système de ces deux équations.

Mais on a

$$F(x, y, c + dc) = F(x, y, c) + \frac{\partial F}{\partial c} dc + \frac{\partial^2 F}{\partial c^2} \frac{dc^2}{1.2} + \ldots = 0,$$

ou, en supprimant le terme $F(x, y, c)$, qui est nul, et divisant par dc,

$$\frac{\partial F}{\partial c} + \frac{\partial^2 F}{\partial c^2} \frac{dc}{1.2} + \ldots = 0.$$

A la limite, dc étant nul, on aura simplement

$$\frac{\partial F}{\partial c} = 0.$$

On obtiendra donc l'équation de l'enveloppe en éliminant c entre les équations

$$F(x, y, c) = 0, \quad \frac{\partial F}{\partial c} = 0.$$

253. *Remarques.* — 1° Si ces deux équations sont incompatibles, il n'y a pas d'enveloppe (ou, si l'on veut, l'enveloppe est rejetée à l'infini).

2° La règle donnée pour trouver l'enveloppe suppose que l'expression $F(x, y, c)$ n'a qu'une seule valeur pour chaque système de valeurs de x, y, c. S'il en était autrement, l'enveloppe cherchée pourrait échapper en tout ou en partie à cette détermination.

Cherchons, par exemple, l'enveloppe des courbes

$$(1) \qquad\qquad x + \sqrt{1 - y^2} + c = 0.$$

L'équation $\frac{\partial F}{\partial c} = 0$ se réduisant ici à $1 = 0$, il semble qu'on n'ait pas d'enveloppe; en effet, les branches de courbe

$$x + \sqrt{1 - y^2} + c = 0 \quad \text{et} \quad x + \sqrt{1 - y^2} + c + dc = 0$$

ne se coupent pas. Mais le radical $\sqrt{1 - y^2}$ pouvant être affecté du signe $\pm$, la courbe (1) contient une seconde branche $x - \sqrt{1 - y^2} + c = 0$, laquelle coupe la courbe

$x\sqrt{1-y^2} + c + dc = 0$ en un point qui tendra, lorsque dc se rapprochera de zéro, vers une limite définie par les équations

$$x + \sqrt{1-y^2} + c = 0, \quad x - \sqrt{1-y^2} + c = 0.$$

Éliminant c, on aura, pour l'équation de l'enveloppe,

$$\sqrt{1-y^2} = 0, \quad \text{ou} \quad 1 - y^2 = 0.$$

On aurait obtenu ce même résultat en chassant le radical de l'équation (1), qui serait devenue

$$1 - y^2 - (x+c)^2 = 0.$$

L'équation étant mise sous cette forme, on aurait

$$0 = \frac{\partial F}{\partial c} = 2(x+c),$$

et, en éliminant c,

$$1 - y^2 = 0.$$

254. Théorème. — *L'enveloppe est tangente en chacun de ses points à l'enveloppée correspondante.*

L'enveloppe est définie par le système des deux équations

$$F(x,y,c) = 0, \quad \frac{\partial F}{\partial c} = 0.$$

Soient donc x_0, y_0 les coordonnées d'un de ses points, c_0 la valeur correspondante de c, on aura

$$F_0 = 0, \quad \frac{\partial F_0}{\partial c_0} = 0,$$

en désignant, pour abréger, par F_0, $\frac{\partial F_0}{\partial c_0}$ ce que deviennent F et $\frac{\partial F}{\partial c}$, lorsqu'on y remplace x, y, c par x_0, y_0, c_0.

L'enveloppée correspondante au point (x_0, y_0) a pour équation

$$F(x, y, c_0) = 0.$$

Soit maintenant (x_1, y_1, c_1) un point de l'enveloppe infiniment voisin de c_0, on aura les équations

$$F_1 = 0, \quad \frac{\partial F_1}{\partial c_1} = 0,$$

F_1 et $\dfrac{\partial F_1}{\partial c_1}$ désignant ce que deviennent F et $\dfrac{\partial F}{\partial c}$ pour $x = x_1$, $y = y_1$, $c = c_1$.

Pour établir qu'il y a contact entre l'enveloppe et l'enveloppée, il faut montrer que $F(x_1, y_1, c_0)$, résultat de la substitution des coordonnées x_1, y_1 dans l'équation de l'enveloppée, est au moins du second ordre par rapport à $\sqrt{(x_1 - x_0)^2 + (y_1 - y_0)^2}$.

Or on a

$$F(x_1, y_1, c_0) = F[x_1, y_1, c_1 - (c_1 - c_0)]$$
$$= F_1 - \frac{\partial F_1}{\partial c_1}(c_1 - c_0) + \frac{1}{2}\frac{\partial^2 F_1}{\partial c_1^2}(c_1 - c_0)^2 + \ldots$$

Mais F_1 et $\dfrac{\partial F_1}{\partial c_1}$ sont nuls. Cette expression sera donc du second ordre au moins par rapport à $c_1 - c_0$.

D'autre part, posons, pour plus de clarté,

$$\frac{\partial F}{\partial c} = \Phi(x, y, c);$$

on aura

$$0 = \frac{\partial F_1}{\partial c_1} = \Phi(x_1, y_1, c_1)$$
$$= \Phi[x_0 + (x_1 - x_0), y_0 + (y_1 - y_0), c_0 + (c_1 - c_0)]$$
$$= \Phi_0 + \frac{\partial \Phi_0}{\partial x_0}(x_1 - x_0) + \frac{\partial \Phi_0}{\partial y_0}(y_1 - y_0) + \frac{\partial \Phi_0}{\partial c_0}(c_1 - c_0) + R,$$

R étant du second ordre en $x_1 - x_0$, $y_1 - y_0$, $c_1 - c_0$. Or Φ_0 est nul. Si donc $\dfrac{\partial \Phi_0}{\partial c_0} = \dfrac{\partial^2 F_0}{\partial c_0^2}$ n'est pas nul, cette équation montre que l'ordre de $c_1 - c_0$ est au moins égal à l'ordre de la plus grande des quantités $x_1 - x_0, y_1 - y_0$, et, par suite, à l'ordre de $\sqrt{(x_1 - x_0)^2 + (y_1 - y_0)^2}$. Donc $F(x_1, y_1, c_0)$ est d'ordre 2 au moins par rapport à cette dernière quantité.

Cette démonstration serait en défaut si $\dfrac{\partial^2 F_0}{\partial c_0^2}$ était nul. Il serait aisé de montrer que, dans ce cas, x_0, y_0 est un point de rebroussement sur la courbe enveloppe.

255. Soit maintenant $F(x, y, z, c) = 0$ une famille de surfaces contenant un paramètre c. Si l'on donne à c une suite de valeurs infiniment voisines, deux surfaces consécutives se couperont suivant une courbe. A la limite, ces courbes dessineront une surface, *enveloppe* des surfaces proposées. Proposons-nous de déterminer son équation.

Soit

$$(2) \qquad F(x, y, z, c) = 0$$

l'une des enveloppées

$$(3) \quad F(x, y, z, c + dc) = F(x, y, z, c) + \frac{\partial F}{\partial c} dc + \frac{\partial^2 F}{\partial c^2} \frac{dc^2}{1 \cdot 2} + \dots$$

la suivante. La courbe d'intersection sera définie par les deux équations (2) et (3), lesquelles équivalent aux suivantes :

$$F(x, y, z, c) = 0,$$

$$\frac{\partial F}{\partial c} + \frac{\partial^2 F}{\partial c^2} \frac{dc}{1 \cdot 2} + \dots = 0.$$

A la limite, $dc = 0$, et les équations se réduisent à

$$F = 0, \quad \frac{\partial F}{\partial c} = 0.$$

La courbe définie par ces équations se nomme la *caractéristique*. L'enveloppe cherchée, lieu de ces caractéristiques, s'obtiendra en éliminant c entre les deux équations.

Trois enveloppées consécutives

$$(4) \begin{cases} F(x, y, z, c) = o, \\ F(x, y, z, c + dc) = F + \dfrac{\partial F}{\partial c} dc + \dfrac{\partial^2 F}{\partial c^2} \dfrac{dc^2}{1.2} + R = o, \\ F(x, y, z, c + d_1 c) = F + \dfrac{\partial F}{\partial c} d_1 c + \dfrac{\partial^2 F}{\partial c^2} \dfrac{d_1 c^2}{1.2} + R_1 = o \end{cases}$$

ont un point d'intersection défini par les trois équations (4). Ces équations peuvent s'écrire ainsi :

$$F = o, \quad \frac{\partial F}{\partial c} = \frac{-R d_1 c^2 + R_1 dc^2}{dc \, d_1 c \, (d_1 c - dc)}, \quad \frac{1}{2} \frac{\partial^2 F}{\partial c^2} = \frac{R d_1 c - R_1 dc}{dc \, d_1 c \, (d_1 c - dc)},$$

et donneront à la limite, en remarquant que R et R_1 sont du troisième ordre,

$$F = o, \quad \frac{\partial F}{\partial c} = o, \quad \frac{\partial^2 F}{\partial c^2} = o.$$

Éliminant c entre ces trois équations, on aura l'équation de la ligne lieu des points d'intersection. Cette ligne se nomme l'*arête de rebroussement*. Elle rencontre évidemment les caractéristiques.

256. Théorème. — *L'enveloppée est tangente à l'enveloppe tout le long de la caractéristique.*

En effet, l'enveloppe a pour équations

$$F(x, y, z, c) = o, \quad \frac{\partial F}{\partial c} = o.$$

Soit (x_0, y_0, z_0, c_0) un de ses points, on aura

$$F_0 = o, \quad \frac{\partial F_0}{\partial c_0} = o.$$

L'enveloppée correspondante aura pour équation

$$F(x, y, z, c_0) = o.$$

Soit (x_1, y_1, z_1, c_1) un point de l'enveloppe infiniment voisin de (x_0, y_0, z_0, c_0); on aura

$$F_1 = o, \quad \frac{\partial F_1}{\partial c_1} = o,$$

et il faut prouver que $F(x_1, y_1, z_1, c_0)$ est du second ordre par rapport à $\sqrt{(x_1 - x_0)^2 + (y_1 - y_0)^2 + (z_1 - z_0)^2}$.

Or on a

$$F(x_1, y_1, z_1, c_0) = F[x_1, y_1, z_1, c_1 - (c_1 - c_0)]$$

$$= F_1 - \frac{\partial F_1}{\partial c_1}(c_1 - c_0) + \frac{1}{2}\frac{\partial^2 F_1}{\partial c_1^2}(c_1 - c_0)^2$$

$$= \frac{1}{2}\frac{\partial^2 F_1}{\partial c_1^2}(c_1 - c_0)^2 + \dots.$$

Cette expression est du second ordre en $c_1 - c_0$.

D'autre part posons, pour plus de clarté,

$$\frac{\partial F}{\partial c} = \Phi(x, y, z, c);$$

on aura

$$o = \frac{\partial F_1}{\partial c_1} = \Phi(x_1, y_1, z_1, c_1)$$

$$= \Phi[x_0 + (x_1 - x_0), \dots, c_0 + (c_1 - c_0)]$$

$$= \Phi_0 + \frac{\partial \Phi_0}{\partial x_0}(x_1 - x_0) + \dots + \frac{\partial \Phi_0}{\partial c_0}(c_1 - c_0) + R.$$

Or Φ_0 est nul et R du second ordre en $x_1 - x_0, \dots, c_1 - c_0$. Cette équation montre que, si $\dfrac{\partial \Phi_0}{\partial c_0} = \dfrac{\partial^2 F_0}{\partial c_0^2}$ n'est pas nul, $c_1 - c_0$ sera au moins de l'ordre de la plus grande des quantités $x_1 - x_0$, $y_1 - y_0$, $z_1 - z_0$, et, par suite, au moins de l'ordre de $\sqrt{(x_1 - x_0)^2 + \dots}$. Donc $F(x_1, y_1, z_1, c_0)$ sera au moins d'ordre 2 par rapport à cette dernière quantité.

Cette démonstration serait en défaut si l'on avait $\dfrac{\partial^2 F_0}{\partial c_0^2} = o$, auquel cas le point x_0, y_0, z_0 appartiendrait à l'arête de rebroussement. Il serait d'ailleurs aisé de voir que cette arête est une ligne singulière sur l'enveloppe.

257. Théorème. — *L'arête de rebroussement a en chaque point un contact du second ordre avec l'enveloppée correspondante, et touche la caractéristique.*

Cette arête est définie par les équations

$$E = 0, \quad \frac{\partial F}{\partial c} = 0, \quad \frac{\partial^2 F}{\partial c^2} = 0.$$

Soit (x_0, y_0, z_0, c_0) un de ses points, on aura

$$F_0 = 0, \quad \frac{\partial F_0}{\partial c_0} = 0, \quad \frac{\partial^2 F_0}{\partial c_0^2} = 0.$$

L'enveloppe correspondante sera donnée par l'équation

$$F(x, y, z, c_0) = 0,$$

la caractéristique par les équations

$$F(x, y, z, c_0) = 0, \quad \frac{\partial F(x, y, z, c_0)}{\partial c_0} = 0.$$

Soit (x_1, y_1, z_1, c_1) un point de l'arête de rebroussement infiniment voisin du précédent, on aura

$$F_1 = 0, \quad \frac{\partial F_1}{\partial c_1} = 0, \quad \frac{\partial^2 F_1}{\partial c_1^2} = 0.$$

Le théorème sera évidemment démontré si nous prouvons que $F(x_1, y_1, z_1, c_0)$ est du troisième ordre, et $\dfrac{\partial F(x_1, y_1, z_1, c_0)}{\partial c_0}$ du second, par rapport à $\sqrt{(x_1 - x_0)^2 + (y_1 - y_0)^2 + (z_1 - z_0)^2}$.

Or la quantité

$$F(x_1, y_1, z_1, c_0) = F[x_1, y_1, z_1, c_1 - (c_1 - c_0)]$$
$$= F_1 - \frac{\partial F_1}{\partial c_1}(c_1 - c_0) + \frac{1}{2}\frac{\partial^2 F_1}{\partial c_1^2}(c_1 - c_0) + R$$
$$= R$$

est du troisième ordre en $c_1 - c_0$.

En second lieu, posons, pour plus de clarté,

$$\frac{\partial F(x, y, z, c)}{\partial c} = \Psi(x, y, z, c).$$

On aura

$$\frac{\partial F(x_1, y_1, z_1, c_0)}{\partial c_0} = \Psi(x_1, y_1, z_1, c_0)$$

$$= \Psi[x_1, y_1, z_1, c_1 - (c_1 - c_0)]$$

$$= \Psi_1 - \frac{\partial \Psi_1}{\partial c_1}(c_1 - c_0) + \frac{1}{2}\frac{\partial^2 \Psi_1}{\partial c_1^2}(c_1 - c_0)^2 + \ldots,$$

quantité du second ordre en $c_1 - c_0$, car on a

$$\Psi_1 = \frac{\partial F_1}{\partial c_1} = 0, \quad \frac{\partial \Psi_1}{\partial c_1} = \frac{\partial^2 F_1}{\partial c_1^2} = 0.$$

Il reste à prouver que $c_1 - c_0$ est au moins de l'ordre de la plus grande des quantités $x_1 - x_0, y_1 - y_0, z_1 - z_0$, et, par suite de l'ordre du radical $\sqrt{(x_1 - x_0)^2 + \ldots}$. Pour l'établir, posons

$$\frac{\partial^2 F}{\partial c^2} = \Phi(x, y, z, c).$$

On aura

$$0 = \frac{\partial^2 F}{\partial c_1^2} = \Phi(x_1, y_1, z_1, c_1)$$

$$= \Phi(x_0 + x_1 - x_0, \ldots, c_0 + c_1 - c_0)$$

$$= \Phi_0 + \frac{\partial \Phi_0}{\partial x_0}(x_1 - x_0) + \ldots + \frac{\partial \Phi_0}{\partial c_0}(c_1 - c_0) + R.$$

Or $\Phi_0 = \frac{\partial^2 F_0}{\partial c_0^2}$ est nul et R du second ordre en $x_1 - x_0, \ldots,$ $c_1 - c_0$. Cette équation montre que $c_1 - c_0$ est au moins de l'ordre de $x_1 - x_0, y_1 - y_0, z_1 - z_0$, pourvu que $\frac{\partial \Phi_0}{\partial c_0} = \frac{\partial^3 F_0}{\partial c_0^3}$ soit $\gtrless 0$.

Si cette quantité était nulle, la démonstration serait en défaut. Mais, dans ce cas, x_0, y_0, z_0 serait un point singulier sur l'arête de rebroussement.

258. Soit enfin $F(x, y, z, a, b)$ une famille de surfaces contenant deux paramètres a et b. Si l'on change a et b en

$a + da$ et $b + db$, on obtiendra une surface

$$F(x, y, z, a + da, b + db) = F + \frac{\partial F}{\partial a} da + \frac{\partial F}{\partial b} db + \ldots$$

Si da et db sont infiniment petits, et quel que soit d'ailleurs leur rapport, la surface passera par le point défini par les équations

$$F = o, \quad \frac{\partial F}{\partial a} = o, \quad \frac{\partial F}{\partial b} = o.$$

Éliminant a et b entre ces équations, on obtiendra l'équation de l'enveloppe. On vérifiera sans peine qu'elle est tangente à l'enveloppée.

IV. — Courbes planes.

259. Considérons une courbe plane, définie par deux équations

$$x = \varphi(t), \quad y = \varphi_1(t).$$

Soit P un point ordinaire pris sur cette courbe, x, y, t ses coordonnées.

Tangente et normale. — L'équation générale d'une droite

$$(1) \qquad\qquad Y - aX - \alpha = o$$

contient deux paramètres dont on pourra disposer pour faire passer la droite par le point P et établir entre elle et la courbe un contact du premier ordre.

Il faudra pour cela satisfaire aux deux équations

$$(2) \qquad o = \Psi(t) = \varphi_1(t) - a \varphi(t) - \alpha = y - ax - \alpha,$$

$$(3) \qquad o = \Psi'(t) = y' - ax'.$$

Des équations (1) et (2) on déduit

$$(X - x) - a(Y - y) = o.$$

Éliminant ensuite a entre cette équation et l'équation (3), on aura l'équation de la droite osculatrice

$$\frac{X - x}{x'} = \frac{Y - y}{y'}.$$

Cette droite se nomme la *tangente* au point P.

La perpendiculaire à la tangente, ou *normale,* aura pour équation

$$(X - x)x' + (Y - y)y' = 0.$$

260. Pour appliquer ces formules (ou toute autre formule dans laquelle figureraient x, x', x'', ..., y, y', y'', ...) au cas où la courbe serait donnée par une seule équation

$$F(x, y) = 0,$$

on n'aurait qu'à poser $x = \varphi(t)$, φ étant une fonction quelconque et t une variable auxiliaire. On aurait alors

$$x' = \varphi'(t), \quad x'' = \varphi''(t), \quad \ldots.$$

Quant à y, ce sera une fonction implicite de t, définie par l'équation

$$F[\varphi(t), y] = 0,$$

dont on pourra obtenir les dérivées par la règle connue.

Le plus simple est évidemment de poser $x = t$, d'où $x' = 1$, $x'' = \ldots = 0$; y', y'', ... ne seront autre chose que les dérivées $\frac{dy}{dx}$, $\frac{d^2y}{dx^2}$, ... et seront fournies par les équations

$$(4) \quad \begin{cases} \dfrac{\partial F}{\partial x} + \dfrac{\partial F}{\partial y}\dfrac{dy}{dx} = 0, \\[2mm] \dfrac{\partial^2 F}{\partial x^2} + 2\dfrac{\partial^2 F}{\partial x\,\partial y}\dfrac{dy}{dx} + \dfrac{\partial^2 F}{\partial y^2}\dfrac{dy^2}{dx^2} + \dfrac{\partial F}{\partial y}\dfrac{d^2y}{dx^2} = 0, \\[2mm] \ldots\ldots\ldots\ldots\ldots\ldots\ldots\ldots\ldots\ldots\ldots\ldots \end{cases}$$

On aura donc la règle suivante pour transformer les formules :

Remplacer x' par l'unité, x'', x''', ... par zéro, y',

y'', ... *par les valeurs de* $\dfrac{dy}{dx}$, $\dfrac{d^2 y}{dx^2}$, ... *tirées des équations* (4).

Opérant cette substitution, l'équation de la tangente deviendra

$$\frac{\partial F}{\partial x}(X - x) + \frac{\partial F}{\partial y}(Y - y) = 0,$$

et l'équation de la normale sera

$$\frac{X - x}{\dfrac{\partial F}{\partial x}} = \frac{Y - y}{\dfrac{\partial F}{\partial y}}.$$

261. *Différentielle de l'arc.* — On nomme *longueur d'un arc de courbe* AH (*fig.* 7) la limite vers laquelle tend le périmètre d'un polygone inscrit dans cet arc lorsqu'on multiplie indéfiniment le nombre de ses côtés.

Fig. 7.

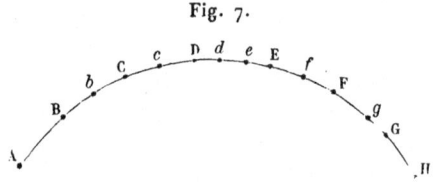

Pour justifier cette définition, il faut montrer que cette limite est indépendante de la manière dont sont placés les sommets du polygone sur l'arc de courbe considéré.

Soient ABCDEFGH, A*bcdefg*H deux polygones inscrits dont chaque côté soit infiniment petit. Inscrivons un troisième polygone passant par tous les sommets successifs AB*b*C*c*D*de*....

Soient P, P', π les périmètres de ces trois polygones; nous allons démontrer que $\dfrac{P}{\pi}$ ne diffère de l'unité que d'une quantité infiniment petite; il en sera de même de $\dfrac{P'}{\pi}$, et par suite de $\dfrac{P}{P'}$, quotient de ces deux rapports. Donc P et P' auront même limite.

Or, π étant égal à la somme des côtés Ab, bc, de, ...,
considérons l'un quelconque de ces côtés, tel que de. Soient
D, E les deux sommets du polygone P, entre lesquels il est
compris. L'angle des droites de et DE sera infiniment petit.
En effet, DE fait un angle infiniment petit avec la tangente en
D; de fait de même un angle infiniment petit avec la tangente
en d; enfin l'angle de ces deux tangentes, menées en deux
points infiniment voisins, sera lui-même infiniment petit, si
l'on admet que $\dfrac{y'}{x'}$, coefficient angulaire de la tangente, soit
une fonction continue de la variable indépendante.

Il en résulte que de ne diffère de sa projection sur DE que
d'une quantité infiniment petite par rapport à de; de même,
pour chacun des côtés du polygone π, comparé à sa projection sur le côté correspondant de P. On pourra donc, en ne
commettant qu'une erreur relative infiniment petite, substituer à chaque côté de π sa projection sur le côté correspondant du premier polygone. La somme de ces projections n'est
autre que P. Donc on a bien

$$\frac{P}{\pi} = 1 + \varepsilon,$$

ε étant infiniment petit.

262. Nous avons admis que la direction de la tangente
variait d'une façon continue avec x dans toute l'étendue de
l'arc AH. S'il y avait sur cet arc quelques points B_1, C_1, ...

Fig. 8.

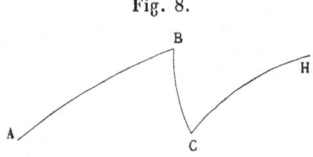

(*fig.* 8), où cette direction variàt brusquement, on appelle-
rait *longueur de l'arc* AH la somme des longueurs des
arcs AB, BC, CH, dont chacune a, d'après ce qui précède,
une valeur déterminée.

Soient x_0, y_0; t_0 les coordonnées du point A (*fig*. 9), supposé fixe; x, y, z celles du point H supposé variable.

Fig. 9.

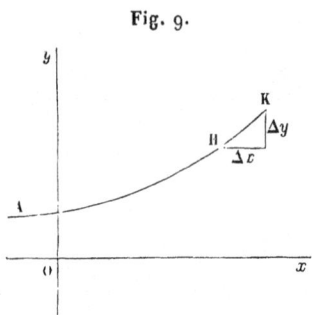

L'arc AH, défini d'après ce qui précède, est une fonction de la variable t, au moyen de laquelle x et y sont exprimés. On la désigne généralement par s. Il est aisé de trouver sa différentielle.

Soit en effet K un point infiniment voisin de N et correspondant à la valeur $t + dt$ de la variable indépendante t. L'accroissement Δs de l'arc sera la limite d'un petit polygone inscrit à HK, polygone dont les côtés font un angle infiniment petit avec la corde HK. On aura donc

$$\Delta s = \text{corde HK} + \varepsilon = \sqrt{\Delta x^2 + \Delta y^2} + \varepsilon,$$

ε étant d'ordre supérieur au premier.

On aura donc, en se bornant aux termes du premier ordre, pour la valeur principale de Δs,

$$ds = \sqrt{dx^2 + dy^2} = \sqrt{x'^2 + y'^2}\, dt.$$

263. *Cercle osculateur.* — L'équation d'un cercle

$$(X - \alpha)^2 + (Y - \beta)^2 - R^2 = 0$$

contenant trois paramètres α, β, R, on pourra les déterminer de manière à établir un contact du second ordre au point P, entre le cercle et la courbe.

Ce contact sera exprimé par les équations

$$(5) \qquad 0 = \Psi(t) = (x - \alpha)^2 + (y - \beta)^2 - R^2,$$

$$(6) \qquad 0 = \tfrac{1}{2}\Psi'(t) = (x - \alpha)x' + (y - \beta)y',$$

$$(7) \qquad 0 = \tfrac{1}{2}\Psi''(t) = (x - \alpha)x'' + (y - \beta)y'' + x'^2 + y'^2.$$

De ces deux dernières équations on tire

$$(8) \qquad x - \alpha = \frac{y'(x'^2 + y'^2)}{x'y'' - y'x''}.$$

$$(9) \qquad y - \beta = \frac{-x'(x'^2 + y'^2)}{x'y'' - y'x''},$$

et, en substituant dans l'équation (5),

$$R = \frac{(x'^2 + y'^2)^{\frac{3}{2}}}{x'y'' - y'x''}.$$

Le rayon R du cercle osculateur et les coordonnées α, β de son centre se trouvent ainsi déterminés.

264. Le lieu des centres des cercles osculateurs se nomme la *développée* de la courbe primitive C. Pour l'obtenir, il faudrait substituer dans les équations (6) et (7) les valeurs de x, y, x', y', x'', y'' en fonction de t, et éliminer t entre les deux équations.

On remarquera que l'équation (6), en y regardant α, β comme des coordonnées courantes, n'est autre que l'équation de la normale à C. L'équation (7) est sa dérivée par rapport au paramètre t. *La développée est donc l'enveloppe des normales.*

265. *Courbure.* — On nomme *courbure moyenne* d'un arc le rapport de l'angle φ formé par les tangentes extrêmes à la longueur Δs de cet arc; *courbure en un point* (x, y) la limite vers laquelle tend la courbure moyenne d'un arc infiniment petit commençant en ce point.

Soient $\dfrac{y'}{x'}$ le coefficient angulaire de la tangente en x, y,

$\dfrac{y' + \Delta y'}{x' + \Delta x'}$ celui d'une tangente au point $(x + \Delta x,\ y + \Delta y)$,

φ l'angle de ces deux tangentes. On aura

$$\tan g \varphi = \dfrac{\dfrac{y' + \Delta y'}{x' + \Delta x'} - \dfrac{y'}{x'}}{1 + \dfrac{y' + \Delta y'}{x' + \Delta x'} \dfrac{y'}{x'}} = \dfrac{x' \Delta y' - y' \Delta x'}{(x' + \Delta x')x' + (y' + \Delta y')y'}.$$

Or, on a sensiblement

$$\tan g \varphi = \varphi,$$

$$\Delta y' = y'' dt, \quad \Delta x' = x'' dt,$$

$$x' \Delta y' - y' \Delta x' = (x' y'' - y' x'')\, dt,$$

$$(x' + \Delta x')x' + (y' + \Delta y')y' = x'^2 + y'^2,$$

d'où

$$\varphi = \dfrac{x' y'' - y' x''}{x'^2 + y'^2}\, dt$$

aux infiniment petits près du second ordre.

On a d'ailleurs, avec la même approximation,

$$\Delta s = \sqrt{x'^2 + y'^2}\, dt.$$

La courbure $c = \lim \dfrac{\varphi}{\Delta s}$ sera donc égale à $\dfrac{x' y'' - y' x''}{(x'^2 + y'^2)^{\frac{3}{2}}}$. Elle

est, comme on le voit, égale à $\dfrac{1}{R}$, R étant le rayon du cercle

osculateur.

Ce cercle a la même courbure que le courbe proposée. En effet, Δs désignant un arc de ce cercle et φ l'angle des tangentes à ses extrémités, ou, ce qui revient au même, l'angle des deux rayons menés à ses extrémités, on aura évidemment

$\Delta s = R \varphi$, et la courbure $\dfrac{\varphi}{\Delta s}$ sera égale à $\dfrac{1}{R}$.

On donne souvent à ce cercle le nom de *cercle de courbure*; son centre et son rayon seront dits le *centre* et le *rayon de courbure*.

266. L'expression trouvée ci-dessus pour φ est positive ou négative, suivant le signe de la quantité

$$x'y'' - y'x'' = x'^2 \left(\frac{y'}{x'} \right)'.$$

Si cette quantité est de même signe que x', la quantité $\frac{y'}{x'}$, coefficient angulaire de la tangente, croîtra ou décroîtra en même temps que x. La courbe tournera donc sa convexité vers les y négatifs.

Ce serait l'inverse si $x'y'' - y'x''$ était de signe opposé à x.

267. Les points où $x'y'' - y'x'' = 0$ se nomment *points d'inflexion*. La courbure y étant nulle, le cercle de courbure aura son rayon infini, et se confondra avec la tangente.

La tangente T *en un point d'inflexion se confondra avec la tangente* T′ *en un point infiniment voisin aux infiniment petits près d'ordre supérieur au premier.* Car, en bornant l'approximation au premier ordre, l'angle φ de ces deux droites est nul; en outre, le point de contact de T′ est sur la tangente T.

268. Les formules précédentes se simplifient si x est pris pour variable indépendante, auquel cas il faudra poser $x' = 1$, $x'' = 0$.

Il viendra dans ce cas, pour l'équation de la tangente,

$$Y - y = y'(X - x);$$

pour la différentielle de l'arc,

$$ds\sqrt{1 + y'^2}\, dx;$$

pour la courbure,

$$c = \frac{y''}{(1 + y'^2)^{\frac{3}{2}}};$$

et, pour l'équation des points d'inflexion,

$$y'' = 0.$$

269. On représente parfois une courbe par une équation

$$s = \varphi(c)$$

entre l'arc compté à partir d'un point quelconque et la courbure à l'extrémité de cet arc. Ces deux quantités, dépendant
d'une même variable t, sont en effet fonctions l'une de l'autre.

Cette représentation a l'avantage de n'introduire aucun
élément étranger à la courbe, comme le sont, dans le système
cartésien, les axes coordonnés. Il en résulte que deux courbes
égales, mais différemment situées dans le plan, auront la
même équation.

Pour passer de l'équation d'une courbe ainsi définie à son
équation en coordonnées cartésiennes, on prendra la dérivée
de cette équation. Il viendra

$$s' = \varphi'(c)c',$$

ou

$$\sqrt{1 + y'^2} = \varphi'\left[\frac{y''}{(1 + y'^2)^{\frac{3}{2}}}\right]\left[\frac{y''}{(1 + y'^2)^{\frac{3}{2}}}\right]$$

De cette équation entre les dérivées de y il restera à déduire cette fonction.

Ce problème est du ressort du Calcul intégral, et nous ne
pouvons que le poser en ce moment.

270. Proposons-nous d'appliquer les formules qui précèdent à quelques courbes simples.

Parabole. — On aura

$$y^2 = 2px,$$

d'où, en prenant x pour variable indépendante,

$$yy' = p, \quad y' = \frac{p}{y},$$

$$yy'' + y'^2 = 0, \quad y'' = -\frac{p^2}{y^3}.$$

Équation de la tangente :

$$Y - y = \frac{p}{y} (X - x).$$

Différentielle de l'arc :

$$ds = \sqrt{1 + \frac{p^2}{y'^2}} \, dx = \sqrt{1 + \frac{p}{2x}} \, dx.$$

Rayon de courbure :

$$R = \frac{\left(1 + \dfrac{p^2}{y'^2}\right)^{\frac{3}{2}}}{\dfrac{-p^2}{y^3}} = -\frac{(y'^2 + y^2)^{\frac{3}{2}}}{p^2}.$$

Développée : Les formules (8) et (9) donnent

$$\alpha = x - \frac{y'(1 + y'^2)}{y''} = x - \frac{p}{y} \frac{(p^2 + y^2)y}{-p^2}$$

$$= x + \frac{p^2 + y^2}{p} = 3x + p,$$

$$\beta = y + \frac{1 + y'^2}{y''} = y + \frac{(p^2 + y^2)y}{-p^2} = -\frac{y^3}{p^2}.$$

On en déduit

$$x = \frac{\alpha - p}{3}, \quad y^3 = -p^2 \beta.$$

Mais l'équation $y^2 = 2px$ donne

$$y^6 = 8p^3 x^3.$$

Substituant dans cette équation les valeurs de x et y^3, il vient

$$p \beta^2 = \frac{8}{27} (\alpha - p)^3.$$

271. *Ellipse.* — On a

$$\frac{x^2}{a^2} + \frac{y^2}{b^2} = 1,$$

équation qui équivaut aux deux suivantes :

$$x = a \cos t, \quad y = b \sin t.$$

On déduit de celles-ci

$$x' = -a \sin t, \quad y' = b \cos t,$$
$$x'' = -a \cos t, \quad y'' = -b \sin t,$$

puis

$$x'^2 + y'^2 = a^2 \sin^2 t + b^2 \cos^2 t,$$
$$x' y'' - y' x'' = ab.$$

On aura donc, pour l'équation de la tangente,

$$\frac{X - a \cos t}{-a \sin t} = \frac{Y - b \sin t}{b \cos t};$$

pour la différentielle de l'arc,

$$ds \sqrt{a^2 \sin^2 t + b^2 \cos^2 t} \, dt;$$

pour le rayon de courbure,

$$R = \frac{(a^2 \sin^2 t + b^2 \cos^2 t)^{\frac{3}{2}}}{ab};$$

et, pour les coordonnées du centre de courbure,

$$\alpha = a \cos t - \frac{b \cos t (a^2 \sin^2 t + b^2 \cos^2 t)}{ab} = \frac{a^2 - b^2}{a} \cos^3 t$$

(en remplaçant $\sin^2 t$ par $1 - \cos^2 t$),

$$\beta = b \sin t - \frac{a \sin t (a^2 \sin^2 t + b^2 \cos^2 t)}{ab} = -\frac{a^2 - b^2}{b} \sin^3 t$$

(en remplaçant $\cos^2 t$ par $1 - \sin^2 t$).

On en déduit

$$(a^2 - b^2)^{\frac{1}{3}} \cos t = (a\alpha)^{\frac{1}{3}},$$
$$-(a^2 - b^2)^{\frac{1}{3}} \sin t = (b\beta)^{\frac{1}{3}}.$$

Élevant au carré et ajoutant, on aura l'équation de la développée

$$(a\alpha)^{\frac{2}{3}} + (b\beta)^{\frac{2}{3}} = (a^2 - b^2)^{\frac{2}{3}}.$$

272. *Cycloïde.* — On donne ce nom à la courbe engendrée par un point d'un cercle qui roule sans glisser sur une droite fixe.

Pour obtenir les équations de cette courbe, prenons pour axe des y la perpendiculaire menée par le point décrivant au moment où il se trouve sur l'axe des x.

Considérons une seconde position du cercle générateur. Soit OA (*fig.* 10) la quantité dont le point de contact s'est

Fig. 10.

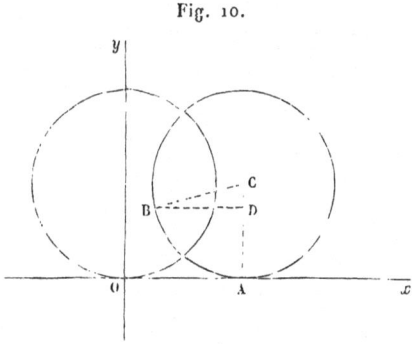

déplacé sur la droite OX. D'après la définition du roulement, il devra s'être déplacé de la même quantité sur le cercle. Le point qui décrit la cycloïde se trouvera donc dans une position B, telle que l'on ait AB = AO.

Cela posé, soient a le rayon du cercle, t l'angle ACB, que nous considérons comme variable indépendante. On aura

$$AO = AB = at,$$

$$x = OA - BD = at - a\sin t,$$

$$y = AC - CD = a - a\cos t.$$

On déduit de ces équations

$$x' = a(1 - \cos t), \quad y' = a \sin t,$$
$$x'' = a \sin t, \qquad y'' = a \cos t,$$
$$x'^2 + y'^2 = 2 a^2 (1 - \cos t),$$
$$x' y'' - y' x'' = - a^2 (1 - \cos t).$$

La tangente aura donc pour équation

$$\frac{X - x}{a(1 - \cos t)} = \frac{Y - y}{a \sin t},$$

et la différentielle de l'arc sera

$$a \sqrt{2 - 2 \cos t}\, dt.$$

La normale aura pour équation

$$(X - x)(1 - \cos t) + (Y - y) \sin t = 0.$$

Le point où elle coupe l'axe des x s'obtiendra en faisant $Y = 0$ dans cette équation. On trouvera

$$X = x + \frac{y \sin t}{1 - \cos t} = a(t - \sin t) + a \sin t = at.$$

La normale passe donc par le point A, où le cercle générateur touche l'axe des x.

La distance N de ce point au point B, qu'on nomme la *longueur de la normale,* sera donnée par l'expression

$$N = \sqrt{(X - x)^2 + y^2} = \sqrt{a^2 \sin^2 t + a^2 (1 - \cos t)^2} = a \sqrt{2 - 2 \cos t}.$$

Le rayon de courbure sera égal à

$$\frac{[2 a^2 (1 - \cos t)]^{\frac{3}{2}}}{- a^2 (1 - \cos t)} = - 2 a \sqrt{2 - 2 \cos t}.$$

Il est donc double de la normale en grandeur absolue. Les coordonnées du centre de courbure seront

$$\alpha = a(t - \sin t) + 2 a \sin t = a(t + \sin t),$$
$$\beta = a(1 - \cos t) - 2 a(1 - \cos t) = - a(1 - \cos t).$$

Posons, dans ces équations, $t = \pi + t_1$; elles deviendront

$$\alpha = \quad a\pi + a(t_1 - \sin t_1),$$
$$\beta = -2a + a(1 - \cos t_1),$$

et l'on voit qu'elles représentent une cycloïde égale à la proposée, mais déplacée de $a\pi$ dans le sens des x et de $-2a$ dans le sens des y.

V. — Géométrie infinitésimale.

273. Soient h, k, ... des infiniment petits connus, α, β des quantités qui leur soient liées par des équations

$$f(\alpha, \beta, \ldots, h, k, \ldots) = 0,$$
$$\varphi(a, \beta, \ldots, h, k, \ldots) = 0.$$

Supposons qu'on veuille déterminer α, β, ... aux infiniment petits près d'ordre n; il est clair qu'on pourra supprimer *a priori* dans les expressions de h, k, ... à porter dans les équations $f = 0$, $\varphi = 0$, tous les termes dont la présence n'altérerait α, β, ... que d'un infiniment petit d'ordre $\geqq n$. On verra aisément dans chaque cas, avec un peu d'attention, ce qui est négligeable et ce qui ne l'est pas.

Dans les applications géométriques du Calcul différentiel, les infiniment petits α, β, ..., h, k, ... qu'il s'agit de calculer en fonction les uns des autres sont rattachés ensemble par une figure de laquelle on déduit les équations

$$f = 0, \quad \varphi = 0$$

qui les lient.

Au lieu d'établir les équations exactes et d'y négliger ensuite certaines quantités, il est généralement plus simple de considérer, au lieu de la figure rigoureuse, la figure approchée qui s'en déduirait en négligeant ces quantités; de cette nouvelle figure on tirera les équations approchées.

Pour que ce procédé soit légitime, il faut évidemment qu'on soit en mesure d'établir que les quantités négligées n'altéreraient le résultat à obtenir que d'une quantité négligeable eu égard à l'approximation que l'on demande. La nécessité de cette discussion diminue notablement les avantages que présente souvent la méthode géométrique au point de vue de la simplicité et de l'évidence.

Les exemples suivants éclairciront ces considérations générales.

274. Problème I. — *Soit* $f = f(\theta)$ *l'équation d'une courbe en coordonnées polaires. On demande l'angle* V *de la tangente avec le rayon vecteur et la différentielle de l'arc.*

Soient P, Q (*fig.* 11) deux points de la courbe infiniment voisins, ayant pour coordonnées φ, θ et $\varphi + \Delta\varphi$, $\theta + \Delta\theta$.

Fig. 11.

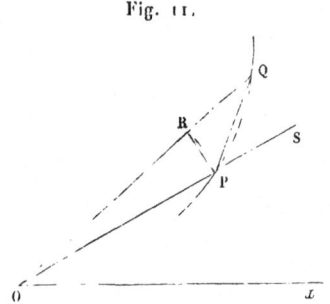

Du point O comme centre avec OP pour rayon, traçons un arc de cercle PR. Menons les droites PQ, PR.

L'angle V différera infiniment peu de l'angle QPS, qui lui-même ne diffère de RQP que de l'angle infiniment petit $\Delta\theta$; de même l'arc PQ ne différera de sa corde PQ que d'une quantité infiniment petite par rapport à PQ.

Les quantités à calculer seront donc l'angle RQP et la corde PQ.

Cela posé, RP, corde infiniment petite du cercle PR, sera sensiblement perpendiculaire à OR. Sa longueur sera sensiblement égale à l'arc RP, qui est égal à $\rho \Delta\theta$. D'ailleurs,

$RQ = \Delta\rho$. Donc le triangle PQR est sensiblement un triangle rectangle ayant pour côtés de l'angle droit $\rho\,\Delta\theta$ et $\Delta\rho$, et l'on aura, par la formule des triangles rectangles,

$$\tan RQP = \frac{\rho\,\Delta\theta}{\Delta\rho}, \quad PQ = \sqrt{\Delta\rho^2 + \rho^2\,\Delta\theta^2}$$

et à la limite

$$\tan V = \rho\,\frac{d\theta}{d\rho}, \quad ds = \sqrt{d\rho^2 + \rho^2 d\theta^2}.$$

Mais il faut s'assurer que les modifications faites au triangle PQR n'ont pas altéré la valeur principale des quantités cherchées RQP et PQ.

On peut, à ce sujet, remarquer d'une manière générale que les angles A, B, C d'un triangle quelconque ABC et les rapports $\alpha = \dfrac{a}{c}$, $\beta = \dfrac{b}{c}$ de ses côtés sont liés par les trois relations connues

$$a = b\cos C + c\cos B,$$
$$b = c\cos A + a\cos C,$$
$$c = a\cos B + b\cos A,$$

d'où

$$\alpha = \beta\cos C + \cos B,$$
$$\beta = \cos A + \alpha\cos C,$$
$$1 = \alpha\cos B + \beta\cos A.$$

Si l'on donne des accroissements infiniment petits à deux des quantités qui figurent dans ces formules, les trois autres prendront des accroissements correspondants infiniment petits et dont les valeurs principales s'obtiendront en différentiant les équations précédentes.

Dans le cas actuel, on a modifié infiniment peu l'angle en R et le rapport $\dfrac{RP}{RQ}$. L'angle en Q et le rapport $\dfrac{PQ}{RQ}$ auront infiniment peu changé. Donc, l'angle Q et le côté PQ n'ont été altérés que d'une fraction infiniment petite de leur valeur, ce qu'il fallait démontrer.

275. Problème II. — *Trouver la longueur de l'arc de la développée d'une courbe* C.

Soient

MT, M'T' (*fig.* 12) deux normales à C infiniment voisines;
φ leur angle;
T et T' les points où elles touchent la développée.

Fig. 12.

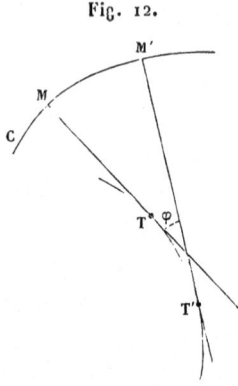

En négligeant les infiniment petits du second ordre (MM' étant considéré comme du premier ordre), on pourra admettre :

1° Que M est sur la tangente au point M', laquelle est perpendiculaire à M'T';

Fig. 13.

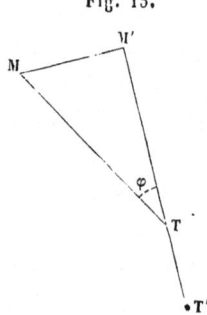

2° Que T est sur la tangente M'T' à la développée;
3° Que l'arc TT' se confond avec la droite TT'.

Le quadrilatère curviligne $MM'TT'$ ainsi simplifié prendra la forme ci-jointe (*fig.* 13), laquelle donnera

$$M'T' = MT \cos\varphi + TT'.$$

D'ailleurs, l'angle φ étant infiniment petit, on a sensiblement $\cos\varphi = 1$, d'où

$$M'T' = MT + TT'.$$

276. Les considérations qui précèdent ne fournissent qu'un aperçu; mais il est aisé de rendre la démonstration rigoureuse.

A cet effet, nous remarquerons tout d'abord que, MM' étant supposé du premier ordre, φ et TT' en seront également, car on a sensiblement

$$\varphi = c\,MM' = k\,TT',$$

c et k désignant les courbures de la courbe donnée et de sa développée.

Cela posé, projetons le quadrilatère curviligne $MM'T'T$ sur $M'T'$. On aura

$$M'T' = \text{proj.}\,MM' + \text{proj.}\,MT + \text{proj.}\,TT'.$$

Or proj. $MM' = \text{corde}\,MM' \cos\psi$, ψ étant l'angle de ladite corde avec $M'T'$. La corde MM' étant du premier ordre et ψ infiniment voisin d'un droit, proj. MM' sera d'un ordre supérieur au premier et pourra être négligé.

D'autre part, proj. $MT = MT \cos\varphi$, et, φ étant infiniment petit du premier ordre, $\cos\varphi = 1 - \dfrac{\varphi^2}{1.2} + \ldots$ pourra être remplacé par l'unité. Donc proj. $MT = MT$.

Enfin, on aura proj. $TT' = \text{corde}\,TT' \cos\chi$, χ étant l'angle formé par la corde TT' avec $M'T'$. Cet angle étant infiniment petit et la corde TT' différant infiniment peu de l'arc, on aura sensiblement

$$\text{proj.}\,TT' = TT'.$$

On aura donc bien

$$M'T' = MT + TT'.$$

277. Cette équation n'a été démontrée que pour un arc MM′ infiniment petit, et en négligeant les infiniment petits d'ordre > 1. Mais il est aisé d'en conclure que l'égalité est rigoureuse, et qu'elle est vraie pour un arc quelconque MN pris sur la courbe C.

Soient, en effet, MT, NU (*fig.* 14) les normales aux points

Fig. 14.

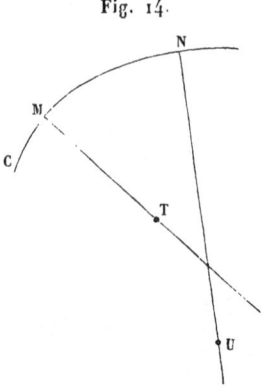

M et N; T, U les points où elles touchent la développée. Partageons l'arc MN en portions infiniment petites MM′, M′M″, M″M‴, ... Menons les normales aux points M′, M″, M‴, ... Soient T′, T″, T‴, ... les points où elles touchent la développée. On aura, d'après ce qui a été démontré,

$$M'T' = MT + TT' + \varepsilon_1,$$
$$M''T'' = M'T' + T'T'' + \varepsilon_2,$$
$$\dots\dots\dots\dots\dots\dots\dots\dots$$

$\varepsilon_1, \varepsilon_2, \dots$ étant d'ordre > 1. Ajoutant toutes ces égalités, il viendra

$$NU = MT + TU + \varepsilon_1 + \varepsilon_2 + \dots$$

Soient ε la plus grande en valeur absolue des quantités ε_1, $\varepsilon_2, \dots$; n leur nombre. On aura $\varepsilon_1 + \varepsilon_2 + \dots < n\varepsilon$ en valeur absolue. Mais ε est d'ordre supérieur au premier et n est infini, mais du premier ordre seulement. Donc, $n\varepsilon$ est infiniment petit. Donc la différence entre les quantités finies NU et $MT + TU$ est moindre que toute quantité donnée. Donc elle est nulle.

278. On doit pourtant remarquer que, en faisant la figure qui nous a fourni l'égalité

$$M'T' = MT + TT',$$

nous aurons implicitement supposé que $M'T'$ était $> MT$. Si $M'T'$ avait été $< MT$, on aurait eu

$$N'T' = MT - TT'$$

et, par suite,

$$NU = MT - TU.$$

Soit donc MN un arc de la courbe C choisi de telle sorte que la longueur de la normale comprise entre la courbe et la développée varie constamment dans le même sens; on aura

$$NU = MT + TU$$

si cette longueur augmente,

$$NU = MT - TU$$

si elle diminue.

Si l'on avait un arc MPN ($fig.$ 15) tel que la longueur de

Fig. 15.

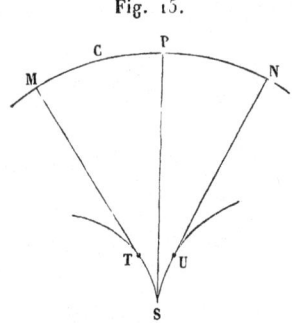

la normale augmentât de M en P pour décroître ensuite de P en N, on aurait, en appliquant successivement le théorème aux deux parties de l'arc,

$$PS = MT + TS,$$
$$PS = NU + SU,$$

d'où

$$2\,PS = MT + NU + TSU.$$

279. PROBLÈME III. — *Construire la tangente à la courbe* K *lieu des sommets d'un angle* φ *de grandeur constante, dont les côtés restent tangents à deux courbes données.*

Considérons deux positions infiniment voisines ABC, $A_1 B_1 C_1$ (*fig.* 16) de cet angle. L'angle des deux droites AB,

Fig. 16.

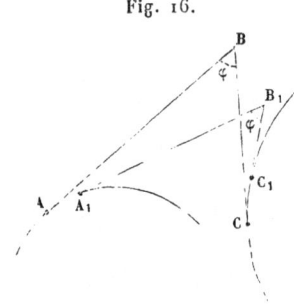

$A_1 B_1$ est égal à celui des deux droites CB, $C_1 B_1$. Cet angle étant considéré comme du premier ordre, les arcs AA_1, CC_1 seront du premier; quant à BB_1, il ne peut être d'un ordre supérieur au premier, car la droite $A_1 B_1$ n'étant en A_1 qu'à une distance infiniment petite du second ordre de la droite AB, et faisant avec elle un angle infiniment petit du premier ordre, en sera éloignée en B_1 d'une quantité du premier ordre.

Au contraire, la distance de A à la tangente $A_1 B_1$ et celle de C à la tangente $B_1 C_1$ seront du second ordre. Si donc, par les points A et C, on menait des parallèles respectivement à $A_1 B_1$ et à $B_1 C_1$, leur point d'intersection β serait, à une distance de B, infiniment petite du second ordre, et par suite infiniment petite relativement à BB_1, qui est du premier. La droite BB, différera donc infiniment peu comme direction de la droite Bβ. Cette dernière est une corde infiniment petite du cercle, lieu des points d'où l'on voit AC sous l'angle φ, et, à la limite, devient la tangente à ce cercle. Mais, à la limite, Bβ devient la tangente à K. Donc ces deux tangentes coïncident.

280. Théorème. — *Soient* E, E' (*fig.* 17) *deux ellipses homofocales. Par chaque point* P *de* E' *menons deux tangentes* PA, PB *à* E. *La somme des tangentes* PA, PB, *diminuée de l'arc* AB, *sera constante.*

Fig. 17.

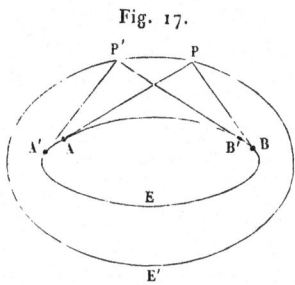

Nous nous appuierons sur cette propriété facile à démontrer, que les deux tangentes PA et PB font un angle égal avec la tangente en P à la courbe E'. Soit φ cet angle.

Cela posé, soient P' un point infiniment voisin de P, situé sur E'; P'A', P'B' les deux tangentes correspondantes. La figure BB'P'P, projetée sur BP, donnera

$$BP = \text{proj. } BB' + \text{proj. } B'P' - \text{proj. } PP'.$$

Or, en négligeant le second ordre, BB' peut être considéré comme une ligne droite et B' comme étant sur BP. Donc

$$\text{proj. } BB' = BB'.$$

De même, B'P' faisant un angle α infiniment petit avec BP, sa projection B'P' cos α se réduira à B'P', au second ordre près. Enfin, PP' étant du premier ordre et formant avec BP un angle infiniment voisin de φ, on aura, au second ordre près, pour sa projection, $PP'\cos\varphi$: d'où

$$BP = BB' + B'P' - PP'\cos\varphi.$$

En projetant la figure $AA'P'P$ sur AP, on trouvera de même

$$AP = -AA' + A'P' + PP'\cos\varphi,$$

et en ajoutant

$$\begin{aligned}BP + AP &= BB' - AA' + B'P' + A'P' \\ &= AB - A'B' + B'P' + A'P',\end{aligned}$$

ou enfin

$$BP + AP - AB = B'P' + A'P' - A'B'.$$

Cette équation n'est démontrée qu'au second ordre près. Mais on verra, comme dans un exemple précédent, qu'elle est rigoureuse et reste vraie pour un arc PP' de grandeur finie.

VI. — Courbes gauches et surfaces développables.

281. Soient

$$x = \varphi(t), \quad y = \varphi_1(t), \quad z = \varphi_2(t)$$

les équations d'une courbe gauche; x, y, z, t les coordonnées d'un point P pris sur cette courbe.

Tangente et plan normal. — Les équations d'une droite

$$(1) \qquad Y - aX - \alpha = 0, \quad Z - a_1 X - \alpha_1 = 0$$

contiennent quatre paramètres dont on pourra disposer pour établir un contact du premier ordre au point P entre la droite et la courbe.

Il faudra pour cela satisfaire aux équations

$$(2) \qquad \begin{cases} y - ax - \alpha = 0, & z - a_1 x - \alpha_1 = 0, \\ y' - ax' = 0, & z' - a_1 x' = 0. \end{cases}$$

Des équations (1) et (2) on déduit

$$Y - y - a(X - x) = 0, \quad Z - z - a_1(X - x) = 0,$$

et, en éliminant a, a_1, on aura les équations de la droite osculatrice ou *tangente*

$$\frac{X - x}{x'} = \frac{Y - y}{y'} = \frac{Z - z}{z'}.$$

Le plan perpendiculaire à la tangente, ou *plan normal,* aura pour équation

$$(X - x)\, x' + (Y - y)\, y' + (Z - z)\, z' = 0.$$

Si la courbe était donnée par deux équations

$$F(x, y, z) = 0, \quad \Phi(x, y, z) = 0,$$

il faudrait, pour appliquer ces formules, y remplacer x' par l'unité, y' et z' par leurs valeurs déduites des équations

$$\frac{\partial F}{\partial x} + \frac{\partial F}{\partial y}\, y' + \frac{\partial F}{\partial z}\, z' = 0,$$

$$\frac{\partial \Phi}{\partial x} + \frac{\partial \Phi}{\partial y}\, y' + \frac{\partial \Phi}{\partial z}\, z' = 0.$$

Par cette substitution, les équations de la tangente deviendront

$$\frac{X - x}{\dfrac{\partial F}{\partial y}\dfrac{\partial \Phi}{\partial z} - \dfrac{\partial F}{\partial z}\dfrac{\partial \Phi}{\partial y}} = \frac{Y - y}{\dfrac{\partial F}{\partial y}\dfrac{\partial \Phi}{\partial x} - \dfrac{\partial F}{\partial x}\dfrac{\partial \Phi}{\partial z}} = \frac{Z - z}{\dfrac{\partial F}{\partial x}\dfrac{\partial \Phi}{\partial z} - \dfrac{\partial F}{\partial z}\dfrac{\partial \Phi}{\partial x}},$$

et celle du plan normal prendra la forme

$$\begin{vmatrix} X - x & Y - y & Z - z \\ \dfrac{\partial F}{\partial x} & \dfrac{\partial F}{\partial y} & \dfrac{\partial F}{\partial z} \\ \dfrac{\partial \Phi}{\partial x} & \dfrac{\partial \Phi}{\partial y} & \dfrac{\partial \Phi}{\partial z} \end{vmatrix} = 0.$$

282. *Différentielle de l'arc.* — Nous appellerons *longueur d'un arc de courbe* la limite d'un périmètre d'un polygone inscrit. On démontrera, comme pour les courbes planes :

1° Que cette limite ne dépend pas de la loi d'inscription des côtés ;

2° Que la longueur s de l'arc compris entre le point fixe (x_0, y_0, z_0, t_0) et un point variable (x, y, z, t) éprouvera, lorsqu'on passera du point (x, y, z, t) à un point infiniment voisin $(x + \Delta x, y + \Delta y, z + \Delta z, t + dt)$, un accroissement Δs égal à $\sqrt{\Delta x^2 + \Delta y^2 + \Delta z^2} + \varepsilon$, ε étant d'ordre supérieur au premier.

Donc ds, valeur principale de Δs, sera donné par la formule

$$ds = \sqrt{dx^2 + dy^2 + dz^2} = \sqrt{x'^2 + y'^2 + z'^2}\, dt.$$

283. *Plan osculateur.* — L'équation

$$(3) \qquad AX + BY + CZ + D = 0$$

contient trois paramètres (les rapports des coefficients A, B, C, D) dont on peut disposer pour établir entre le point et la courbe un contact du second ordre. Cette condition sera exprimée par les équations

$$(4) \qquad Ax + By + Cz + D = 0.$$

$$(5) \qquad Ax' + By' + Cz' \qquad = 0,$$

$$(6) \qquad Ax'' + By'' + Cz'' \qquad = 0.$$

Des équations (3) et (4) on déduit d'abord

$$(7) \qquad A(X - x) + B(Y - y) + C(Z - z) = 0.$$

Éliminant ensuite A, B, C entre (5), (6), (7), il viendra

$$\begin{vmatrix} X - x & Y - y & Z - z \\ x' & y' & z' \\ x'' & y'' & z'' \end{vmatrix} = 0.$$

Les coefficients A, B, C auront donc, à un facteur commun

près, qu'on peut supposer égal à l'unité, les valeurs suivantes :

$$A = y'z'' - z'y'', \quad B = z'x'' - x'z'', \quad C = x'y'' - y'x''.$$

Ces coefficients satisfont identiquement aux équations (5) et (6), ainsi qu'à celle-ci :

$$(8) \qquad A'x' + B'y' + C'z' = o,$$

laquelle s'obtient en prenant la dérivée de (5) et supprimant les termes qui se détruisent en vertu de (6).

284. L'équation ci-dessus du plan osculateur contient le paramètre t, variable d'un point à l'autre de la courbe. Considérons la surface enveloppe de ce plan, lorsqu'on fait varier ce paramètre.

La caractéristique de cette surface sera donnée par l'équation

$$(9) \qquad A(X - x) + B(Y - y) + C(Z - z) = o,$$

jointe à sa dérivée

$$A'(X - x) + B'(Y - y) + C'(Z - z) - Ax' - By' - Cz' = o$$

par rapport à t.

Cette dernière équation se réduit à

$$(10) \qquad A'(X - x) + B'(Y - y) + C'(Z - z) = o,$$

en vertu de l'équation (5).

Cette caractéristique n'est autre chose que la tangente

$$\frac{X - x}{x'} = \frac{Y - y}{y'} = \frac{Z - z}{z'}$$

au point (x, y, z). En effet, si l'on donne à $X - x, Y - y, Z - z$ des valeurs proportionnelles à x', y', z', les équations (9) et (10) seront identiquement satisfaites, leurs premiers membres contenant en facteur les quantités $Ax' + By' + Cz'$, et $A'x' + B'y' + C'z'$.

Le point où la caractéristique rencontre l'arête de rebroussement est défini par les équations (9) et (10), jointes à la dérivée de l'équation (10). Cette dérivée se réduit à

$$(11) \qquad A''(X - x) + B''(Y - y) + C''(Z - z) = 0,$$

en tenant compte de l'identité (8).

Les équations (9), (10), (11), combinées entre elles, donneront évidemment

$$X = x, \quad Y = y, \quad Z = z.$$

Donc *la surface enveloppe des plans osculateurs a pour caractéristiques les tangentes à la courbe proposée et pour arête de rebroussement cette courbe elle-même.*

Réciproquement : soit donné un système quelconque de plans P dont l'équation contienne un paramètre t. En faisant varier ce paramètre, on obtiendra une surface enveloppe dont les caractéristiques seront des lignes droites, tangentes à l'arête de rebroussement, et le plan P, ayant un contact du second ordre avec cette arête de rebroussement, lui sera osculateur.

On donne le nom de *surfaces développables* aux surfaces engendrées par les tangentes à une courbe, ou enveloppes d'un plan variable dont l'équation ne contient qu'un paramètre. Ces deux définitions sont en général équivalentes, comme on vient de le voir.

Toutefois, la seconde a sur la première l'avantage d'embrasser les surfaces *coniques* et *cylindriques*.

On obtient les surfaces coniques en supposant que le plan variable soit assujetti à passer constamment par un point fixe, qui sera le sommet du cône. Ce point unique jouera le rôle dévolu en général à l'arête de rebroussement.

On obtiendra les cylindres en supposant que le plan variable reste constamment parallèle à une droite fixe. Les génératrices caractéristiques, étant parallèles à cette droite, ne se couperont pas. La surface pourra être considérée comme la limite d'un cône dont le sommet s'éloigne à l'infini dans une direction déterminée.

285. *Enveloppe des plans normaux.* — Le plan normal au point (x, y, z) a pour équation

$$N = x'(X - x) + y'(Y - y) + z'(Z - z) = 0.$$

Cette équation contient le paramètre t. En le faisant varier, on obtiendra pour enveloppe une surface développable.

La caractéristique de cette surface est une droite qu'on nomme l'*axe du plan osculateur*. Elle a pour équations

$$N = 0,$$

$$\frac{\partial N}{\partial t} = x''(X - x) + y''(Y - y) + z''(Z - z) - x'^2 - y'^2 - z'^2 = 0.$$

Elle est perpendiculaire au plan osculateur, car les équations

$$A x' + B y' + C z' = 0,$$

$$A x'' + B y'' + C z'' = 0,$$

trouvées plus haut, montrent que chacun des deux plans $N = 0$, $\dfrac{\partial N}{\partial t} = 0$ est perpendiculaire au plan osculateur.

Enfin l'arête de rebroussement de cette surface sera donnée par les équations

$$N = 0, \quad \frac{\partial N}{\partial t} = 0, \quad \frac{\partial^2 N}{\partial t^2} = 0.$$

286. *Cercle osculateur.* — Les équations générales d'un cercle sont

$$(X - \alpha)^2 + (Y - \beta)^2 + (Z - \gamma)^2 = R^2,$$

$$m(X - \alpha) + n(Y - \beta) + p(Z - \gamma) = 0,$$

α, β, γ étant les coordonnées de son centre et R son rayon.

Nous avons ici six paramètres : α, β, γ, R, $\dfrac{n}{m}$, $\dfrac{p}{m}$, qu'on pourra déterminer de manière à obtenir un contact du second ordre au point (x, y, z).

On aura, à cet effet, les six équations de condition

$$(12) \quad (x - \alpha)^2 + (y - \beta)^2 + (z - \gamma)^2 - R^2 = 0,$$

$$(13) \quad x'(x - \alpha) + y'(y - \beta) + z'(z - \gamma) = 0,$$

$$(14) \quad x''(x - \alpha) + y''(y - \beta) + z''(z - \gamma) + x'^2 + y'^2 + z'^2 = 0.$$

$$m(x - \alpha) + n(y - \beta) + p(z - \gamma) = 0,$$

$$m x' + n y' + p z' = 0,$$

$$m x'' + n y'' + p z'' = 0.$$

Des trois dernières on déduit, en éliminant m, n, p,

$$\begin{vmatrix} x - \alpha & y - \beta & z - \gamma \\ x' & y' & z' \\ x'' & y'' & z'' \end{vmatrix} = 0,$$

ou

$$(15) \qquad A(x - \alpha) + B(y - \beta) + C(z - \gamma) = 0.$$

Cette équation montre que le point (α, β, γ) est dans le plan osculateur.

La deuxième et la troisième montrent que ce point se trouve dans les deux plans $N = 0$, $\dfrac{\partial N}{\partial t} = 0$, dont l'intersection est l'axe du plan osculateur. *Le centre cherché se trouve donc à l'intersection de cet axe avec le plan osculateur.*

Pour calculer α, β, γ, R, nous résoudrons les équations (13), (14) et (15) par rapport à $x - \alpha$, $y - \beta$, $z - \gamma$. Le déterminant

$$\begin{vmatrix} x' & y' & z' \\ x'' & y'' & z'' \\ A & B & C \end{vmatrix}$$

de ces équations étant égal à $A^2 + B^2 + C^2$, on trouvera

$$x - \alpha = \frac{(C z' - B y')(x'^2 - y'^2 + z'^2)}{A^2 + B^2 + C^2},$$

$$y - \beta = \frac{(A x' - C y')(x'^2 + y'^2 + z'^2)}{A^2 + B^2 + C^2},$$

$$z - \gamma = \frac{(B y' - A z')(x'^2 + y'^2 + z'^2)}{A^2 + B^2 + C^2},$$

et, en substituant dans (12),

$$R^2 = \frac{(x'^2 + y'^2 + z'^2)^2}{(A^2 + B^2 + C^2)^2} [(Cz' - By')^2 + (Ax' - Cy')^2 + (By' - Az')^2].$$

Or la quantité entre parenthèses peut s'écrire

$$(A^2 + B^2 + C^2)(x'^2 + y'^2 + z'^2)^2 - (Ax' + By' + Cz')^2,$$

et comme

$$Ax' + By' + Cz' = 0,$$

il viendra

$$R = \frac{(x'^2 + y'^2 + z'^2)^{\frac{3}{2}}}{\sqrt{A^2 + B^2 + C^2}}.$$

287. *Sphère osculatrice.* — L'équation d'une sphère

$$(X - a)^2 + (Y - b)^2 + (Z - c)^2 = \rho^2$$

contenant quatre paramètres, on pourra obtenir un contact de troisième ordre.

On devra, pour cela, satisfaire aux équations

$$(x - a)^2 + (y - b)^2 + (z - c)^2 = \rho^2$$
$$M = x'(x - a) + y'(y - b) + z'(z - c) = 0,$$

$$\frac{\partial M}{\partial t} = 0,$$

$$\frac{\partial^2 M}{\partial t^2} = 0,$$

dont la première donnera ρ^2, après que les trois autres auront fourni a, b, c.

Le lieu des centres des sphères osculatrices n'est autre chose que l'arête de rebroussement de l'enveloppe des plans normaux. Car ce lieu s'obtiendrait en éliminant t entre les équations $M = 0$, $\frac{\partial M}{\partial t} = 0$, $\frac{\partial^2 M}{\partial t^2} = 0$, et l'arête de rebroussement, en éliminant t entre les équations $N = 0$, $\frac{\partial N}{\partial t} = 0$, $\frac{\partial^2 N}{\partial t^2} = 0$. Or M ne diffère de N que par le signe et par la désignation des coordonnées courantes (a, b, c, au lieu de X, Y, Z).

Nous admettrons, pour simplifier le calcul de a, b, c, ρ, que nous ayons choisi pour variable indépendante l'arc s de la courbe, compté à partir d'un point fixe. On aura, dans cette hypothèse, $t = s$, d'où

$$dt = ds = \sqrt{x'^2 + y'^2 + z'^2}\, dt,$$

et, par suite,

(16) $$x'^2 + y'^2 + z'^2 = 1.$$

Prenant la dérivée de cette équation, on aura la suivante :

$$x'x'' + y'y'' + z'z'' = 0.$$

Formons les dérivées de M en tenant compte de ces relations. Il viendra

$$0 = M \quad = (x-a)x' + (y-b)y' + (z-c)z',$$

$$0 = \frac{\partial M}{\partial t} = (x-a)x'' + (y-b)y'' + (z-c)z'' + 1,$$

$$0 = \frac{\partial^2 M}{\partial t^2} = (x-a)x''' + (y-b)y''' + (z-c)z'''.$$

En désignant par D le déterminant

$$\begin{vmatrix} x' & y' & z' \\ x'' & y'' & z'' \\ x''' & y''' & z''' \end{vmatrix},$$

on déduira de ces équations

$$x - a = \frac{y'z''' - z'y'''}{D} = \frac{A'}{D},$$

$$a = x - \frac{A'}{D}.$$

On aura de même

$$b = y - \frac{B'}{D},$$

$$c = z - \frac{C'}{D},$$

et enfin

$$\rho = \sqrt{(x-a)^2 + (y-b)^2 + (z-c)^2} = \frac{\sqrt{A'^2 + B'^2 + C'^2}}{D}.$$

On peut donner à cette valeur de ρ une autre expression. Le point (a, b, c) étant sur l'axe du plan osculateur, qui coupe ce plan au centre du cercle osculateur, ρ sera l'hypoténuse d'un triangle rectangle, ayant pour côtés R et la distance h du point (a, b, c) au plan osculateur.

Or, le plan osculateur ayant pour équation

$$A(X - x) + B(Y - y) + C(Z - z) = 0,$$

on aura

$$h = \frac{A(a-x) + B(b-y) + C(c-z)}{\pm\sqrt{A^2 + B^2 + C^2}}$$

$$= \frac{1}{D} \frac{AA' + BB' + CC'}{\pm\sqrt{A^2 + B^2 + C^2}}$$

$$= \pm\frac{A^2 + B^2 + C^2}{D} \left(\frac{1}{\sqrt{A^2 + B^2 + C^2}}\right)'.$$

Mais, en tenant compte de l'équation (16), on aura

$$\frac{1}{\sqrt{A^2 + B^\alpha + C^2}} = R.$$

Désignons, d'autre part, par r la quantité $\dfrac{A^2 + B^2 + C^2}{D}$ (que nous retrouverons plus tard sous le nom de *rayon de torsion*), il viendra

$$h = \pm r R',$$

d'où

$$\rho^2 = R^2 + h^2 = R^2 + r^2 R'^2.$$

288. Soient

p un point (x, y, z) de la courbe correspondant à une valeur t de la variable ;

T la tangente ;

P le plan osculateur.

Soit p_1 un point de la courbe infiniment voisin de p,

correspondant à la valeur $t + dt$, et soient $x + \Delta x$, $y + \Delta y$, $z + \Delta z$ les coordonnées de p_1; T_1, P_1 la tangente et le plan osculateur correspondant.

Les distances de p_1 à p, à T et à P, de T_1 à T, et les angles de T_1 avec T et P, de P_1 avec P sont autant d'infiniment petits, dont il est intéressant de déterminer les valeurs principales.

Distance de p_1 à p. — Elle est égale à $\sqrt{\Delta x^2 + \Delta y^2 + \Delta z^2}$, ou, en remplaçant Δx, Δy, Δz par leurs valeurs approchées $x' dt$, $y' dt$, $z' dt$, à

$$\sqrt{x'^2 + y'^2 + z'^2} \, dt = ds.$$

289. *Angle de T_1 avec T.* — On sait que l'angle φ de deux droites, dont les cosinus directeurs sont respectivement proportionnels à a, b, c et à a_1, b_1, c_1, est donné par la formule

$$\cos\varphi = \frac{aa_1 + bb_1 + cc_1}{\sqrt{a^2 + b^2 + c^2} \sqrt{a_1^2 + b_1^2 + c_1^2}}.$$

On en déduit

$$\sin^2\varphi = \frac{(a^2 + b^2 + c^2)(a_1^2 + b_1^2 + c_1^2) - (aa_1 + bb_1 + cc_1)^2}{(a^2 + b^2 + c^2)(a_1^2 + b_1^2 + c_1^2)}$$

$$= \frac{(bc_1 - cb_1)^2 + (ca_1 - ac_1)^2 + (ab_1 - ba_1)^2}{(a^2 + b^2 + c^2)(a_1^2 + b_1^2 + c_1^2)}.$$

Pour appliquer cette formule, il faudra y remplacer a, b, c, a_1, b_1, c_1 par leurs valeurs actuelles

$$x', y', z', \quad x' + \Delta x', \quad y' + \Delta y', \quad z' + \Delta z',$$

ce qui donnera

$$(17) \quad \sin^2\varphi = \frac{(y'\Delta z' - z'\Delta y')^2 + (z'\Delta x' - x'\Delta z')^2 + (x'\Delta y' - y'\Delta x')^2}{(x'^2 + y'^2 + z'^2)[(x' + \Delta x')^2 + (y' + \Delta y')^2 + (z' + \Delta z')^2]};$$

$\Delta x'$, $\Delta y'$, $\Delta z'$, étant infiniment petits, peuvent être négligés au dénominateur, qui est fini. Au numérateur, on les remplacera par leurs valeurs approchées $x'' dt$, $y'' dt$, $z'' dt$. Il viendra alors

$$\sin^2\varphi = \frac{A^2 + B^2 + C^2}{(x'^2 + y'^2 + z'^2)^2}\, dt^2.$$

Donc φ, qui est égal, au troisième ordre près, à $\sin\varphi$, aura pour valeur approchée

$$\varphi = \frac{\sqrt{A^2 + B^2 + C^2}}{x'^2 + y'^2 + z'^2}\, dt.$$

Nous appellerons *courbure*, comme dans les courbes planes, la limite du rapport de l'angle de deux tangentes voisines à l'arc qui sépare les points de contact. Cette limite est évidemment égale au rapport des valeurs principales de ces deux quantités; en la désignant par k, nous aurons donc

$$k = \frac{\varphi}{ds} = \frac{\sqrt{A^2 + B^2 + C^2}}{(x'^2 + y'^2 + z'^2)^{\frac{3}{2}}} = \frac{1}{R},$$

R désignant le rayon du cercle osculateur.

Ce cercle, son rayon et son centre pourront s'appeler, comme pour les courbes planes, *cercle, rayon* et *centre de courbure*.

290. *Angle de* P *avec* P₁. — Cet angle ψ, égal à celui des normales à ces deux plans, sera donné par la formule suivante, analogue à la formule (17),

$$\sin^2\psi = \frac{(B\,\Delta C - C\,\Delta B)^2 + (C\,\Delta A - A\,\Delta C)^2 + (A\,\Delta B - B\,\Delta A)^2}{(A^2 + B^2 + C^2)[(A + \Delta A)^2 + (B + \Delta B) + (C + \Delta C)^2]};$$

au dénominateur, on pourra négliger ΔA, ΔB, ΔC; au numérateur, on les remplacera par leurs valeurs approchées

$$dA = (y' z''' - z' y''')dt,$$
$$dB = (z' x''' - x' z''')dt,$$
$$dC = (x' y''' - y' z''')dt.$$

Posons, comme précédemment,

$$D = \begin{vmatrix} x' & y' & z' \\ x'' & y'' & z'' \\ x''' & y''' & z''' \end{vmatrix}$$

on trouvera

$$B \Delta C - C \Delta B = D x' dt,$$
$$C \Delta A - A \Delta C = D y' dt,$$
$$A \Delta B - B \Delta A = D z' dt,$$

d'où

$$\sin^2 \psi = \frac{D^2(x'^2 + y'^2 + z'^2) dt^2}{(A^2 + B^2 + C^2)^2} = \frac{D^2 ds^2}{(A^2 + B^2 + C^2)^2},$$

et, en remplaçant le sinus par l'arc,

$$\psi = \frac{D}{A^2 + B^2 + C^2} ds.$$

La quantité $\dfrac{\psi}{ds} = \dfrac{D}{A^2 + B^2 + C^2}$ se nomme la *torsion* de la courbe; nous la désignerons par τ. Son inverse se nomme le *rayon de torsion*.

291. *Angle de* P *avec* T$_1$. — Cet angle θ est donné par la formule

$$\sin \theta = \frac{A(x' + \Delta x') + B(y' + \Delta y') + C(z' + \Delta z')}{\sqrt{A^2 + B^2 + C^2} \sqrt{(x' + \Delta x')^2 + (y' + \Delta y')^2 + (z' + \Delta z')^2}}.$$

Au dénominateur, on peut négliger $\Delta x'$, $\Delta y'$, $\Delta z'$. Au numérateur, on les remplacera par leurs valeurs approchées $x'' dt + \frac{1}{2} x''' dt^2$, $y'' dt + \frac{1}{2} y''' dt^2$, $z'' dt + \frac{1}{2} z''' dt^2$.

Remarquant que l'on a

$$A x' + B y' + C z' = 0,$$
$$A x'' + B y'' + C z'' = 0,$$
$$A x''' + B y''' + C z''' = D,$$

et mettant θ au lieu de son sinus, il viendra

$$\theta = \frac{\frac{1}{2} D}{\sqrt{A^2 + B^2 + C^2} \sqrt{x'^2 + y'^2 + z'^2}} dt^2 = \frac{\tau k ds^2}{2}.$$

292. *Distance de p à* T. — Nous avons trouvé, pour la distance du point $(\alpha, \alpha_1, \alpha_2)$ à la droite

$$X = a + bt, \quad Y = a_1 + b_1 t, \quad Z = a_2 + b_2 t,$$

la formule

$$\delta = \sqrt{\frac{[(a_1 - \alpha_1)b_2 - (a_2 - \alpha_2)b_1]^2 + [(a_2 - \alpha_2)b - (a - \alpha)b_2]^2 + \ldots}{b^2 + b_1^2 + b_2^2}}$$

Nous avons ici

$$a = x, \qquad a_1 = y, \qquad a_2 = z,$$
$$\alpha = x + \Delta x, \quad \alpha_1 = y + \Delta y, \quad \alpha_2 = z + \Delta z,$$
$$b = x', \qquad b_1 = y', \qquad b_2 = z'.$$

La formule deviendra

$$\delta = \sqrt{\frac{(y'\Delta z - z'\Delta y)^2 + (z'\Delta x - x'\Delta z)^2 + (x'\Delta y - y'\Delta x)^2}{x'^2 + y'^2 + z'^2}},$$

ou, en remplaçant Δx, Δy, Δz par leurs valeurs,

$$\Delta x = x'\,dt + x''\,\frac{dt^2}{1 \cdot 2} + \ldots,$$

$$\Delta y = y'\,dt + y''\,\frac{dt^2}{1 \cdot 2} + \ldots,$$

$$\Delta z = z'\,dt + z''\,\frac{dt^2}{1 \cdot 2} + \ldots,$$

$$\delta = \sqrt{\frac{A^2 + B^2 + C^2}{x'^2 + y'^2 + z'^2}}\,\frac{dt^2}{1 \cdot 2} = \tfrac{1}{2}k\,ds^2.$$

293. *Distance de p_1 à* P. — Elle est donnée par la formule connue

$$\delta = \pm\,\frac{A(x + \Delta x - x) + B(y + \Delta y - y) + C(z + \Delta z - z)}{\sqrt{A^2 + B^2 + C^2}},$$

ou, en remplaçant Δx, Δy, Δz, par leurs valeurs approchées,

$$x' + \tfrac{1}{2}x''dt^2 + \tfrac{1}{6}x'''dt^3 + \ldots,$$

$$\delta = \pm\,\frac{1}{6}\,\frac{D}{\sqrt{A^2 + B^2 + C^2}}\,dt^3 = \pm\,\frac{\tau k\,ds^3}{6}.$$

294. *Distance de* T *à* T_1. — Appliquons la formule trouvée pour la distance de deux droites, en y posant, pour a, a_1, a_2, b, b_1, b_2, α, α_1, α_2, β, β_1, β_2, leurs valeurs actuelles x, y, z, x', y', z', $x + \Delta x$, $y + \Delta y$, $z + \Delta z$, $x' + \Delta x'$, $y' + \Delta y'$, $z' + \Delta z'$. Il viendra, pour la distance cherchée ε,

$$\varepsilon = \frac{\pm L}{\sqrt{(y'\,\Delta z' - z'\,\Delta y')^2 + (z'\,\Delta x' - x'\,\Delta z')^2 + (x'\,\Delta y' - y'\,\Delta x')^2}},$$

où

$$L = \begin{vmatrix} \Delta x & \Delta x' & -x' \\ \Delta y & \Delta y' & -y' \\ \Delta z & \Delta z' & -z' \end{vmatrix}.$$

Le dénominateur a pour valeur principale $\sqrt{A^2 + B^2 + C^2}\, dt$. On a, d'autre part,

$$L = \begin{vmatrix} x'\,dt + x''\dfrac{dt^2}{2} + x'''\dfrac{dt^3}{6} + \ldots & x''\,dt + x'''\dfrac{dt^2}{2} + \ldots & -x' \\[2mm] y'\,dt + y''\dfrac{dt^2}{2} + y'''\dfrac{dt^3}{6} + \ldots & y''\,dt + y'''\dfrac{dt^2}{2} + \ldots & -y' \\[2mm] z'\,dt + z''\dfrac{dt^2}{2} + z'''\dfrac{dt^3}{6} + \ldots & z''\,dt + z'''\dfrac{dt^2}{2} + \ldots & -z' \end{vmatrix}$$

ou, en ajoutant aux termes de la première colonne ceux de la deuxième et de la troisième, respectivement multipliés par $-\frac{1}{2}\,dt$ et par dt (ce qui n'altérera pas le déterminant),

$$L = \begin{vmatrix} x'''\,dt^3\left(\frac{1}{6} - \frac{1}{4}\right) + \ldots & x''\,dt + x'''\dfrac{dt^2}{2} + \ldots & -x' \\[2mm] y'''\,dt^3\left(\frac{1}{6} - \frac{1}{4}\right) + \ldots & y''\,dt + y'''\dfrac{dt^2}{2} + \ldots & -y' \\[2mm] z'''\,dt^3\left(\frac{1}{6} - \frac{1}{4}\right) + \ldots & z''\,dt + z'''\dfrac{dt^2}{2} + \ldots & -z' \end{vmatrix}$$

ou, en réduisant chaque terme à sa valeur principale,

$$L = -\tfrac{1}{12}\,dt^4 \begin{vmatrix} x''' & x'' & x' \\ y''' & y'' & y' \\ z''' & z'' & z' \end{vmatrix} = \frac{D}{12}\,dt^4.$$

Donc

$$\varepsilon = \frac{\pm \mathrm{D}}{\sqrt{\mathrm{A}^2 + \mathrm{B}^2 + \mathrm{C}^2}} \frac{dt^3}{12} = \pm \frac{k\tau \, ds^3}{12}.$$

295. On nomme *plans osculateurs stationnaires* ceux qui correspondent aux points où $\mathrm{D} = o$. La torsion étant nulle en ces points, le plan osculateur P s'y confondra, au deuxième ordre près, avec le plan osculateur en un point P_1 infiniment voisin.

En outre, δ étant nul, la distance de P à p_1 sera du quatrième ordre. Le plan P aura donc un contact du troisième ordre avec la courbe, et se confondra avec la sphère osculatrice.

On voit par là que les plans stationnaires sont analogues aux tangentes d'inflexion des courbes planes.

296. Proposons-nous encore de calculer la différence entre un arc infiniment petit et sa corde.

Nous simplifierons un peu les calculs en admettant qu'on ait pris pour variable indépendante l'arc s.

On aura, dans ce cas,

$$x'^2 + y'^2 + z'^2 = 1$$

et, en différentiant,

$$x'x'' + y'y'' + z'z'' = o,$$

puis

$$x'x''' + y'y''' + z'z''' + x''^2 + y''^2 + z''^2 = o.$$

La formule de la courbure se réduira à

$$k = \sqrt{\mathrm{A}^2 + \mathrm{B}^2 + \mathrm{C}^2} = \sqrt{x''^2 + y''^2 + z''^2}.$$

On a, en effet,

$$\mathrm{A}^2 + \mathrm{B}^2 + \mathrm{C}^2 = (y'z'' - z'y'')^2 + (z'x'' - x'z'')^2 + (x'y'' - y'x'')^2$$
$$= (x''^2 + y''^2 + z''^2)(x'^2 + y'^2 + z'^2)$$
$$- (x'x'' + y'y'' + z'z'')^2,$$

quantité qui se réduit à $x''^2 + y''^2 + z''^2$ d'après les équations précédentes.

Cela posé, soit ds un arc infiniment petit; sa corde sera $\sqrt{\Delta x^2 + \Delta y^2 + \Delta z^2}$. Il s'agit d'évaluer la différence de ces deux quantités.

On a identiquement

$$ds - \sqrt{\Delta x^2 + \Delta y^2 + \Delta z^2} = \frac{ds^2 - (\Delta x^2 + \Delta y^2 + \Delta z^2)}{ds + \sqrt{\Delta x^2 + \Delta y^2 + \Delta z^2}}.$$

Le dénominateur de cette expression est sensiblement $2\,ds$. Pour avoir le numérateur, on remplacera Δx, Δy, Δz par leurs développements,

$$\Delta x = x'\,ds + x''\,\frac{ds^2}{2} + x'''\,\frac{ds^3}{6} + \dots$$

Développant et ordonnant suivant les puissances de ds, il viendra

$$(1 - x'^2 - y'^2 - z'^2)\,ds^2 - 2(x'x'' + y'y'' + z'z'')\,ds^3$$
$$- \left(\frac{x''^2 + y''^2 + z''^2}{4} + \frac{x''x''' + y''y''' + z''z'''}{3} \right) ds^4 - \dots$$

Les coefficients des termes en ds^2 et ds^3 s'annulent. Celui du terme en ds^4 sera, d'après les équations précédentes,

$$(x''^2 + y''^2 + z''^2)(-\tfrac{1}{4} + \tfrac{1}{3}) = \frac{k^2}{12}.$$

Donc, la différence cherchée a pour valeur principale

$$\frac{\dfrac{k^2}{12}\,ds^4}{2\,ds} = \frac{k^2\,ds^3}{24}.$$

297. On nomme *normale principale* au point (x, y, z) la perpendiculaire à la tangente située dans le plan osculateur; *binormale* la perpendiculaire au plan osculateur. Ces deux droites forment avec la tangente un trièdre trirectangle.

Déterminons les cosinus directeurs de ces trois droites :

1° Les cosinus directeurs a, b, c de la tangente, étant proportionnels à x', y', z', seront respectivement égaux à

$$\frac{x'}{\sqrt{x'^2+y'^2+z'^2}} = \frac{dx}{ds}, \quad \frac{y'}{\sqrt{x'^2+y'^2+z'^2}} = \frac{dy}{ds},$$

$$\frac{z'}{\sqrt{x'^2+y'^2+z'^2}} = \frac{dz}{ds}.$$

2° Ceux de la binormale α, β, γ étant proportionnels à A, B, C seront égaux à

$$\frac{A}{\sqrt{A^2+B^2+C^2}}, \quad \frac{B}{\sqrt{A^2+B^2+C^2}}, \quad \frac{C}{\sqrt{A^2+B^2+C^2}}.$$

2° Enfin la normale principale étant perpendiculaire aux deux droites précédentes, ses cosinus directeurs λ, μ, ν satisferont aux équations

$$\lambda x' + \mu y' + \nu z' = 0,$$
$$\lambda A + \mu B + \nu C = 0,$$

et seront proportionnels aux quantités

$$C y' - B z', \quad A z' - C x', \quad B x' - A y'.$$

On aura donc

$$\lambda = \frac{C y' - B z'}{\sqrt{(C y' - B z')^2 + (A z' - C x')^2 + (B x' - A y')^2}}$$

$$= \frac{C y' - B z'}{\sqrt{(A^2 + B^2 + C^2)(x'^2 + y'^2 + z'^2) - (A x' + B y' + C z')^2}},$$

et, comme $A x' + B y' + C z' = 0$,

$$\lambda = \frac{C y' - B z'}{\sqrt{(A^2 + B^2 + C^2)(x'^2 + y'^2 + z'^2)}} = \gamma b - \beta c.$$

On aura de même

$$\mu = \alpha c - \gamma a,$$
$$\nu = \beta a - \alpha b.$$

298. Cherchons comment varient ces cosinus directeurs lorsque le point (x, y, z) se déplace infiniment peu sur la courbe.

On aura d'abord

$$
\begin{aligned}
da &= d\,\frac{x'}{\sqrt{x'^2 + y'^2 + z'^2}} \\
&= \frac{x''\,dt}{\sqrt{x'^2 + y'^2 + z'^2}} - \frac{x'\,(x'x'' + y'y'' + z'z'')}{(x'^2 + y'^2 + z'^2)^{\frac{3}{2}}}\,dt \\
&= \frac{x''\,(x'^2 + y'^2 + z'^2) - x'\,(x'x'' + y'y'' + z'z'')}{(x'^2 + y'^2 + z'^2)^{\frac{3}{2}}}\,dt \\
&= \frac{C y' - B z'}{(x'^2 + y'^2 + z'^2)^{\frac{3}{2}}}\,dt = \lambda\,\frac{\sqrt{A^2 + B^2 + C^2}}{x'^2 + y'^2 + z'^2}\,dt = \lambda\,k\,ds.
\end{aligned}
$$

On aura de même

$$db = \mu\,k\,ds, \quad dc = \nu\,k\,ds.$$

On aura, en second lieu,

$$
\begin{aligned}
d\alpha &= d\,\frac{A}{\sqrt{A^2 + B^2 + C^2}} \\
&= \frac{A'\,(A^2 + B^2 + C^2) - A\,(AA' + BB' + CC')}{(A^2 + B^2 + C^2)^{\frac{3}{2}}}\,dt \\
&= \frac{B\,(BA' - AB') + C\,(CA' - AC')}{(A^2 + B^2 + C^2)^{\frac{3}{2}}}\,dt \\
&= \frac{(B z' - C y')\,D}{(A^2 + B^2 + C^2)^{\frac{3}{2}}}\,dt = -\lambda\tau\,ds,
\end{aligned}
$$

et de même

$$d\beta = -\mu\tau\,ds, \quad d\gamma = -\nu\tau\,ds.$$

Enfin

$$
\begin{aligned}
d\lambda &= d\,(\gamma b - \beta c) = \gamma\,db + b\,d\gamma - c\,d\beta - \beta\,dc \\
&= (\gamma\mu k - b\nu\tau + c\mu\tau - \beta\nu k)\,ds \\
&= (\gamma\mu - \beta\nu)\,k\,ds + (c\mu - b\nu)\,\tau\,ds.
\end{aligned}
$$

On a d'ailleurs

$$\gamma\mu - \beta\nu = \gamma(\alpha c - \gamma a) - \beta(\beta a - \alpha b)$$
$$= -a(\alpha^2 + \beta^2 + \gamma^2) + \alpha(a\alpha + b\beta + c\gamma)$$
$$= -a,$$

$$c\mu - b\nu = c(\alpha c - \gamma a) - b(\beta a - \alpha b)$$
$$= \alpha(a^2 + b^2 + c^2) - a(a\alpha + b\beta + c\gamma)$$
$$= \alpha.$$

Donc

$$d\lambda = -ak\,ds + \alpha\tau\,ds,$$

et de même

$$d\mu = -bk\,ds + \beta\tau\,ds,$$
$$d\nu = -ck\,ds + \gamma\tau\,ds.$$

299. Il résulte de ces formules qu'une courbe est complètement définie lorsqu'on connaîtra :

1° La loi suivant laquelle la courbure et la torsion varient en fonction de l'arc s comme variable indépendante ;

2° Les valeurs de $x, y, z, a, b, c, \alpha, \beta, \gamma, \lambda, \mu, \nu$ correspondantes à une valeur particulière de s, à la valeur zéro, par exemple.

En effet, les formules précédentes donnent les dérivées, par rapport à s, des quantités

$$a = \frac{dx}{ds}, \quad b = \frac{dy}{ds}, \quad c = \frac{dz}{ds}, \quad \alpha, \beta, \gamma, \quad \lambda, \mu, \nu$$

en fonction de ces quantités elles-mêmes, de la courbure et de la torsion. En les différentiant, on obtiendra les dérivées secondes, et ainsi de suite. Mais, pour $s = 0$, on connaît les valeurs des quantités $a, b, c, \alpha, \beta, \gamma, \lambda, \mu, \nu$. On aura donc, pour $s = 0$, la valeur de toutes leurs dérivées.

Connaissant ainsi, pour $s = 0$, les valeurs de x, $a = \dfrac{dx}{ds}$, $\dfrac{da}{ds} = \dfrac{d^2 x}{ds^2}$, $\cdots$, on pourra calculer x par la formule de

Maclaurin

$$x = x_0 + \left(\frac{dx}{ds}\right)_0 s + \left(\frac{d^2 x}{ds^2}\right)_0 \frac{s^2}{1 \cdot 2} + \ldots$$

De même, pour y et z.

300. Deux surfaces sont dites *applicables* l'une sur l'autre si l'on peut établir entre leurs points une correspondance telle que deux courbes correspondantes quelconques aient leurs arcs égaux.

Théorème. — *Toute surface développable est applicable sur un plan.*

Soient, en effet :

S une surface développable ;
C son arête de rebroussement ;
s l'arc de cette courbe compté à partir d'un de ses points ;
$k = f(s)$ et $\tau = \varphi(s)$ sa courbure et sa torsion.

Un point Q de la surface sera défini si l'on connaît :

1° La valeur de s correspondante au point de contact P de la tangente à l'arête de rebroussement qui passe par le point Q ;

2° La longueur $PQ = l$.

Une équation $l = \Psi(s)$ entre ces deux coordonnées représentera une courbe K tracée sur S.

Proposons-nous de trouver la différentielle de l'arc σ de cette courbe (*fig.* 18).

Soient Q, Q' deux points infiniment voisins ayant respectivement pour coordonnées s, l et $s + \Delta s$, $l + \Delta l$; l'arc $QQ' = \Delta \sigma$, dont on cherche la valeur principale, pourra être remplacé par sa corde QQ'. Celle-ci sera tout au plus de l'ordre de Δs. En effet, la distance δ de la droite P'Q' au point P infiniment voisin étant du deuxième ordre par rapport à Δs, l'angle φ des deux tangentes étant du premier ordre, et enfin $PQ = l$ étant fini, la plus courte distance de Q à P'Q' sera du premier ordre, et *a fortiori* la distance QQ' sera du premier ordre au plus.

Cela posé, par le point P menons une parallèle à P'Q'. Soient P'', Q'' les projections de P', Q' sur cette droite. On aura $P'P'' = Q'Q'' = \delta$. Ces quantités sont donc du deuxième ordre. *A fortiori*, la différence entre QQ' et QQ'' sera du deuxième ordre au moins, et l'on pourra substituer QQ'' à QQ' pour le calcul de sa valeur principale.

Fig. 18.

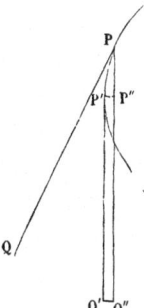

Or, dans le triangle PQQ'', l'angle en P est sensiblement égal à $k\,\Delta s$. Le côté PQ est égal à l. Enfin le côté PQ'' est égal à $PP'' + P''Q'' = PP'' + P'Q'$.

Mais $P'Q' = l + \Delta l$; d'autre part, PP'' est la projection de PP', quantité infiniment petite du premier ordre, et dont l'angle avec PQ' est infiniment petit. On aura donc, en négligeant le second ordre,

$$PP'' = PP' = \operatorname{arc} PP' = \Delta s,$$

d'où

$$P'Q' = l + \Delta l + \Delta s.$$

Cela posé, la formule trouvée pour l'arc d'une courbe en coordonnées polaires donnera

$$d\sigma = \text{val. princ. } QQ' = \text{val. princ. } \sqrt{l^2 k^2 \Delta s^2 + (\Delta l + \Delta s)^2}$$
$$= ds \sqrt{l^2 k^2 + [\Psi'(s) + 1]^2}.$$

On voit que cette expression est indépendante de la torsion τ.

Cela posé, construisons dans un plan une courbe C_1 dont la courbure en fonction de l'arc soit la même que pour la courbe C. Au point de la surface développable qui a pour coordonnées s et l, faisons correspondre dans le plan un point construit de la même manière, en prenant sur la courbe C_1, à partir de l'origine des arcs, un arc égal à s, menant la tangente au point obtenu et prenant une longueur l sur cette tangente. A la courbe K correspondra une courbe K_1 et l'arc σ de cette courbe, considéré comme fonction de s, aura la même différentielle, d'après ce qui précède, que l'arc σ.

Les arcs σ et σ_1, ayant même différentielle, ne pourront différer que par une constante. Si, d'ailleurs, on prend pour origines respectives des arcs sur les courbes K et K_1 des points correspondants, σ et σ_1, s'annuleront en même temps, et par suite seront toujours égaux.

301. Proposons-nous d'appliquer les formules trouvées dans cette section à l'*hélice*.

On nomme ainsi la courbe engendrée par un point qui se meut sur un cylindre droit à base circulaire de telle sorte que sa distance au plan de base soit constamment proportionnelle à l'angle dont a tourné sa projection.

Soient t cet angle, m le rayon du cercle de base. La courbe sera évidemment définie par les équations

$$x = m \cos t, \quad y = m \sin t, \quad z = nt.$$

On en déduit successivement

$$x' = -m \sin t, \quad y' = m \cos t, \quad z' = n,$$
$$x'' = -m \cos t, \quad y'' = -m \sin t, \quad z'' = 0,$$
$$x''' = m \sin t, \quad y''' = -m \cos t, \quad z''' = 0,$$

$$A = y'z'' - z'y'' = mn \sin t,$$
$$B = z'x'' - x'z'' = -mn \cos t,$$
$$C = x'y'' - y'x'' = m^2,$$

$$D = \begin{vmatrix} x' & y' & z' \\ x'' & y'' & z'' \\ x''' & y''' & z''' \end{vmatrix} = m^2 n,$$

$$ds = \sqrt{x'^2 + y'^2 + z'^2}\, dt = \sqrt{m^2 + n^2}\, dt,$$

$$(18) \qquad k = \frac{1}{R} = \frac{\sqrt{m^2 n^2 + m^2}}{(m^2 + n^2)^{\frac{3}{2}}} = \frac{m\sqrt{1 + n^2}}{(m^2 + n^2)^{\frac{3}{2}}},$$

$$(19) \qquad \tau = \frac{D}{A^2 + B^2 + C^2} = \frac{n}{m^2 + n^2},$$

. . . .

On voit que la courbure et la torsion sont constantes, ce qui était évident, les divers arcs de la eourbe étant superposables les uns aux autres.

Réciproquement, toute courbe dont la courbure et la torsion sont constantes sera une hélice, dont les paramètres m, n seront déterminés par les équations (18) et (19).

VII. — Systèmes de droites.

302. Une droite D, passant par un point (a, a_1, a_2) et dont les cosinus directeurs sont proportionnels à b, b_1, b_2, a, comme on l'a vu, pour équations,

$$(1) \qquad \frac{X - a}{b} = \frac{Y - a_1}{b_1} = \frac{Z - a_2}{b_2},$$

ou, en introduisant une variable auxiliaire t,

$$(2) \qquad X = a + bt, \quad Y = a_1 + b_1 t, \quad Z = a_2 + b_2 t,$$

$t\sqrt{b^2 + b_1^2 + b_2^2}$ étant la distance du point (X, Y, Z) au point (a, a_1, a_2).

Supposons que les coefficients a, b, ... dépendent de certains paramètres α, β, ... En faisant varier ces paramètres, on obtiendra un système de droites.

S'il n'y a qu'un paramètre α, ces droites formeront une *surface réglée* dont on obtiendrait l'équation en éliminant α entre les deux équations (1).

S'il·y a deux paramètres α, β, on aura une *congruence de droites*. Par chaque point (x, y, z) de l'espace passeront une ou plusieurs droites de la congruence, correspondant aux systèmes de valeurs de α, β, qui satisfont aux équations

$$(3) \qquad \frac{x-a}{b} = \frac{y-a_1}{b_1} = \frac{z-a_2}{b_2}.$$

S'il y a trois paramètres α, β, γ, on aura un *complexe de droites*. Par chaque point (x, y, z) passeront une infinité de droites du complexe, formant un cône, dont on obtiendra l'équation en éliminant α, β, γ entre les équations (1) et (3).

Enfin, s'il y avait plus de trois paramètres, le système contiendrait toutes les droites possibles, car on pourrait déterminer les paramètres de manière à faire passer la droite par deux points arbitraires (x, y, z), (x_1, y_1, z_1), ce qui ne donnerait que quatre équations de condition.

303. Soient D une droite du système, ayant pour équations

$$X = a + bt, \quad Y = a_1 + b_1 t, \quad Z = a_2 + b_2 t,$$

et D_1 une droite infiniment voisine, laquelle aura pour équations

$$X = a + da + (b + db)t,$$
$$Y = a_1 + da_1 + (b + db_1)t,$$
$$Z = a_2 + da_2 + (b + db_2)t,$$

en bornant l'approximation au premier ordre et écrivant par suite da, db, ... à la place de Δa, Δb, ...

La position relative de ces deux droites dépend de quatre éléments :

1° Leur angle φ. On aura, d'après des formules précédemment trouvées,

$$\varphi = \frac{\sqrt{A^2 + A_1^2 + A_2^2}}{b^2 + b_1^2 + b_2^2},$$

en posant, pour abréger,

$$A = b_1\,db_2 - b_2\,db_1,$$
$$A_1 = b_2\,db - b\,db_2,$$
$$A_2 = b\,db_1 - b_1\,db.$$

2° Leur plus courte distance δ. Elle a pour valeur

$$\delta = \frac{L}{\pm\sqrt{A^2 + A_1^2 + A_2^2}},$$

L désignant le déterminant

$$\begin{vmatrix} da & b & db \\ da_1 & b_1 & db_1 \\ da_2 & b_2 & db_2 \end{vmatrix}$$

3° La position du point où cette plus courte distance vient rencontrer D. La valeur T de la variable t qui correspond à ce point est donnée par la formule

$$T = \frac{N}{A^2 + A_1^2 + A_2^2},$$

où N désigne le déterminant

$$\begin{vmatrix} A & b + db & da \\ A_1 & b_1 + db_1 & da_1 \\ A_2 & b_2 + db_2 & da_2 \end{vmatrix}$$

ou, plus simplement,

$$\begin{vmatrix} A & b & da \\ A_1 & b_1 & da_1 \\ A_2 & b_2 & da_2 \end{vmatrix},$$

en négligeant db, db_1, db_2 par rapport à b, b_1, b_2.

4° La direction de cette plus courte distance. On peut la déterminer soit par l'angle ψ qu'elle forme avec un plan de position connue mené par D, soit d'une manière plus symétrique par ses cosinus directeurs λ, λ_1, λ_2. Cette droite étant perpendiculaire à D et à D_1, on aura

$$b\lambda + b_1\lambda_1 + b_2\lambda_2 = 0,$$

$$(b + db)\lambda + (b_1 + db_1)\lambda_1 + (b_2 + db_2)\lambda_2 = 0.$$

On déduit de ces équations

$$\frac{\lambda}{A} = \frac{\lambda_1}{A_1} = \frac{\lambda_2}{A_2},$$

et, comme

$$\lambda^2 + \lambda_1^2 + \lambda_2^2 = 1,$$

$$\lambda = \frac{A}{\sqrt{A^2 + A_1^2 + A_2^2}}, \quad \lambda_1 = \frac{A_1}{\sqrt{A^2 + A_1^2 + A_2^2}},$$

$$\lambda_2 = \frac{A_2}{\sqrt{A^2 + A_1^2 + A_2^2}}.$$

On voit par ces formules que T, λ, λ_1, λ_2 sont des quantités finies; δ et φ sont du premier ordre, mais leur rapport

$$p = \frac{\delta}{\varphi} = \frac{L(b^2 + b_1^2 + b_2^2)}{A^2 + A_1^2 + A_2^2}$$

sera une quantité finie, qu'on nomme le *paramètre de distribution*.

Proposons-nous de déterminer les relations qui existent entre ces éléments T, λ, λ_1, λ_2, p. Nous aurons à distinguer trois cas distincts, suivant le nombre des paramètres variables.

304. PREMIER CAS : *Surfaces réglées.* — On n'a qu'un seul paramètre α, et si, dans les expressions de T, λ, λ_1, λ_2, p, on remplace da, db, ... par leurs valeurs $a'd\alpha$, $b'd\alpha$, ..., la quantité $d\alpha$, se trouvant en facteur avec le même degré au numérateur et au dénominateur, disparaîtra de ces expressions.

La droite E, sur laquelle se mesure la plus courte distance des droites D et D_1, étant complètement déterminée par les valeurs de T, λ, λ_1, λ_2, on aura ce théorème :

Les génératrices d'une surface réglée infiniment voisines d'une même génératrice D viennent toutes couper perpendiculairement une même droite E (*au second ordre près*).

Le point d'intersection de D avec E se nomme le *point central* de la génératrice D. Il aura pour coordonnées

$$x = a + b\mathrm{T}, \quad y = a_1 + b_1\mathrm{T}, \quad z = a_2 + b_2\mathrm{T}.$$

Le lieu des points centraux se nomme *ligne de striction*. On aura ses équations en éliminant α entre les trois équations ci-dessus.

305. Soit

$$x = a + bt, \quad y = a_1 + b_1 t, \quad z = a_2 + b_2 t$$

un point de la surface. Ses coordonnées sont exprimées, comme on le voit, en fonction des deux paramètres α et t. L'équation générale d'un plan

$$\mathscr{A}\,\mathrm{X} + \mathscr{B}\,\mathrm{Y} + \mathscr{C}\,\mathrm{Z} + \mathscr{D} = 0$$

contient trois paramètres, dont on pourra disposer pour établir un contact du premier ordre avec la surface. Il faudra pour cela satisfaire aux trois équations

$$0 = \Psi(t, \alpha) = \mathscr{A}(a + bt) + \mathscr{B}(a_1 + b_1 t) + \mathscr{C}(a_2 + b_2 t) + \mathscr{D},$$

$$0 = \frac{\partial \Psi}{\partial t} = \mathscr{A} b + \mathscr{B} b_1 + \mathscr{C} b_2,$$

$$0 = \frac{\partial \Psi}{\partial \alpha} = \mathscr{A}(a' + b't) + \mathscr{B}(a'_1 + b'_1 t) + \mathscr{C}(a'_2 + b'_2 t).$$

On en déduira

$$0 = \mathscr{A}(\mathrm{X} - a - bt) + \mathscr{B}(\mathrm{Y} - a_1 - b_1 t) + \mathscr{C}(\mathrm{Z} - a_2 + b_2 t),$$

et, en éliminant $\mathscr{A}, \mathscr{B}, \mathscr{C}$, on aura l'équation du plan tangent sous la forme

$$\begin{vmatrix} \mathrm{X} - a - bt & \mathrm{Y} - a_1 - b_1 t & \mathrm{Z} - a_2 - b_2 t \\ b & b_1 & b_2 \\ a' + b't & a'_1 + b'_1 t & a'_2 + b'_2 t \end{vmatrix} = 0.$$

Ce plan contient la génératrice. En effet, un point quelconque de cette génératrice a ses coordonnées de la forme

$$a + bt_1, \quad a_1 + b_1 t_1, \quad a_2 + b_2 t_1.$$

Substituant ces valeurs des coordonnées dans l'équation du plan tangent, les deux premières lignes du déterminant deviennent identiques, sauf le facteur commun $t_1 - t$.

Mais la direction de ce plan tangent variera en général avec la position du point de contact (x, y, z) sur la génératrice. On voit, en effet, que l'équation du plan tangent dépend de t.

306. Pour déterminer simplement la loi de cette variation, nous admettrons que nous ayons choisi pour axe des z la génératrice considérée D, et pour axe des y la droite E qui lui correspond.

On aura, pour tous les points de D,

$$x = 0, \quad y = 0.$$

Donc, pour cette génératrice, a, b, a_1, b_1 seront égaux à zéro. D'ailleurs rien n'empêche de prendre pour variable indépendante, à la place de t, la fonction linéaire $a_2 + b_2 t$. On peut donc supposer qu'on a constamment

$$a_2 = 0, \quad b_2 = 1, \quad a'_2 = b'_2 = 0.$$

Cela posé, la génératrice D aura pour équations

$$z = t, \quad x = 0, \quad y = 0.$$

Une génératrice infiniment voisine aura pour équations

$$z = t,$$
$$x = da + dbt = da + db z,$$
$$y = da_1 + db_1 t = da_1 + db_1 z,$$

Mais, par définition, cette génératrice rencontre l'axe des y à une distance δ de l'origine ; on aura donc

$$da = 0, \quad da_1 = \delta.$$

De plus, elle est perpendiculaire à cet axe et fait un angle φ avec l'axe des z. On aura donc

$$db_1 = 0, \quad db = \tang\varphi = \varphi,$$

en négligeant la différence entre la tangente et l'arc.
On aura, par suite,

$$a' = \frac{da}{d\alpha} = 0,$$

$$a'_1 = \frac{da_1}{d\alpha} = \frac{\delta}{d\alpha},$$

$$b' = \frac{db}{d\alpha} = \frac{\varphi}{d\alpha},$$

$$b'_1 = \frac{db_1}{d\alpha} = 0.$$

Substituons ces valeurs et celles de a, a_1, a_2, b, b_1, b_2, a'_2, b''_2, dans l'équation du plan tangent; elle deviendra

$$\begin{vmatrix} X & Y & Z-t \\ 0 & 0 & 1 \\ \dfrac{\varphi}{d\alpha}t & \dfrac{\delta}{d\alpha} & 0 \end{vmatrix} = 0,$$

ou

$$Y = \frac{\delta}{\varphi}\,tX = p\,zX.$$

L'angle V que le plan tangent forme avec le plan des yz sera donné par la formule

$$\tang V = \frac{1}{p\,z}.$$

Cet angle, en général variable avec z, sera constant dans les deux hypothèses suivantes :

$$p = \infty, \quad \text{d'où} \quad \delta = 0.$$
$$p = 0, \quad \text{d'où} \quad \varphi = 0,$$

307. Il est intéressant de rechercher quelle est la nature particulière des surfaces réglées pour lesquelles une de ces deux conditions $\varphi = o$ ou $\delta = o$ est constamment satisfaite.

THÉORÈME. — *L'équation* $\delta = o$ *exprime que la surface réglée est développable.*

Cherchons en effet à quelles conditions la surface sera développable. Soient x, y, z les coordonnées du point où la génératrice touche l'arête de rebroussement, θ la valeur correspondante de t. On aura

$$x = a + b\theta, \quad y = a_1 + b_1\theta, \quad z = a_2 + b_2\theta,$$

x, y, z et θ variant en général d'une génératrice à l'autre, et par suite étant des fonctions de α.

Ces équations, différentiées par rapport à α, donneront

$$dx = da + b\,d\theta + \theta\,db,$$
$$dy = da_1 + b_1\,d\theta + \theta\,db_1,$$
$$dz = da_2 + b_2\,d\theta + \theta\,db_2.$$

Mais, la génératrice étant tangente à l'arête de rebroussement, ses cosinus directeurs seront proportionnels à dx, dy, dz; ils le sont d'ailleurs à b, b_1, b_2; on aura donc, en désignant par μ un facteur convenable,

$$dx = \mu b, \quad dy = \mu b_1, \quad dz = \mu b_2.$$

Substituant ces valeurs dans les équations précédentes, il viendra

$$o = da + b\,(d\theta - \mu) + \theta\,db,$$
$$o = da_1 + b_1\,(d\theta - \mu) + \theta\,db_1,$$
$$o = da_2 + b_2\,(d\theta - \mu) + \theta\,db_2.$$

Ces trois équations entre les deux quantités θ et $d\theta - \mu$ ne seront pas compatibles en général, mais elles le deviendront si le déterminant

$$\begin{vmatrix} da & b & db \\ da_1 & b_1 & db_1 \\ da_2 & b_2 & db_2 \end{vmatrix}$$

s'annule. Or ce déterminant est précisément L, numérateur de δ.

Donc δ sera nul, à moins qu'on n'ait $A = A_1 = A_2 = o$, auquel cas le dénominateur s'annulerait également.

308. Les trois équations $A = A_1 = A_2 = o$ équivalent à l'équation unique $\varphi = o$. Si celle-ci est satisfaite, *la surface sera un cylindre*. Car deux génératrices infiniment voisines ne formant qu'un angle du deuxième ordre, les cosinus directeurs de la génératrice, considérés comme fonctions de α, n'éprouveront qu'une variation du second ordre par rapport à l'accroissement de α. Donc leurs différentielles sont nulles; donc ils sont constants.

309. DEUXIÈME CAS : *Congruences*. — On a dans ce cas deux paramètres variables α, β et, par suite,

$$da = \frac{\partial a}{\partial \alpha}\, d\alpha + \frac{\partial a}{\partial \beta}\, d\beta,$$

$$db = \frac{\partial b}{\partial \alpha}\, d\alpha + \frac{\partial b}{\partial \beta}\, d\beta,$$

. . . .

Substituant ces valeurs dans les expressions de λ, $λ_1$, $λ_2$, T, p, on voit que, pour une génératrice donnée D, correspondant à un système déterminé de valeurs de α et de β, ces cinq quantités ne dépendent que du rapport $\dfrac{d\beta}{d\alpha}$. Il doit donc exister entre elles quatre relations indépendantes du choix de la génératrice D_1.

Proposons-nous de trouver ces relations.

310. Nous remarquerons tout d'abord que la quantité $A^2 + A_1^2 + A_2^2$, qui figure au dénominateur des expressions λ, $λ_1$, $λ_2$, T, p, ne pourra, en général, s'annuler pour aucune valeur de $\dfrac{d\beta}{d\alpha}$. En effet, il faudrait pour cela qu'on eût simul-

tanément

$$A = o, \quad A_1 = o, \quad A_2 = o,$$

d'où

$$\frac{db}{b} = \frac{db_1}{b_1} = \frac{db_2}{b_2},$$

ou, en appelant μ la valeur commune de ces rapports,

$$\frac{\partial b}{\partial \alpha} \, d\alpha + \frac{\partial b}{\partial \beta} \, d\beta = b\mu,$$

$$\frac{\partial b_1}{\partial \alpha} \, d\alpha + \frac{\partial b_1}{\partial \beta} \, d\beta = b_1\mu,$$

$$\frac{\partial b_2}{\partial \alpha} \, d\alpha + \frac{\partial b_2}{\partial \beta} \, db = b_2\mu,$$

équations qui ne peuvent subsister simultanément que si l'on a

$$(4) \qquad \begin{vmatrix} \dfrac{\partial b}{\partial \alpha} & \dfrac{\partial b}{\partial \beta} & b \\[2mm] \dfrac{\partial b_1}{\partial \alpha} & \dfrac{\partial b_1}{\partial \beta} & b_1 \\[2mm] \dfrac{\partial b_2}{\partial \alpha} & \dfrac{\partial b_2}{\partial \beta} & b_2 \end{vmatrix} = o.$$

C'est là une équation entre α et β, qui est nécessaire pour que $A^2 + A_1^2 + A_2^2$ puisse s'annuler.

Nous pourrons appeler *génératrices singulières* les génératrices de la congruence pour lesquelles l'équation (4) est satisfaite. Elles forment une surface réglée, dont on aura l'équation en éliminant α, β, t entre l'équation (4) et les équations

$$(5) \qquad x = a + bt, \quad y = a_1 + b_1 t, \quad z = a_2 + b_2 t.$$

311. Supposons que D soit une génératrice ordinaire. T étant exprimé par une fraction dont le numérateur et le dénominateur sont homogènes et de second degré en $d\alpha, d\beta$, et dont le dénominateur ne peut s'annuler, aura un maximum T_0 et un minimum T_1 toujours réels; on pourra les obtenir, ainsi que les valeurs correspondantes de $\frac{d\beta}{d\alpha}$, par la méthode exposée au n° 211. Substituant ces valeurs à la place de t dans les équations (5), on aura les coordonnées des points correspondants de D, exprimées en fonctions de α, β. Ces points se nomment *points principaux*. On nomme *plans principaux* ceux qui passent par les lignes de plus courte distance correspondantes à ces points et par la droite D.

Éliminant α et β entre les équations qui donnent les coordonnées d'un point principal, on obtiendra le lieu de ce point. On obtiendra de même le lieu du second point principal. Les deux *surfaces principales* ainsi obtenues pourront constituer, soit deux surfaces distinctes, soit plus habituellement deux nappes d'une seule et même surface.

312. Passons à l'examen de l'expression qui donne le paramètre de distribution p. Le déterminant L qui figure au numérateur, étant du second degré en $\frac{d\beta}{d\alpha}$, s'annulera pour deux valeurs réelles ou imaginaires de ce rapport. A chacune de ces deux valeurs correspondent une valeur de T et, par suite, un point de D.

Les deux points ainsi obtenus se nomment *foyers*. Ils pourront être réels ou imaginaires. Les lieux de ces points (*surfaces focales*) se détermineront comme les surfaces principales.

313. Soient

$$(6) \qquad \frac{d\beta}{d\alpha} = M,$$

$$(7) \qquad \frac{d\beta}{d\alpha} = M_1$$

les deux valeurs de $\frac{d\beta}{d\alpha}$ tirées de l'équation $L = 0$; M et M_1 seront des fonctions connues de α, β.

Nous verrons dans le Calcul intégral qu'on peut trouver pour β une expression $\beta = \varphi(\alpha)$ qui satisfasse identiquement à l'équation différentielle (6) et qui, de plus, se réduise à β_0 pour $\alpha = \alpha_0$, les constantes α_0 et β_0 pouvant être choisies à volonté.

Cela posé, substituons $\beta = \varphi(\alpha)$ dans les équations

$$x = a + bt, \quad y = a_1 + b_1 t, \quad z = a_2 + b_2 t$$

des génératrices de la congruence. Ces équations, ne contenant plus qu'un seul paramètre α, représenteront une surface réglée, dont les génératrices font partie de la congruence; cette surface est développable, car, l'équation (6) étant une conséquence de l'équation $\beta = \varphi(\alpha)$, on aura $p = 0$ pour deux génératrices voisines prises sur cette surface. Enfin, cette surface contient la génératrice correspondante aux valeurs $\beta = \beta_0$, $\alpha = \alpha_0$ des paramètres variables.

La considération de l'équation différentielle (7) donnerait une seconde surface développable jouissant des mêmes propriétés que la première.

On aura donc ce théorème :

Une droite quelconque D *de la congruence fait partie de deux surfaces développables, formées de droites de la congruence.*

On doit remarquer toutefois que ces surfaces n'auront d'existence réelle que si les valeurs de $\dfrac{d\beta}{d\alpha}$ déduites de l'équation L = 0 sont réelles.

La droite D est tangente à l'arête de rebroussement de chacune des développables dont elle fait partie. Mais ces arêtes de rebroussement sont évidemment situées sur les surfaces focales; on a donc cette proposition :

Toutes les droites de la congruence sont tangentes à chacune des surfaces focales.

On nomme *plans focaux* les plans menés par D et respectivement perpendiculaires aux lignes E de plus courte distance correspondantes à ses deux foyers. Ces plans sont tangents aux deux développables qui se croisent suivant la droite D.

On a vu, en effet, que, dans une surface réglée quelconque, le plan tangent en un point situé sur une génératrice D à une distance z du point central fait, avec la perpendiculaire E, un angle V donné par la formule

$$\tan V = \frac{1}{p\,z};$$

dans une développable, où $p = 0$, tang V sera infini et V sera droit.

314. Pour nous rendre un compte plus exact de la distribution autour de D des droites de la congruence qui en sont infiniment voisines, prenons cette droite pour axe des z, en nous réservant de disposer ultérieurement de la position de l'origine, ainsi que de l'orientation du plan des xz.

Supposons, en outre, qu'on prenne z pour variable indépendante, on aura constamment $a_2 = 0$, $b_2 = 1$, d'où $da_2 = db_2 = 0$. En outre, D ayant pour équations $x = 0$, $y = 0$, $z = t$, on aura, pour cette droite,

$$a = a_1 = b = b_1 = 0.$$

Portons ces diverses valeurs dans les formules générales; il viendra

$$A = -db_1, \quad A_1 = db, \quad A_2 = 0,$$

$$L = \begin{vmatrix} da & 0 & db \\ da_1 & 0 & db_1 \\ 0 & 1 & 0 \end{vmatrix} = db\,da_1 - da\,db_1,$$

$$N = \begin{vmatrix} -db_1 & 0 & da \\ db & 0 & da_1 \\ 0 & 1 & 0 \end{vmatrix} = da\,db + da_1\,db_1,$$

$$\lambda = -\frac{db_1}{\sqrt{db^2 + db_1^2}}, \quad \lambda_1 = \frac{db}{\sqrt{db^2 + db_1^2}}, \quad \lambda_2 = 0,$$

$$(8) \qquad T = \frac{da\,db + da_1\,db_1}{db^2 + db_1^2}, \quad p = \frac{db\,da_1 - da\,db_1}{db^2 + db_1^2}.$$

Enfin, le déterminant (4) se réduira à

$$
\begin{vmatrix}
\dfrac{\partial b}{\partial \alpha} & \dfrac{\partial b}{\partial \beta} & 0 \\[2mm]
\dfrac{\partial b_1}{\partial \alpha} & \dfrac{\partial b_1}{\partial \beta} & 0 \\[2mm]
0 & 0 & 1
\end{vmatrix}
=
\begin{vmatrix}
\dfrac{\partial b}{\partial \alpha} & \dfrac{\partial b}{d\beta} \\[2mm]
\dfrac{\partial b_1}{\partial \alpha} & \dfrac{\partial b_1}{\partial \beta}
\end{vmatrix} ;
$$

D étant supposée une génératrice ordinaire, ce déterminant ne sera pas nul. On pourra donc des équations

$$
db = \frac{\partial b}{\partial \alpha}\, d\alpha + \frac{\partial b}{\partial \beta}\, d\beta,
$$

$$
db_1 = \frac{\partial b_1}{d\alpha}\, d\alpha + \frac{\partial b_1}{\partial \beta}\, d\beta
$$

déduire l'expression de $d\alpha$ et $d\beta$ en fonction linéaire de db et de db_1.

Les quantités da, da_1, étant des fonctions linéaires de $d\alpha$, $d\beta$, deviendront des fonctions linéaires de db, db_1, telles que

$$
da = P\,db + Q\,db_1,
$$

$$
da_1 = P_1\,db + Q_1\,db_1.
$$

On aura, par suite,

$$
T = \frac{P\,db^2 + (P_1 + Q)\,db\,db_1 + Q_1\,db_1^2}{db^2 + db_1^2},
$$

$$
p = \frac{P_1\,db^2 + (Q_1 - P)\,db\,db_1 - Q\,db_1^2}{db^2 + db_1^2}.
$$

Soit d'ailleurs ψ l'angle que la plus courte distance forme avec l'axe des y. On aura

$$
\lambda = \sin\psi, \quad \lambda_1 = \cos\psi, \quad \lambda_2 = 0,
$$

d'où

$$
\operatorname{tang}\psi = \frac{\lambda}{\lambda_1} = -\frac{db_1}{db}.
$$

Les valeurs de z correspondantes aux points principaux

s'obtiendront en cherchant le maximum et le minimum de T. On sait qu'il faut pour cela poser les équations

$$(9) \qquad 2\,\mathrm{P}\,db + (\mathrm{P}_1 + \mathrm{Q})\,db_1 + 2\,\mu\,db = 0,$$

$$(10) \qquad (\mathrm{P}_1 + \mathrm{Q})\,db + 2\,\mathrm{Q}_1\,db_1 + 2\,\mu.db_1 = 0,$$

d'où

$$(11) \qquad \begin{vmatrix} 2\,\mathrm{P} + 2\,\mu & \mathrm{P}_1 + \mathrm{Q} \\ \mathrm{P}_1 + \mathrm{Q} & 2\,\mathrm{Q}_1 + 2\,\mu \end{vmatrix} = 0.$$

Cette dernière équation donnera au signe près le maximum et le minimum cherchés. Les précédentes donneront la valeur correspondante de $\dfrac{db_1}{db} = -\operatorname{tang}\psi$.

Supposons maintenant que nous ayons pris pour plan des zy l'un des plans principaux, et choisi l'origine à égale distance des points principaux. On devra avoir un maximum on un minimum pour $\psi = 0$, d'où $\dfrac{db_1}{db} = 0$, ce qui réduira l'équation (10) à

$$\mathrm{P}_1 + \mathrm{Q} = 0.$$

L'équation (11) se réduira à

$$(2\,\mathrm{P} + 2\,\mu)\,(2\,\mathrm{Q}_1 + 2\,\mu) = 0,$$

et, ses racines devant être égales et opposées, on aura

$$\mathrm{Q}_1 = -\mathrm{P}.$$

Faisant donc $\mathrm{P}_1 = -\mathrm{Q}$, $\mathrm{Q}_1 = -\mathrm{P}$, $\dfrac{db_1}{db} = -\operatorname{tang}\psi$ dans les formules, il viendra

$$(12) \qquad \mathrm{T} = \mathrm{P}\,\frac{1 - \operatorname{tang}^2\psi}{1 + \operatorname{tang}^2\psi} = \mathrm{P}\cos 2\psi,$$

$$(13) \qquad p = \frac{2\,\mathrm{P}\operatorname{tang}\psi - \mathrm{Q}(1 + \operatorname{tang}^2\psi)}{1 + \operatorname{tang}^2\psi} = \mathrm{P}\sin 2\psi - \mathrm{Q}.$$

315. On déduit de ces formules des conséquences importantes :

1° T est maximum ou minimum pour $\psi = 0$ et $\psi = 90°$; d'où cette conséquence :

Les deux plans principaux sont rectangulaires.

2° p s'annule pour $\sin 2\psi = \dfrac{Q}{P}$, d'où

$$T = \pm P \sqrt{1 - \frac{Q^2}{P^2}} = \pm \sqrt{P^2 - Q^2}.$$

Ces deux valeurs étant égales et de signe contraire, et moindres que P, on aura ce résultat :

Les foyers sont situés entre les points principaux, à égale distance du milieu de la droite qui les joint.

Les foyers seront d'ailleurs réels ou imaginaires, suivant que P sera $> Q$ ou $< Q$ en valeur absolue.

3° L'équation $\sin 2\psi = \dfrac{Q}{P}$ a deux racines : ψ_0 et $\dfrac{\pi}{2} - \psi_0$. Les plans focaux auront pour azimut $\dfrac{\pi}{2} + \psi_0$ et $\pi - \psi_0$. On voit donc qu'*ils font des angles égaux avec les plans principaux.*

4° Si $Q = 0$, les foyers et les plans focaux seront réels et se confondront avec les points et les plans principaux. Les plans focaux seront donc rectangulaires.

Réciproquement, si ces plans sont rectangulaires, on aura

$$\pi - \psi_0 = \frac{\pi}{2} + \psi_0 + \frac{\pi}{2},$$

d'où $\psi_0 = 0$ et, par suite, $Q = 0$, et les autres propriétés ci-dessus auront lieu.

316. Les plans focaux ont pour équation

$$\frac{y}{x} = \tang\left(\frac{\pi}{2} - \psi + \frac{\pi}{2}\right) = -\tang\psi = -\frac{\sin 2\psi}{1 + \cos 2\psi}.$$

ou

$$(14) \qquad \frac{y}{x} = - \frac{Q}{P \pm \sqrt{P^2 - Q^2}},$$

et seront distingués l'un de l'autre par le signe du radical.

Soit, d'autre part, D_1 une droite de la congruence infiniment voisine de D; elle aura pour équations

$$z = t,$$
$$x = da + dbt = da + dbz = (z + P)db + Qdb_1,$$
$$y = da_1 + db_1 t = da_1 + db_1 z = - Qdb + (z - P)db_1.$$

Elle rencontrera le plan focal (14) en un point dont le z est déterminé par l'équation

$$\frac{- Qdb + (z - P)db_1}{(z + P)db + Qdb_1} = - \frac{Q}{P \pm \sqrt{P^2 - Q^2}}.$$

Or cette équation est satisfaite, quel que soit le rapport $\frac{db_1}{db}$, en posant $z = \pm \sqrt{P^2 - Q^2}$.

Cette équation, jointe à l'équation (14), représente une perpendiculaire à D menée dans le plan focal et passant par le foyer. Cette perpendiculaire a reçu le nom de *droite focale*.

On peut donc énoncer cette proposition :

Les intersections d'une génératrice quelconque D_1, *infiniment voisine de* D, *avec les plans focaux, sont situées sur les droites focales* (aux infiniment petits du second ordre près).

317. Il nous reste à étudier la distribution autour de D des droites infiniment voisines, lorsque D est une génératrice singulière.

Dans ce cas, le déterminant

$$\begin{vmatrix} \dfrac{\partial b}{\partial \alpha} & \dfrac{\partial b}{\partial \beta} \\[2mm] \dfrac{\partial b_1}{\partial \alpha} & \dfrac{\partial b_1}{\partial \beta} \end{vmatrix}$$

étant nul, le rapport des quantités

$$db = \frac{\partial b}{\partial \alpha}\, d\alpha + \frac{\partial b}{\partial \beta}\, d\beta,$$

$$db_1 = \frac{\partial b_1}{\partial \alpha}\, d\alpha + \frac{\partial b_1}{\partial \beta}\, d\beta$$

ne dépendra pas du rapport $\dfrac{d\beta}{d\alpha}$. On aura donc

$$\operatorname{tang}\psi = -\frac{db_1}{db} = \text{const.},$$

d'où

$$\psi = \text{const.}$$

On pourra orienter les axes coordonnés de telle sorte que l'on ait $\psi = 0$, d'où $db_1 = 0$.

Les formules (8) deviendront alors

$$\mathrm{T} = \frac{da}{db}, \quad p = \frac{da_1}{db}.$$

Si le déterminant

$$(15) \qquad \begin{vmatrix} \dfrac{\partial a_1}{\partial \alpha} & \dfrac{\partial a_1}{\partial \beta} \\[2mm] \dfrac{\partial b}{\partial \alpha} & \dfrac{\partial b}{\partial \beta} \end{vmatrix}$$

n'est pas nul, on pourra déduire des équations

$$da_1 = \frac{\partial a_1}{\partial \alpha}\, d\alpha + \frac{\partial a}{\partial \beta}\, d\beta,$$

$$db = \frac{\partial b}{\partial \alpha}\, d\alpha + \frac{\partial b}{\partial \beta}\, d\beta$$

les valeurs de $d\alpha$, $d\beta$ en da_1 et en db. Substituant dans la valeur de $da = \dfrac{\partial a}{\partial \alpha}\, d\alpha + \dfrac{\partial a}{\partial \beta}\, d\beta$, on trouvera une équation de la forme

$$da = \mathrm{P}\, da_1 + \mathrm{Q}\, db,$$

et, par suite,

$$\mathrm{T} = \frac{\mathrm{P}\, da_1 + \mathrm{Q}\, db}{db} = \mathrm{P}p + \mathrm{Q}.$$

On peut d'ailleurs, en déplaçant l'origine de la quantité Q, faire disparaître le second terme de cette expression. On aura donc les deux relations

$$\psi = 0, \quad T = Pp.$$

Les génératrices infiniment voisines de D auront pour équation

$$x = da + db\,z = P\,da_1 + db\,z,$$
$$y = da_1 + db_1\,z = da_1.$$

Ces génératrices sont donc parallèles au plan des xz. Celles pour lesquelles $da_1 = 0$ sont dans ce plan lui-même et rencontrent la droite D à l'origine des coordonnées. Celles pour lesquelles $db = 0$ sont parallèles à D. Ce cas diffère donc de celui des génératrices ordinaires en ce que l'un des foyers est rejeté à l'infini, l'autre étant à l'origine des coordonnées.

Enfin, si le déterminant (15) est nul, $\dfrac{da_1}{db}$ ne dépendant plus du rapport $\dfrac{d\beta}{d\alpha}$, on aura les deux relations

$$\psi = 0, \quad \lambda = \text{const.}$$

Désignons par P le rapport constant $\dfrac{da_1}{db}$. Les génératrices infiniment voisines de D auront pour équations

$$x = da + db\,z,$$
$$y = P\,db,$$

et aucune d'elles ne coupe plus D à distance finie, mais celles pour lesquelles $db = 0$ lui sont parallèles.

318. Troisième cas : *Complexes.* — On a, dans ce cas, trois paramètres : α, β, γ.

Soit D une droite du complexe. En la choisissant pour axe des z, et prenant z pour variable indépendante, on pourra réduire ses équations à la forme

$$x = 0, \quad y = 0, \quad z = t,$$

et celles d'une droite D_1, infiniment voisine, à la forme

$$z = t, \quad x = da + db\,z, \quad y = da_1 + db_1\,z,$$

da, db, ... étant linéaires en $d\alpha$, $d\beta$, $d\gamma$.

Supposons d'abord que D soit une droite *ordinaire,* c'est-à-dire telle que l'on n'ait pas simultanément

$$\frac{\dfrac{\partial b_1}{\partial \alpha}}{\dfrac{\partial b}{\partial \alpha}} = \frac{\dfrac{\partial b_1}{\partial \beta}}{\dfrac{\partial b}{\partial \beta}} = \frac{\dfrac{\partial b_1}{\partial \gamma}}{\dfrac{\partial b}{\partial \gamma}}.$$

Les deux équations

$$db = \frac{\partial b}{\partial \alpha}\,d\alpha + \frac{\partial b}{\partial \beta}\,d\beta + \frac{\partial b}{\partial \gamma}\,d\gamma,$$

$$db_1 = \frac{\partial b_1}{\partial \alpha}\,d\alpha + \frac{\partial b_1}{\partial \beta}\,d\beta + \frac{\partial b_1}{\partial \gamma}\,d\gamma$$

permettront d'exprimer deux des quantités $d\alpha$, $d\beta$, $d\gamma$, par exemple $d\alpha$ et $d\beta$, en fonction linéaire de db, db_1, $d\gamma$. Par suite, da, da_1 deviendront des fonctions linéaires de db, db_1, $d\gamma$, telles que

$$da = P\,db + Q\,db_1 + R\,d\gamma,$$

$$da_1 = P_1\,db + Q_1\,db_1 + R_1\,d\gamma.$$

Si l'on pose, en particulier, $db = db_1 = 0$, ces équations se réduiront à $da = R\,d\gamma$, $da_1 = R_1\,d\gamma$, et D_1, ayant pour équations

$$x = R\,d\gamma, \quad y = R_1\,d\gamma,$$

sera parallèle à D.

Supposons le plan des zy orienté de manière à contenir une de ces droites parallèles à D ; on devra avoir $R = 0$.

Cela posé, entre les formules

$$T = \frac{da\,db + da_1\,db_1}{db^2 + db_1^2}, \quad p = \frac{db\,da_1 - da\,db_1}{db^2 + db_1^2},$$

éliminons da_1, il viendra

$$\mathrm{T}\,db - p\,db_1 = da = \mathrm{P}\,db + \mathrm{Q}\,db_1$$

ou

$$\mathrm{T} - \mathrm{P} + (p + \mathrm{Q})\,\mathrm{tang}\psi = \mathrm{o},$$

ou enfin, en déplaçant l'origine sur l'axe des z de la quantité P, ce qui changera T en $\mathrm{T} + \mathrm{P}$,

$$\mathrm{T} + (p + \mathrm{Q})\,\mathrm{tang}\psi = \mathrm{o}.$$

319. Si D était une droite singulière, le rapport $\dfrac{db_1}{db}$ étant indépendant de $d\alpha$, $d\beta$, $d\gamma$, on aurait la relation plus simple

$$\mathrm{tang}\psi = \mathrm{const.}$$

VIII. — Théorie des surfaces.

320. *Plan tangent et normale.* — Considérons une surface, représentée par les équations

$$x = \varphi(u, \varrho), \quad y = \varphi_1(u, \varrho), \quad z = \varphi_2(u, \varrho).$$

Soit (x, y, z, u, ϱ) un de ses points.
L'équation générale d'un plan

$$\mathrm{A}\mathrm{X} + \mathrm{B}\mathrm{Y} + \mathrm{C}\mathrm{Z} + \mathrm{D} = \mathrm{o}$$

contient trois paramètres, dont on peut disposer de manière à obtenir un contact du premier ordre avec la surface au point considéré.

On devra, pour cela, satisfaire aux équations

$$\mathrm{o} = \Phi(u, \varrho) = \mathrm{A}x + \mathrm{B}y + \mathrm{C}z + \mathrm{D},$$

$$\mathrm{o} = \frac{\partial \Phi}{\partial u} = \mathrm{A}\frac{\partial x}{\partial u} + \mathrm{B}\frac{\partial y}{\partial u} + \mathrm{C}\frac{\partial z}{\partial u},$$

$$\mathrm{o} = \frac{\partial \Phi}{\partial \varrho} = \mathrm{A}\frac{\partial x}{\partial \varrho} + \mathrm{B}\frac{\partial y}{\partial \varrho} + \mathrm{C}\frac{\partial z}{\partial \varrho}.$$

On déduit de ces équations

$$\mathrm{A}(\mathrm{X} - x) + \mathrm{B}(\mathrm{Y} - y) + \mathrm{C}(\mathrm{Z} - z) = \mathrm{o}.$$

Éliminant ensuite A, B, C, on aura l'équation du *plan tangent*

$$\begin{vmatrix} X-x & Y-y & Z-z \\ \dfrac{\partial x}{\partial u} & \dfrac{\partial y}{\partial u} & \dfrac{\partial z}{\partial u} \\ \dfrac{\partial x}{\partial v} & \dfrac{\partial y}{\partial v} & \dfrac{\partial z}{\partial v} \end{vmatrix} = 0.$$

La *normale,* perpendiculaire au plan tangent, sera donnée par les équations

$$\frac{X-x}{A} = \frac{Y-y}{B} = \frac{Z-z}{C},$$

en posant, pour abréger,

$$A = \frac{\partial y}{\partial u}\frac{\partial z}{\partial v} - \frac{\partial y}{\partial v}\frac{\partial z}{\partial u},$$

$$B = \frac{\partial z}{\partial u}\frac{\partial x}{\partial v} - \frac{\partial z}{\partial v}\frac{\partial x}{\partial u},$$

$$C = \frac{\partial x}{\partial u}\frac{\partial y}{\partial v} - \frac{\partial x}{\partial v}\frac{\partial y}{\partial u}.$$

321. Ces formules se simplifient, mais en perdant leur symétrie, si l'on suppose que x et y aient été pris pour variables indépendantes.

Il est d'usage, dans ce cas, de représenter d'une manière abrégée les dérivées partielles

$$\frac{\partial z}{\partial x}, \quad \frac{\partial z}{\partial y}, \quad \frac{\partial^2 z}{\partial x^2}, \quad \frac{\partial^2 z}{\partial x\,\partial y}, \quad \frac{\partial^2 z}{\partial y^2}$$

par les lettres p, q, r, s, t.

Posant donc dans les formules précédentes $x = u, y = v$, d'où

$$\frac{\partial x}{\partial u} = 1, \quad \frac{\partial x}{\partial v} = 0, \quad \frac{\partial y}{\partial u} = 0, \quad \frac{\partial y}{\partial v} = 1,$$

$$\frac{\partial z}{\partial u} = \frac{\partial z}{\partial x} = p, \quad \frac{\partial z}{\partial v} = \frac{\partial z}{\partial y} = q,$$

l'équation du plan tangent deviendra

$$Z - z = p(X - x) + q(Y - y),$$

et les équations de la normale

$$\frac{X - x}{p} = \frac{Y - y}{q} = \frac{Z - z}{-1}.$$

Enfin, si z est une fonction implicite définie par l'équation

$$F(x, y, z) = 0,$$

on aura

$$p = -\frac{\dfrac{\partial F}{\partial x}}{\dfrac{\partial F}{\partial z}}, \quad q = -\frac{\dfrac{\partial F}{\partial y}}{\dfrac{\partial F}{\partial z}},$$

et les formules prendront la forme suivante :

Équation du plan tangent,

$$\frac{\partial F}{\partial x}(X - x) + \frac{\partial F}{\partial y}(Y - y) + \frac{\partial F}{\partial z}(Z - z) = 0.$$

Équation de la normale,

$$\frac{X - x}{\dfrac{\partial F}{\partial x}} = \frac{Y - y}{\dfrac{\partial F}{\partial y}} = \frac{Z - z}{\dfrac{\partial F}{\partial z}}.$$

322. *Distance de deux points infiniment voisins.* — Soient

$$(x, y, z, u, v) \quad \text{et} \quad (x + \Delta x, y + \Delta y, z + \Delta z, u + du, v + dv)$$

deux points infiniment voisins. Il est aisé d'évaluer la valeur principale de la distance de ces deux points sur la surface.

En effet, l'arc infiniment petit Δs qui les joint diffère infiniment peu de sa corde, qui a pour valeur $\sqrt{\Delta x^2 + \Delta y^2 + \Delta z^2}$, et pour valeur principale $\sqrt{dx^2 + dy^2 + dz^2}$.

Donc ds, valeur principale de Δs, sera donné par l'équation

$$ds^2 = dx^2 + dy^2 + dz^2$$
$$= \left(\frac{\partial x}{\partial u} du + \frac{\partial x}{\partial v} dv\right)^2 + \left(\frac{\partial y}{\partial u} du + \frac{\partial y}{\partial v} dv\right)^2$$
$$+ \left(\frac{\partial z}{\partial u} du + \frac{\partial z}{\partial v} dv\right)^2 = M\,du^2 + 2N\,du\,dv + P\,dv^2;$$

en posant, pour abréger,

$$M = \left(\frac{\partial x}{\partial u}\right)^2 + \left(\frac{\partial y}{\partial u}\right)^2 + \left(\frac{\partial z}{\partial u}\right)^2,$$
$$N = \frac{\partial x}{\partial u}\frac{\partial x}{\partial v} + \frac{\partial y}{\partial u}\frac{\partial y}{\partial v} + \frac{\partial z}{\partial u}\frac{\partial z}{\partial v},$$
$$P = \left(\frac{\partial x}{\partial v}\right)^2 + \left(\frac{\partial y}{\partial v}\right)^2 + \left(\frac{\partial z}{\partial v}\right)^2.$$

323. *Aire d'une portion de surface.* — Pour définir l'aire d'une portion de surface S, limitée par une courbe quelconque

Fig. 19.

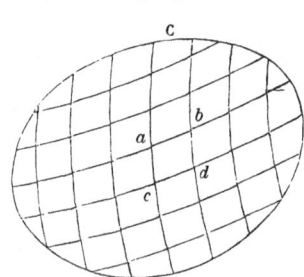

C(*fig.* 19), on peut opérer de la manière suivante : traçons sur cette portion de surface un réseau de lignes infiniment voisines, qui la décomposent en éléments infiniment petits dans les deux sens, et considérons un de ces éléments $abcd$.

On pourra déterminer d'une infinité de manières un polygone plan $a'b'c'd'$, dont les sommets soient à une distance infiniment petite du second ordre des sommets correspondants

a, b, c, d. On pourra, par exemple, prendre pour a', b', c', d' les projections de a, b, c, d sur le plan tangent en un point quelconque de la région $abcd$, car on sait que, dans cette région, la distance de la surface au plan tangent est du second ordre.

Substituons de la même manière, à chacun des éléments de la surface S, le polygone plan correspondant, et formons la somme des aires de ces polygones. La limite vers laquelle tend cette somme, lorsque l'étendue de chaque élément décroît indéfinimeut, sera l'*aire* de la surface S.

Pour justifier cette définition, il faut prouver : 1° que cette limite est indépendante de la manière dont on choisit le polygone plan $a'b'c'd'$ substitué à l'élément $abcd$; 2° qu'elle est également indépendante de la manière dont on opère la décomposition de S en éléments infiniment petits.

1° Supposons d'abord qu'on substitue à l'élément $abcd$, au lieu du polygone $a'b'c'd'$, un autre polygone plan $a''b''c''d''$. Les sommets a', b', c', d' et a'', b'', c'', d'', étant respectivement à une distance du second ordre de a, b, c, d, seront à une distance du second ordre les uns des autres. Donc les distances $a'b'$, $a'c'$, ... ne différeront que d'une quantité du second ordre des distances $a''b''$, $a''c''$, ... Or ces longueurs sont évidemment du premier ordre; elles ne seront donc altérées que d'une fraction infiniment petite de leur valeur primitive. On en conclut sans peine que l'aire $a''b''c''d''$ ne différera de l'aire $a'b'c'd'$ que d'une fraction infiniment petite de sa valeur primitive. On aura, par suite,

$$a''b''c''d'' = a'b'c'd' (1 + \varepsilon),$$

ε étant une quantité infiniment petite.

On aura donc

$$\Sigma a''b''c''d'' = \Sigma a'b'c'd'(1+\varepsilon) < (1+\eta)\,\Sigma a'b'c'd' > (1+\eta_1)\,\Sigma a'b'c'd',$$

η et η_1 désignant la plus grande et la plus petite des quantités ε.

A la limite, η et η_1 tendant vers o, on aura

$$\lim \Sigma a'' b'' c'' d'' = \lim \Sigma a' b' c' d'.$$

2° Supposons maintenant qu'on remplace le réseau des lignes qui ont servi à découper S en éléments infiniment petits par un autre réseau. Nous allons montrer que l'aire calculée en se servant de l'un quelconque de ces réseaux est la même que celle qu'on obtiendrait en se servant d'un troisième réseau comprenant toutes les lignes des deux premiers. Soit, en effet, E l'un des éléments obtenus par l'emploi du premier réseau. En traçant les lignes du deuxième réseau, on le décomposera en un certain nombre de régions $e, e_1, \ldots$ qui seront les éléments du troisième réseau. Projetons les sommets de cette figure sur le plan tangent en un point quelconque de E. Il est clair que les polygones plans $e', e'_1, \ldots$, projections des éléments $e, e_1, \ldots$, auront pour somme le polygone E', projection de E.

324. Si, dans les équations de la surface

$$x = \varphi(u, v), \quad y = \varphi_1(u, v), \quad z = \varphi_2(u, v),$$

nous faisons varier v en conservant à u une valeur constante u_0, le point (x, y, z) décrira une courbe, dont les équations s'obtiendraient en éliminant v entre les trois équations précédentes ; nous l'appellerons la courbe u_0. En faisant varier la valeur de u_0, on obtiendrait une série de courbes analogues $u_0, u_1, \ldots$.

En donnant à v une série de valeurs constantes $v_0, v_1, \ldots,$ et faisant varier u, on obtiendrait une seconde série de courbes $v_0, v_1, \ldots$.

325. Proposons-nous de déterminer l'aire du quadrilatère curviligne infiniment petit, compris entre les quatre courbes $t, t + dt, u, u + du$ (*fig.* 20). Les coordonnées des sommets de ce quadrilatère auront, au second ordre près, les valeurs suivantes :

Pour le point a,

$$u, \quad v, \quad x, \quad y, \quad z;$$

Pour le point b,

$$u, \quad v+dv, \quad x+\frac{\partial x}{\partial v}dv, \quad y+\frac{\partial y}{\partial v}dv, \quad z+\frac{\partial z}{\partial v}dv;$$

Pour le point c,

$$u+du, \quad v, \quad x+\frac{\partial x}{\partial u}du, \quad y+\frac{\partial y}{\partial u}du, \quad z+\frac{\partial z}{\partial u}du;$$

Pour le point d,

$$u+du, \quad v+dv, \qquad x+\frac{\partial x}{\partial u}du+\frac{\partial x}{\partial v}dv,$$

$$y+\frac{\partial y}{\partial u}du+\frac{\partial y}{\partial v}dv, \quad z+\frac{\partial z}{\partial u}du+\frac{\partial z}{\partial v}dv.$$

Les quatre points a, b', c', d', dont les coordonnées ont les valeurs ci-dessus, ne sont écartés des sommets réels du quadrilatère curviligne que de quantités du second ordre.

Fig. 20.

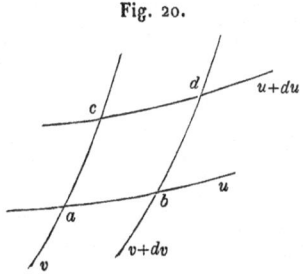

D'ailleurs ils forment les sommets d'un parallélogramme ; car les coordonnées des points a et b' différant de la même quantité que les coordonnées correspondantes de c' et d', ab' et $c'd'$ seront égales et parallèles.

Nous pouvons donc, dans l'évaluation de l'aire, substituer au quadrilatère $abcd$ le parallélogramme $ab'c'd'$.

Ce parallélogramme se projette sur le plan des xy, suivant un parallélogramme dont les sommets ont pour coordonnées

$$x, \qquad\qquad y,$$

$$x + \frac{\partial x}{\partial v}\, dv, \qquad\qquad y + \frac{\partial y}{\partial v}\, dv,$$

$$x + \frac{\partial x}{\partial u}\, du, \qquad\qquad y + \frac{\partial y}{\partial u}\, du,$$

$$x + \frac{\partial x}{\partial u}\, du + \frac{\partial x}{\partial v}\, dv, \quad y + \frac{\partial y}{\partial u}\, du + \frac{\partial y}{\partial v}\, dv.$$

D'après un théorème connu de Géométrie, son aire sera représentée, au signe près, par le déterminant

$$\begin{vmatrix} \dfrac{\partial x}{\partial u}\, du & \dfrac{\partial y}{\partial u}\, du \\[2mm] \dfrac{\partial x}{\partial v}\, dv & \dfrac{\partial y}{\partial v}\, dv \end{vmatrix} = \left(\frac{\partial x}{\partial u} \frac{\partial y}{\partial v} - \frac{\partial x}{\partial v} \frac{\partial y}{\partial u} \right) du\, dv = \mathrm{C}\, du\, dv.$$

On aura de même, pour l'aire des projections du parallélogramme sur les deux autres plans coordonnés, les deux expressions $\pm \mathrm{A}\, du\, dv$, $\pm \mathrm{B}\, du\, dv$.

Désignons par $d\sigma$ l'aire du parallélogramme $a b' c' d'$. On sait que son carré est égal à la somme des carrés de ses projections. On aura donc

$$d\sigma = \sqrt{\mathrm{A}^2 + \mathrm{B}^2 + \mathrm{C}^2}\, du\, dv.$$

Si x et y sont les variables indépendantes, cette formule se réduit à

$$d\sigma = \sqrt{1 + p^2 + q^2}\, dx\, dy.$$

326. *Indicatrice.* — Proposons-nous de nous rendre compte de l'allure de la surface aux environs d'un de ses points.

Prenons ce point O pour origine des coordonnées et la normale à la surface pour axe des z. L'ordonnée z, développée suivant la formule de Maclaurin, aura pour expression

$$z = \tfrac{1}{2}(a x^2 + 2 b\, xy + c y^2) + \mathrm{R},$$

R désignant un ensemble de termes d'ordre supérieur au second. (Les termes d'ordre o et 1 manquent, car, l'origine étant sur la surface et le plan des xy lui étant tangent, z et ses dérivées premières devront s'annuler pour $x = o$, $y = o$.)

Nous pouvons d'ailleurs disposer de la direction des axes OX, OY de manière à faire disparaître le terme en xy. On aura alors simplement, en négligeant les termes du troisième ordre,

$$(1) \qquad z = \tfrac{1}{2}(ax^2 + cy^2).$$

Si, dans cette équation, nous substituons successivement à z une série de valeurs très petites, nous obtiendrons une série de courbes de niveau de la surface proposée; ces courbes seront des courbes semblables à la suivante :

$$1 = \frac{ax^2 + cy^2}{2},$$

laquelle porte le nom d'*indicatrice*.

Supposons d'abord a et c (*fig.* 21) de même signe. Les

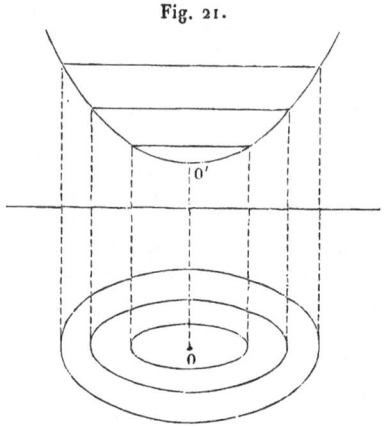

Fig. 21.

courbes de niveau seront de petites ellipses, réelles lorsque z a le même signe que a et c, imaginaires lorsqu'il est de signe contraire. La surface est donc située tout entière du même côté de son plan tangent, et n'a qu'un seul point commun avec lui.

Si a et c (*fig.* 22) sont de signes contraires, les courbes de niveau sont approximativement (dans le voisinage de l'origine) des hyperboles, ayant pour asymptotes les deux droites définies par l'équation

$$a x^2 + c y^2 = 0.$$

Le plan tangent coupe la surface suivant une courbe se confondant, dans le voisinage de l'origine, avec ces deux asymptotes. Les plans parallèles situés au-dessus donnent, pour sections des hyperboles telles que H, les plans situés en

Fig. 22.

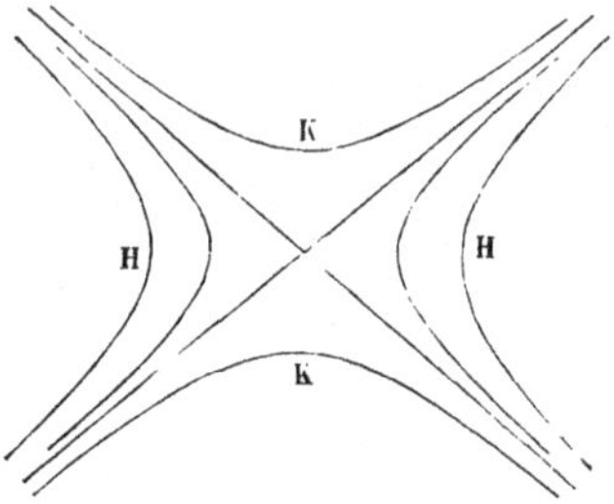

dessous des hyperboles K tournant leur convexité aux premières.

Enfin, dans le cas de transition où a ou c sont nuls, les courbes de niveau sont formées de deux droites parallèles. On dira, dans ce cas, que O est un *point parabolique* de la surface.

327. *Courbure des lignes tracées sur une surface.* — Considérons maintenant une ligne L tracée sur la surface et passant par le point O, et proposons-nous d'évaluer sa courbure en ce point.

Menons le plan osculateur au point O à la ligne L; soient (*fig.* 23) γ l'angle de ce plan avec l'axe des z; φ l'angle de sa

Fig. 23.

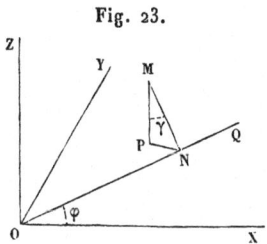

trace OQ sur le plan des xy avec l'axe OX.

Soient enfin

M un point de la courbe infiniment voisin de O ;

x, y, z ses coordonnées;

P et N ses projections sur le plan OXY et sur la droite OQ;

k la courbure cherchée.

La droite OQ étant tangente à L au point O, on aura, par une formule connue

$$MN = \tfrac{1}{2} k\, OM^2,$$

d'où

$$k = \frac{2\, MN}{OM^2}.$$

Mais le triangle MPN donne

$$MN = \frac{z}{\cos\gamma} = \frac{a\,x^2 + c\,y^2}{2\cos\gamma} + \ldots$$

D'autre part,

$$OM^2 = x^2 + y^2 + z^2 = x^2 + y^2,$$

en négligeant z^2, qui est du quatrième ordre; on aura donc

$$k = \frac{a\,x^2 + c\,y^2}{\cos\gamma\,(x^2 + y^2)} = \frac{a\cos^2\varphi + c\sin^2\varphi}{\cos\gamma}.$$

On voit, par cette formule :

1° *Que la courbure cherchée ne dépend que de la posi-*

tion du plan osculateur de la courbe L. La courbe L aura
donc la même courbure que la section plane faite dans la surface par son plan osculateur;

2° *Que la courbure d'une section plane est égale à
celle de la section normale menée par la même tangente,
divisée par le cosinus de l'obliquité.* Ce résultat est connu
sous le nom de *théorème de Meunier;*

3° *Que la courbure d'une section normale est donnée
en fonction de l'azimut φ par la formule*

$$k = a \cos^2 \varphi + c \sin^2 \varphi.$$

Cette formule a été donnée par Euler.

328. Les maxima et minima de cette expression, considérée comme fonction de φ, correspondent évidemment à
$\varphi = 0$ et $\varphi = \dfrac{\pi}{2}$. Les deux sections correspondantes se nomment *sections principales* et ont pour courbures respectives
les quantités a et c, que l'on nomme *courbures principales.*

Le rayon de courbure d'une section quelconque est, par
définition, l'inverse de sa courbure; son signe indiquera
d'ailleurs dans quel sens le rayon doit être porté sur la normale pour donner le centre de courbure.

Suivant que l'indicatrice est elliptique ou hyperbolique,
les courbures principales a et c seront de même signe ou de
signe contraire. Dans ce dernier cas, le rayon de courbure $\dfrac{1}{k}$
changera de signe en passant par ∞, pour les valeurs de φ
déterminées par l'équation

$$\tan^2 \varphi = -\frac{a}{c},$$

lesquelles correspondent aux asymptotes de l'indicatrice.

Enfin, si l'indicatrice est formée de deux droites parallèles, $\dfrac{1}{k}$ conservera toujours le même signe, mais deviendra

infini pour une seule direction (pour $\varphi = \dfrac{\pi}{2}$, si c'est le coefficient c qui est nul).

329. Considérons deux sections normales perpendiculaires entre elles et ayant respectivement pour azimut φ et $\varphi_1 = \varphi + \dfrac{\pi}{2}$. On aura pour leurs courbures

$$k = a \cos^2\varphi + c \sin^2\varphi,$$
$$k_1 = a \cos^2\varphi_1 + c \sin^2\varphi_1 = a \sin^2\varphi + c \cos^2\varphi,$$

d'où

$$k + k_1 = a + c.$$

Donc : *la somme des courbures de deux sections normales rectangulaires est constante et égale à la somme des courbures principales.*

330. Si $a = c$, l'indicatrice est un cercle et la formule d'Euler devient $k = a$. Toutes les sections normales auront donc même courbure. Enfin la direction des sections principales est indéterminée. On nomme *ombilic* un point de la surface qui jouit de ces propriétés.

331. L'équation du plan tangent à la surface au point (x, y, z) étant

$$Z - z = p(X - x) + q(Y - y),$$

la normale aura pour équations

$$\frac{X - x}{p} = \frac{Y - y}{q} = \frac{Z - z}{-1}.$$

D'ailleurs z, p, q sont fonctions de deux variables indépendantes x, y. Les normales à la surface formeront donc une congruence.

Pour reconnaître le caractère particulier de cette congruence, cherchons comment se distribuent autour de la normale OZ les normales infiniment voisines.

On a

$$z = \frac{ax^2 + cy^2}{2} + \ldots,$$

$$p = ax + \ldots,$$

$$q = cy + \ldots.$$

Si donc on suppose x et y infiniment petits, on aura, au deuxième ordre près,

$$z = 0, \quad p = ax, \quad q = cy,$$

ce qui donnera, pour équations des normales dont il s'agit,

$$\frac{X - x}{ax} = \frac{Y - y}{cy} = -Z$$

ou

$$X = x - axZ,$$

$$Y = y - cyZ.$$

La droite, ainsi définie, rencontrera la normale OZ, si l'on peut satisfaire aux deux équations

$$0 = x - axZ, \quad 0 = y - cyZ.$$

Si O n'est ni un ombilic ni un point parabolique, cela pourra se faire de deux manières :

1° En posant

$$x = 0, \quad Z = \frac{1}{c};$$

2° En posant

$$y = 0, \quad Z = \frac{1}{a}.$$

Les deux foyers de la congruence situés sur la normale OZ auront pour ordonnées $\frac{1}{a}$ et $\frac{1}{c}$. Ils se confondront donc avec les centres de courbure des sections principales. Ces points portent le nom de *centres de courbures principaux*.

Les normales infiniment voisines de OZ, qui la rencontrent au foyer $Z = \dfrac{1}{c}$ correspondant à $x = 0$, ont pour équations

$$X = 0, \quad Y = y - cyZ,$$

et sont situées dans le plan des YZ. Ce plan est donc le plan focal.

De même, au foyer $Z = \dfrac{1}{a}$ correspondra comme plan focal le plan des XZ. D'où ce résultat :

Les plans focaux sont rectangulaires et se confondent avec les plans des sections principales.

Les plans principaux de la congruence, se confondant avec les plans focaux (315), seront les plans des sections principales, et ses points principaux seront les centres de courbure principaux.

332. Examinons maintenant le cas où O serait un ombilic ou un point parabolique.

1° Si O est un ombilic, on aura $a = c$. Les deux foyers coïncident. Enfin les normales infiniment voisines de OZ, ayant pour équations

$$X = x - axZ, \quad Y = y - ayZ,$$

viennent toutes la rencontrer au même point $Z = \dfrac{1}{a}$.

2° Si O est un point parabolique, pour lequel on ait $c = 0$, par exemple, le foyer correspondant sera à l'infini. Les normales voisines de OZ auront pour équations

$$X = x - axZ, \quad Y = y$$

et seront parallèles à OZ pour $x = 0$. La normale OZ sera donc une droite singulière dans le système des normales.

333. On voit, par ce qui précède, qu'un système de droites

$$(2) \qquad X = a + bt, \quad Y = a_1 + b_1 t, \quad Z = a_2 + b_2 t,$$

dépendant de deux paramètres α, β, n'est pas formé, en général, de normales à une même surface. Il faut, en effet,
pour qu'il en soit ainsi, que sur chaque génératrice les foyers
et les points principaux se confondent.

Proposons-nous de trouver directement l'expression de la
condition à remplir pour que les droites (2) soient normales
à une même surface.

Posons à cet effet, pour plus de simplicité,

$$\frac{b}{\sqrt{b^2 + b_1^2 + b_2^2}} = c, \quad \frac{b_1}{\sqrt{b^2 + b_1^2 + b_2^2}} = c_1, \quad \frac{b_2}{\sqrt{b^2 + b_1^2 + b_2^2}} = c_2,$$

$$t = \sqrt{b^2 + b_1^2 + b_2^2}\, u.$$

Les équations (2) pourront s'écrire

$$X = a + cu, \quad Y = a_1 + c_1 u, \quad Z = a_2 + c_2 u,$$

et l'on aura

$$(3) \qquad c^2 + c_1^2 + c_2^2 = 1,$$

d'où

$$(4) \qquad c\,dc + c_1\,dc_1 + c_2\,dc_2 = 0.$$

Soient maintenant x, y, z les coordonnées du point où
l'une des droites (2) coupe la surface cherchée; θ la valeur
correspondante de u. On aura

$$(5) \qquad x = a + c\theta, \quad y = a_1 + c_1\theta, \quad z = a_2 + c_2\theta,$$

et, comme la droite est normale,

$$\frac{c}{p} = \frac{c_1}{q} = \frac{c_2}{-1},$$

d'où

$$(6) \qquad p = -\frac{c}{c_2}, \quad q = -\frac{c_1}{c_2}.$$

Il s'agit de trouver des fonctions x, y, z, θ des variables α
et β, telles que les équatione (5) et (6) soient satisfaites.

Les équations (5) différentiées donneront

$$dx = da + \theta\, dc + c\, d\theta,$$
$$dy = da_1 + \theta\, dc_1 + c_1\, d\theta,$$
$$da_2 + \theta\, dc_2 + c_2\, d\theta = dz = p\, dx + q\, dy$$
$$= -\frac{c}{c_2}(da + \theta\, dc + c\, d\theta) - \frac{c_1}{c_2}(da_1 + \theta\, dc_1 + c_1\, d\theta)$$

ou, en chassant le dénominateur c_2 et tenant compte des équations (3) et (4),

$$c\, da + c_1\, da_1 + c_2\, da_2 + d\theta = 0.$$

Remplaçant da, da_1, da_2, $d\theta$ par leurs valeurs

$$\frac{\partial a}{\partial \alpha}\, d\alpha + \frac{\partial a}{\partial \beta}\, d\beta,$$
$$\dots\dots\dots\dots\dots,$$

et égalant séparément à zéro les termes en $d\alpha$ et en $d\beta$, on aura les deux équations

$$c\frac{\partial a}{\partial \alpha} + c_1\frac{\partial a_1}{\partial \alpha} + c_2\frac{\partial a_2}{\partial \alpha} + \frac{\partial \theta}{\partial \alpha} = 0,$$
$$c\frac{\partial a}{\partial \beta} + c_1\frac{\partial a_1}{\partial \beta} + c_2\frac{\partial a_2}{\partial \beta} + \frac{\partial \theta}{\partial \beta} = 0.$$

Prenons la dérivée de la première équation par rapport à β, celle de la seconde par rapport à α, et retranchons-les; θ disparaîtra en vertu de la relation connue

$$\frac{\partial^2 \theta}{\partial \alpha\, \partial \beta} = \frac{\partial^2 \theta}{\partial \beta\, \partial \alpha},$$

et il restera l'équation de condition

$$\frac{\partial}{\partial \beta}\, \Sigma c\frac{\partial a}{\partial \alpha} - \frac{\partial}{\partial \alpha}\, \Sigma c\frac{\partial a}{\partial \beta} = 0,$$

ou, en effectuant les calculs et supprimant les termes qui se détruisent,

$$\Sigma\left(\frac{\partial c}{\partial \beta}\frac{\partial a}{\partial \alpha} - \frac{\partial c}{\partial \alpha}\frac{\partial a}{\partial \beta}\right) = 0.$$

334. Les théorèmes généraux démontrés sur les congruences, étant appliqués aux normales à une surface, montrent que par chacune d'elles passent deux *normalies* (surfaces composées de normales) développables. Elles se coupent à angle droit, les deux plans focaux qui leur sont respectivement tangents étant perpendiculaires l'un à l'autre, comme nous l'avons vu.

Les intersections de ces normalies avec la surface portent le nom de *lignes de courbure*. Par chaque point de la surface passent deux lignes de courbure ayant respectivement pour tangentes les tangentes à la surface situées dans les plans focaux. Ces plans étant ceux des sections principales, les lignes de courbure seront en chaque point tangentes aux sections principales, et se couperont à angle droit.

335. Il est aisé de trouver l'équation différentielle qui caractérise ces normalies et la grandeur des rayons de courbure principaux relatifs à une quelconque d'entre elles.

Soient, en effet, x, y, z et $x + dx$, $y + dy$, $z + dz$ les coordonnées de deux points infiniment voisins de la surface ;
$$\frac{X - x}{A} = \frac{Y - y}{B} = \frac{Z - z}{C}$$ les équations de la normale au point (x, y, z). En introduisant une nouvelle variable t, égale à la valeur commune de ces rapports, on pourra mettre ces équations sous la forme

$$X = x + At, \quad Y = y + Bt, \quad Z = z + Ct.$$

La normale au point $(x + dx, y + dy, z + dz)$ aura des équations analogues

$$X = x + dx + (A + dA)t_1,$$
$$Y = y + dy + (B + dB)t_1,$$
$$Z = z + dz + (C + dC)t_1.$$

Ces deux droites se rencontreront, si l'on peut donner aux

variables t et t_1 des valeurs T et T_1 telles que l'on ait

$$X = x + AT = x + dx + (A + dA)T_1,$$
$$Y = y + BT = y + dy + (B + dB)T_1,$$
$$Z = z + CT = z + dz + (C + dC)T_1$$

ou, en réduisant,

(7) $$\begin{cases} 0 = dx + A(T_1 - T) + T_1\,dA, \\ 0 = dy + B(T_1 - T) + T_1\,dB, \\ 0 = dz + C(T_1 - T) + T_1\,dC. \end{cases}$$

Pour que ces équations soient compatibles, il faudra qu'on ait

(8) $$\begin{vmatrix} dx & A & dA \\ dy & B & dB \\ dz & C & dC \end{vmatrix} = 0.$$

Il ne restera plus qu'à substituer aux diverses quantités qui figurent dans cette équation leurs valeurs en u, v, du, dv.

Les normalies développables une fois déterminées par l'équation différentielle précédente, leurs intersections avec la surface proposée donneront les lignes de courbure.

336. Reste à déterminer le rayon de courbure principal. En le désignant par R, on a évidemment

$$R = \sqrt{(X - x)^2 + (Y - y)^2 + (Z - z)^2} = T\sqrt{A^2 + B^2 + C^2}.$$

D'ailleurs, les équations (7) montrent que $T_1 - T$ est infiniment petit. On pourra donc poser

$$R = T_1\sqrt{A^2 + B^2 + C^2}.$$

Pour déterminer T_1, on n'aura qu'à remplacer dans les équations (7) dx, dy, dz, dA, dB, dC par leurs valeurs

$$dx = \frac{\partial x}{\partial u}\,du + \frac{\partial x}{\partial v}\,dv,$$

$$\dots\dots\dots\dots\dots$$

Elles deviendront

$$o = \frac{\partial x}{\partial u}\,du + \frac{\partial x}{\partial v}\,dv + A\,(T_1 - T) + T_1\left(\frac{\partial A}{\partial u}\,du + \frac{\partial A}{\partial v}\,dv\right),$$

$$o = \frac{\partial y}{\partial u}\,du + \frac{\partial y}{\partial v}\,dv + B\,(T_1 - T) + T_1\left(\frac{\partial B}{\partial u}\,du + \frac{\partial B}{\partial v}\,dv\right),$$

$$o = \frac{\partial z}{\partial u}\,du + \frac{\partial z}{\partial v}\,dv + C\,(T_1 - T) + T_1\left(\frac{\partial C}{\partial u}\,du + \frac{\partial C}{\partial v}\,dv\right).$$

Éliminant entre ces équations les rapports des quantités du, dv, $T_1 - T$, il viendra

$$(9)\qquad \begin{vmatrix} \dfrac{\partial x}{\partial u} + \dfrac{\partial A}{\partial u}\,T_1 & \dfrac{\partial x}{\partial v} + \dfrac{\partial A}{\partial v}\,T_1 & A \\[2mm] \dfrac{\partial y}{\partial u} + \dfrac{\partial B}{\partial u}\,T_1 & \dfrac{\partial y}{\partial v} + \dfrac{\partial B}{\partial v}\,T_1 & B \\[2mm] \dfrac{\partial z}{\partial u} + \dfrac{\partial C}{\partial u}\,T_1 & \dfrac{\partial z}{\partial v} + \dfrac{\partial C}{\partial v}\,T_1 & C \end{vmatrix} = o.$$

Substituant pour T_1 sa valeur

$$\frac{R}{\sqrt{A^2 + B^2 + C^2}},$$

on aura, pour déterminer R, une équation du second degré, comme cela doit être.

337. Voyons ce que deviennent ces formules dans le cas simple où z est donné en fonction de x, y, supposées variables indépendantes. On aura, d'après nos définitions,

$$dz = p\,dx + q\,dy,$$
$$dp = r\,dx + s\,dy,$$
$$dq = s\,dx + t\,dy,$$
$$A = p, \quad B = q, \quad C = -1.$$

L'équation différentielle (8) des normalies développables

deviendra

$$(10) \begin{cases} 0 = \begin{vmatrix} dx & p & r\,dx + s\,dy \\ dy & q & s\,dx + t\,dy \\ p\,dx + q\,dy & -1 & 0 \end{vmatrix} \\ = [(1+p^2)s - pqr]dx^2 + [(1+p^2)t - (1+q^2)r]dx\,dy \\ \quad - [(1+q^2)s - pqt]dy^2. \end{cases}$$

D'autre part, x et y se confondant avec u et v, on aura

$$\frac{\partial x}{\partial u} = 1, \quad \frac{\partial x}{\partial v} = 0, \quad \frac{\partial y}{\partial u} = 0, \quad \frac{\partial y}{\partial v} = 1.$$

$$\frac{\partial A}{\partial u} = \frac{\partial p}{\partial x} = r, \quad \frac{\partial A}{\partial v} = \frac{\partial p}{\partial y} = s,$$

$$\frac{\partial B}{\partial u} = \frac{\partial q}{\partial x} = s, \quad \frac{\partial B}{\partial v} = \frac{\partial q}{\partial y} = t,$$

$$\frac{\partial C}{\partial u} = 0, \quad \frac{\partial C}{\partial v} = 0,$$

$$\frac{\partial z}{\partial u} = p, \quad \frac{\partial z}{\partial v} = q,$$

$$T_1 = \frac{R}{\sqrt{1 + p^2 + q^2}}.$$

L'équation des rayons de courbure deviendra donc

$$(11) \begin{vmatrix} 1 + \dfrac{rR}{\sqrt{1+p^2+q^2}} & \dfrac{sR}{\sqrt{1+p^2+q^2}} & p \\ \dfrac{sR}{\sqrt{1+p^2+q^2}} & 1 + \dfrac{tR}{\sqrt{1+p^2+q^2}} & q \\ p & q & -1 \end{vmatrix} = 0.$$

338. Aux ombilics, l'équation des normalies développables est identiquement satisfaite. On aura donc, pour déterminer ces points, les équations

$$(1+p^2)s - pqr = 0,$$
$$(1+p^2)t - (1+q^2)r = 0,$$
$$(1+q^2)s - pqt = 0,$$

qui se réduisent aux deux suivantes :

$$(12) \qquad \frac{1 + p^2}{r} = \frac{pq}{s} = \frac{1 + q^2}{t}.$$

En les combinant avec l'équation de la surface, on aura, pour déterminer les coordonnées des ombilics, trois équations généralement distinctes. Le nombre des ombilics sera donc limité.

339. Enfin, aux points paraboliques, la normale est parallèle à une normale infiniment voisine. On pourra donc déterminer le rapport de du à dv de telle sorte qu'on ait

$$\frac{dA}{A} = \frac{dB}{B} = \frac{dC}{C},$$

ou, en désignant par t la valeur commune de ces rapports,

$$\frac{\partial A}{\partial u} \, du + \frac{\partial A}{\partial v} \, dv = A\,t,$$

$$\frac{\partial B}{\partial u} \, du + \frac{\partial B}{\partial v} \, dv = B\,t,$$

$$\frac{\partial C}{\partial u} \, du + \frac{\partial C}{\partial v} \, dv = C\,t.$$

Éliminant du, dv, t, on obtient l'équation de condition

$$(13) \qquad \begin{vmatrix} \dfrac{\partial A}{\partial u} & \dfrac{\partial A}{\partial v} & A \\[2mm] \dfrac{\partial B}{\partial u} & \dfrac{\partial B}{\partial v} & B \\[2mm] \dfrac{\partial C}{\partial u} & \dfrac{\partial C}{\partial v} & C \end{vmatrix} = 0.$$

En la combinant avec les équations de la surface, on obtiendra les équations de la courbe formée par les points paraboliques.

Si z est exprimé en fonction des variables indépendantes x, y, l'équation (13) se réduira à

$$(14) \qquad 0 = \begin{vmatrix} r & s & p \\ s & t & q \\ 0 & 0 & -1 \end{vmatrix} = s^2 - rt.$$

340. *Lignes asymptotiques.* — Continuons à désigner par

$$A(X - x) + B(Y - y) + C(Z - z) = 0$$

l'équation du plan tangent à la surface au point (x, y, z, u, v). Les coordonnées $x + \Delta x$, $y + \Delta y$, $z + \Delta z$ d'un point infiniment voisin satisferont à cette équation au second ordre près. Il existera néanmoins deux directions (les asymptotes de l'indicatrice) suivant lesquelles elles y satisfont jusqu'au troisième ordre près. Pour déterminer ces directions, substituons dans le premier membre de l'équation les valeurs des coordonnées

$$x + \Delta x = x + dx + \tfrac{1}{2} d^2 x + \dots,$$
$$y + \Delta y = y + dy + \tfrac{1}{2} d^2 y + \dots,$$
$$z + \Delta z = z + dz + \tfrac{1}{2} d^2 z + \dots.$$

Dans le résultat de la substitution, les termes du premier ordre

$$A\, dx + B\, dy + C\, dz$$

s'annulent identiquement. Ceux du second

$$\tfrac{1}{2}(A\, d^2 x + B\, d^2 y + C\, d^2 z)$$
$$= \tfrac{1}{2} A\left(\frac{\partial^2 x}{\partial u^2}\, du^2 + 2\, \frac{\partial^2 x}{\partial u\, \partial v}\, du\, dv + \frac{\partial^2 x}{\partial v^2}\, dv^2\right) + \dots,$$

étant égalés à zéro, donneront une équation du second degré pour déterminer $\dfrac{dv}{du}$.

Soit $M = \psi(u, v)$ l'une des racines de cette équation. On pourra trouver une fonction $v = \varphi(u)$ satisfaisant à l'équation différentielle

$$\frac{dv}{du} = M,$$

et qui se réduise à v_0 pour $u = u_0$, u_0 et v_0 étant des constantes choisies à volonté.

La courbe définie par l'équation $v = \varphi(u)$, jointe aux équations de la surface, satisfera en chacun de ses points à l'équation différentielle précédente; elle sera donc tangente en chaque point aux asymptotes de l'indicatrice.

Les courbes ainsi définies se nomment *lignes asymptotiques*. Par chaque point de la surface (u_0, v_0), il en passe évidemment deux, réelles ou imaginaires, correspondant aux deux racines de l'équation en $\dfrac{dv}{du}$.

Si x, y sont pris pour variables indépendantes, on aura

$$d^2 x = 0, \quad d^2 y = 0,$$

et l'équation différentielle des lignes asymptotiques se réduira à

$$0 = d^2 z = r\,dx^2 + s\,dx\,dy + t\,dy^2.$$

341. Appliquons les théories qui précèdent à quelques exemples.

Surfaces de révolution. — La tangente au parallèle étant évidemment perpendiculaire au plan méridien, la normale sera située dans le méridien. Les normales en deux points consécutifs se couperont donc si ces deux points sont dans le même méridien. Elles se couperont également si le déplacement a lieu le long d'un parallèle, car il est évident que les normales à un même parallèle forment un cône de révolution autour de l'axe.

Les lignes de courbure seront donc les méridiens et les parallèles.

342. *Surfaces développables.* — Elles sont, par définition, l'enveloppe d'un plan mobile, dont l'équation contient un paramètre variable α. Soit

$$(15) \qquad z = f(\alpha)\,x + \varphi(\alpha)\,y + \psi(\alpha)$$

l'équation de ce plan. Celle de la surface s'obtiendra en

considérant α comme variable et défini par l'équation

$$(16) \qquad f'(\alpha)x + \varphi'(\alpha)y + \psi'(\alpha) = 0.$$

Le plan (15) étant tangent à la surface, on aura

$$A = f(\alpha), \quad B = \varphi(\alpha), \quad C = -1.$$

L'équation des lignes de courbure sera donc

$$\begin{vmatrix} dx & f(\alpha) & f'(\alpha)d\alpha \\ dy & \varphi(\alpha) & \varphi'(\alpha)d\alpha \\ dz & -1 & 0 \end{vmatrix} = 0.$$

Cette équation contenant $d\alpha$ en facteur, l'une des séries de lignes de courbure sera donnée par l'équation $d\alpha = 0$, d'où $\alpha = \text{const.}$

Mais les points de la surface pour lesquels α a une valeur déterminée sont ceux de la génératrice suivant laquelle elle touche un même plan tangent. La première série des lignes de courbure sera donc formée des génératrices; la seconde sera formée des lignes qui coupent ces génératrices à angle droit.

On remarquera que, dans les surfaces développables, tous les points sont paraboliques, car les normales sont parallèles entre elles le long d'une même génératrice. C'est d'ailleurs ce qu'exprime l'équation aux dérivées partielles de ces surfaces trouvée au n° 68.

343. *Ellipsoïde.* — On a

$$(17) \qquad \frac{x^2}{a^2} + \frac{y^2}{b^2} + \frac{z^2}{c^2} = 1,$$

d'où

$$(18) \qquad \frac{x\,dx}{a^2} + \frac{y\,dy}{b^2} + \frac{z\,dz}{c^2} = 0,$$

$$A = \frac{1}{2}\frac{\partial F}{\partial x} = \frac{x}{a^2}, \quad B = \frac{1}{2}\frac{\partial F}{\partial y} = \frac{y}{b^2}, \quad C = \frac{1}{2}\frac{\partial F}{\partial z} = \frac{z}{c^2}.$$

L'équation des normalies développables sera donc

$$\begin{vmatrix} dx & \dfrac{x}{a^2} & \dfrac{dx}{a^2} \\[2mm] dy & \dfrac{y}{b^2} & \dfrac{dy}{b^2} \\[2mm] dz & \dfrac{z}{c^2} & \dfrac{dz}{c^2} \end{vmatrix} = 0,$$

ou, en chassant les dénominateurs et effectuant les calculs,

$$(a^2 - c^2)\, y\, dx\, dz + (b^2 - a^2)\, z\, dy\, dx + (c^2 - b^2)\, x\, dz\, dy = 0,$$

ou, en multipliant par z et substituant à z^2 et $z\,dz$ leurs valeurs tirées de (17) et (18),

$$0 = [(a^2 - c^2)\, y\, dx + (c^2 - b^2)\, x\, dy]\, c^2 \left(\frac{x\, dx}{a^2} + \frac{y\, dy}{b^2} \right)$$
$$- (b^2 - a^2)\, dx\, dy\, c^2 \left(1 - \frac{x^2}{a^2} - \frac{y^2}{b^2} \right)$$
$$= \frac{c^2}{a^2} (a^2 - c^2)\, xy\, dx^2 - \frac{c^2}{b^2} (b^2 - c^2)\, xy\, dy^2$$
$$- \left[\frac{c^2}{a^2}(a^2 - c^2)\, x^2 - \frac{c^2}{b^2}(b^2 - c^2)\, y^2 + c^2(b^2 - a^2) \right] dx\, dy,$$

ou, en divisant par $\dfrac{c^2}{a^2}(a^2 - c^2)$ et posant, pour abréger,

$$\frac{a^2(b^2 - c^2)}{b^2(a^2 - c^2)} = M, \qquad \frac{a^2(a^2 - b^2)}{a^2 - c^2} = N,$$

$$0 = xy\, dx^2 - M\, xy\, dy^2 - (x^2 - M y^2 - N)\, dx\, dy.$$

On obtiendra les ombilics en écrivant que cette équation devient identique.

Or, si z n'est pas nul, dx et dy sont indépendants l'un de l'autre, car ils ne sont liés que par l'équation (18), qui contient l'indéterminée dz. On aura donc séparément

$$xy = 0, \qquad x^2 - M y^2 - N = 0,$$

d'où

$$y = 0, \qquad x = \pm \sqrt{N} = \pm\, a \sqrt{\frac{a^2 - b^2}{a^2 - c^2}}$$

et
$$z = \pm c \sqrt{\frac{c^2 - b^2}{c^2 - a^2}},$$

ou bien
$$x = 0, \quad y = \pm \sqrt{-\frac{N}{M}} = \pm b \sqrt{\frac{b^2 - a^2}{b^2 - c^2}},$$

d'où
$$z = \pm c \sqrt{\frac{c^2 - a^2}{c^2 - b^2}}.$$

Enfin, pour $z = 0$, on obtiendra, par raison de symétrie, quatre nouveaux ombilics, en posant

$$z = 0, \quad x = \pm a \sqrt{\frac{a^2 - c^2}{a^2 - b^2}}, \quad y = \pm b \sqrt{\frac{b^2 - c^2}{b^2 - a^2}}.$$

On voit immédiatement que, sur ces douze ombilics, il y en a quatre réels. Ce sont les quatre premiers, si l'on suppose, pour fixer les idées, $a > b > c$.

Ce sont les points de contact des plans tangents parallèles aux sections circulaires. Cela devait être, car, pour un semblable point, un plan parallèle au plan tangent et infiniment voisin coupe la surface suivant un cercle, ce qui est l'une des définitions des ombilics.

344. *Courbure d'une surface.* — Considérons, sur une surface S, la portion π limitée par une courbe C; soit σ son aire. Par les divers points de C, menons les normales à la surface. Par un point O de l'espace, menons des parallèles à ces normales : elles formeront un cône. Décrivons autour du point O une sphère de rayon 1. La portion σ' de la surface de la sphère contenue dans l'intérieur du cône se nomme, d'après Gauss, la *courbure totale* de la portion de surface π. Le rapport $\dfrac{\sigma'}{\sigma}$ sera sa *courbure moyenne*. Enfin, on appellera *courbure de la surface* S, en un point (x, y, z), la courbure moyenne d'un élément infiniment petit de cette surface contenant le point (x, y, z).

345. Pour déterminer cette courbure, supposons d'abord que l'élément de surface soit limité par les deux lignes de courbure MN, MP, qui se croisent au point (x, y, z), et par

Fig. 24.

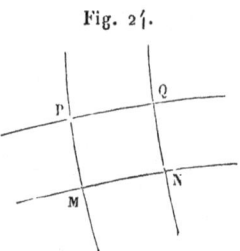

deux lignes de courbure infiniment voisines PQ, NQ. Ces lignes se croisant à angle droit, l'élément MNPQ pourra être assimilé à un petit rectangle plan, et son aire σ sera sensiblement représentée par le produit MN.MP.

D'autre part, la normale en N sera contenue (aux infiniment petits près du second ordre) dans le plan mené par la normale en M et la tangente à MN, car elle passe par le centre de courbure et par le point N, qui tous deux sont dans ce plan. De même la normale en P sera dans le plan mené par la normale en M et la tangente à MP. Ces deux plans sont évidemment rectangulaires.

Cela posé, si, par le point O, centre de la sphère, on mène des droites Om, On, Op parallèles à ces normales, les plans Omn, Omp seront rectangulaires. L'élément de surface sphérique σ' aura donc ses côtés rectangulaires et aura pour aire le produit de ces côtés, qui sont évidemment les angles α et α_1 formés par la normale en M avec les normales en N et P.

Mais on a évidemment

$$\alpha = k.\mathrm{MN}, \quad \alpha_1 = k_1 \mathrm{MP},$$

k et k_1 représentent les courbures des lignes MN et MP, lesquelles sont évidemment égales aux courbures principales.

On aura donc ce théorème :

La courbure d'une surface en un point est égale au produit des courbures des sections principales.

Pour établir complètement cette proposition, il faut pourtant démontrer que le résultat resterait le même si l'on considérait un élément σ de forme quelconque, au lieu de l'élément particulier que nous avons choisi.

Pour le faire voir, décomposons cet élément σ (*fig.* 25),

Fig. 25.

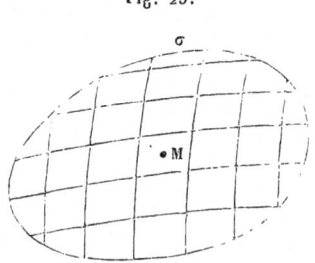

par un réseau de lignes de courbure, en une infinité d'éléments plus petits. Ceux de ces éléments qui forment le pourtour de la figure pourront être négligés, car ils ne représentent qu'une partie infiniment petite de l'aire σ, et leur courbure totale est également infiniment petite par rapport à σ′. Chacun des autres éléments étant limité à des lignes de courbure, on pourra lui appliquer le théorème. D'ailleurs, les courbures k et k_1, relatives à chacun de ces éléments, peuvent être remplacées par les valeurs des mêmes courbures pour le point M, qui en diffèrent infiniment peu.

IX. — Coordonnées curvilignes.

346. On définit le plus souvent la position d'un point dans l'espace par ses trois coordonnées x, y, z.

Mais si l'on change de variables en posant

$$(\text{1}) \quad \begin{cases} x = f(t, u, v), \\ y = \varphi(t, u, v), \\ z = \psi(t, u, v), \end{cases}$$

on voit que x, y, z seront déterminés lorsqu'on connaîtra t, u, v. On peut donc considérer ces nouvelles variables comme constituant un système de coordonnées différent du système ordinaire, et auxquelles on donne le nom de *coordonnées curvilignes*.

Les équations (1), résolues par rapport à t, u, v, donneront

$$(\text{2}) \quad \begin{cases} t = F(x, y, z), \\ u = \Phi(x, y, z), \\ v = \Psi(x, y, z). \end{cases}$$

Les points pour lesquels t a une valeur constante C représentent une surface $F(x, y, z) = C$. En donnant successivement à cette constante toutes les valeurs possibles, on obtiendra un système de surfaces. Les équations

$$u = \Phi(x, y, z) = \text{const.},$$
$$v = \Psi(x, y, z) = \text{const.}$$

représenteront deux autres systèmes de surfaces.

Par chaque point a, b, c de l'espace passe une surface de chacun de ces systèmes. Car si, dans l'équation générale

$$F(x, y, z) = \text{const.}$$

des surfaces du premier système, on donne à la constante la valeur particulière $F(a, b, c)$, la surface correspondante

$$F(x, y, z) = F(a, b, c)$$

passera évidemment par le point (a, b, c); de même pour les deux autres systèmes.

Les plans tangents en un point (x, y, z) aux trois surfaces

$$F(X, Y, Z) = F(x, y, z),$$
$$\Phi(X, Y, Z) = \Phi(x, y, z),$$
$$\Psi(X, Y, Z) = \Psi(x, y, z)$$

qui s'y croisent ont respectivement pour équations

$$\frac{\partial F}{\partial x}(X - x) + \frac{\partial F}{\partial y}(Y - y) + \frac{\partial F}{\partial z}(Z - z) = 0,$$

$$\frac{\partial \Phi}{\partial x}(X - x) + \frac{\partial \Phi}{\partial y}(Y - y) + \frac{\partial \Phi}{\partial z}(Z - z) = 0,$$

$$\frac{\partial \Psi}{\partial x}(X - x) + \frac{\partial \Psi}{\partial y}(Y - y) + \frac{\partial \Psi}{\partial z}(Z - z) = 0.$$

Ils se couperont à angle droit si l'on a les équations

$$(3) \quad \begin{cases} \dfrac{\partial F}{\partial x}\dfrac{\partial \Phi}{\partial x} + \dfrac{\partial F}{\partial y}\dfrac{\partial \Phi}{\partial y} + \dfrac{\partial F}{\partial z}\dfrac{\partial \Phi}{\partial z} = 0, \\[2mm] \dfrac{\partial \Phi}{\partial x}\dfrac{\partial \Psi}{\partial x} + \dfrac{\partial \Phi}{\partial y}\dfrac{\partial \Psi}{\partial y} + \dfrac{\partial \Phi}{\partial z}\dfrac{\partial \Psi}{\partial z} = 0, \\[2mm] \dfrac{\partial \Psi}{\partial x}\dfrac{\partial F}{\partial x} + \dfrac{\partial \Psi}{\partial y}\dfrac{\partial F}{\partial y} + \dfrac{\partial \Psi}{\partial z}\dfrac{\partial F}{\partial z} = 0. \end{cases}$$

Si ces équations sont identiquement satisfaites pour toutes les valeurs de x, y, z, les surfaces des trois systèmes se couperont partout à angle droit, et formeront ce qu'on nomme un *système orthogonal*.

347. La distance Δs de deux points infiniment voisins (t, u, v) et $(t + dt, u + du, v + dv)$ est évidemment donnée par la formule

$$\Delta s^2 = \Delta x^2 + \Delta y^2 + \Delta z^2,$$

et sa valeur principale par

$$ds^2 = dx^2 + dy^2 + dy^2$$
$$= \left(\frac{\partial f}{\partial t} dt + \frac{\partial f}{\partial u} du + \frac{\partial f}{\partial v} dv\right)^2 + \dots$$
$$= M dt^2 + M_1 du^2 + M_2 dv^2$$
$$\quad + 2 N du\, dv + 2 N_1 dv\, dt + 2 N_2 dt\, du,$$

en posant, pour abréger,

$$M = \left(\frac{\partial f}{\partial t}\right)^2 + \left(\frac{\partial \varphi}{\partial t}\right)^2 + \left(\frac{\partial \psi}{\partial t}\right)^2,$$

$$M_1 = \left(\frac{\partial f}{\partial u}\right)^2 + \left(\frac{\partial \varphi}{\partial u}\right)^2 + \left(\frac{\partial \psi}{\partial u}\right)^2,$$

$$M_2 = \left(\frac{\partial f}{\partial v}\right)^2 + \left(\frac{\partial \varphi}{\partial v}\right)^2 + \left(\frac{\partial \psi}{\partial v}\right)^2,$$

$$N = \frac{\partial f}{\partial u}\frac{\partial f}{\partial v} + \frac{\partial \varphi}{\partial u}\frac{\partial \varphi}{\partial v} + \frac{\partial \psi}{\partial u}\frac{\partial \psi}{\partial v},$$

$$N_1 = \frac{\partial f}{\partial v}\frac{\partial f}{\partial t} + \frac{\partial \varphi}{\partial v}\frac{\partial \varphi}{\partial t} + \frac{\partial \psi}{\partial v}\frac{\partial \psi}{\partial t},$$

$$N_2 = \frac{\partial f}{\partial t}\frac{\partial f}{\partial u} + \frac{\partial \varphi}{\partial t}\frac{\partial \varphi}{\partial u} + \frac{\partial \psi}{\partial t}\frac{\partial \psi}{\partial u}.$$

348. Si les coordonnées t, u, v forment un système orthogonal, on aura

$$N = N_1 = N_2 = 0, \quad M = \frac{1}{\Delta}, \quad M_1 = \frac{1}{\Delta_1}, \quad M_2 = \frac{1}{\Delta_2},$$

en posant, pour abréger,

$$\Delta = \left(\frac{\partial F}{\partial x}\right)^2 + \left(\frac{\partial F}{\partial y}\right)^2 + \left(\frac{\partial F}{\partial z}\right)^2,$$

$$\Delta_1 = \left(\frac{\partial \Phi}{\partial x}\right)^2 + \left(\frac{\partial \Phi}{\partial y}\right)^2 + \left(\frac{\partial \Phi}{\partial z}\right)^2,$$

$$\Delta_2 = \left(\frac{\partial \Psi}{\partial x}\right)^2 + \left(\frac{\partial \Psi}{\partial y}\right)^2 + \left(\frac{\partial \Psi}{\partial z}\right)^2.$$

En effet, les équations (2) donneront, par différentiation et division par $\sqrt{\Delta}$, $\sqrt{\Delta_1}$, $\sqrt{\Delta_2}$,

$$(4) \quad \begin{cases} \dfrac{dt}{\sqrt{\Delta}} = \dfrac{1}{\sqrt{\Delta}}\left(\dfrac{\partial F}{\partial x}\,dx + \dfrac{\partial F}{\partial y}\,dy + \dfrac{\partial F}{\partial z}\,dz\right), \\[2mm] \dfrac{du}{\sqrt{\Delta_1}} = \dfrac{1}{\sqrt{\Delta_1}}\left(\dfrac{\partial \Phi}{\partial x}\,dx + \dfrac{\partial \Phi}{\partial y}\,dy + \dfrac{\partial \Phi}{\partial z}\,dz\right), \\[2mm] \dfrac{dv}{\sqrt{\Delta_2}} = \dfrac{1}{\sqrt{\Delta_2}}\left(\dfrac{\partial \Psi}{\partial x}\,dx + \dfrac{\partial \Psi}{\partial y}\,dy + \dfrac{\partial \Psi}{\partial z}\,dz\right). \end{cases}$$

Les quantités $\dfrac{1}{\sqrt{\Delta}}\dfrac{\partial F}{\partial x}$, $\dfrac{1}{\sqrt{\Delta}}\dfrac{\partial F}{\partial y}$, $\cdots$ sont les coefficients d'une substitution orthogonale, car on a immédiatement

$$\left(\frac{1}{\sqrt{\Delta}}\frac{\partial F}{\partial x}\right)^2 + \left(\frac{1}{\sqrt{\Delta}}\frac{\partial F}{\partial y}\right)^2 + \left(\frac{1}{\sqrt{\Delta}}\frac{\partial F}{\partial z}\right)^2 = 1,$$

$$\dotfill$$

D'autre part, outre les équations (3), on aura

$$\frac{1}{\sqrt{\Delta}}\frac{\partial F}{\partial x}\frac{1}{\sqrt{\Delta_1}}\frac{\partial \Phi}{\partial x} + \frac{1}{\sqrt{\Delta}}\frac{\partial F}{\partial y}\frac{1}{\sqrt{\Delta_1}}\frac{\partial \Phi}{\partial y} + \frac{1}{\sqrt{\Delta}}\frac{\partial F}{\partial z}\frac{1}{\sqrt{\Delta_1}}\frac{\partial \Phi}{\partial z} = 0,$$

$$\dotfill$$

On aura donc, en faisant la somme des carrés des équations (4),

$$\frac{dt^2}{\Delta} + \frac{du^2}{\Delta_1} + \frac{dv^2}{\Delta_2} = dx^2 + dy^2 + dz^2,$$

ce qu'il fallait démontrer.

349. Si, dans les équations (1), nous faisons varier u et v, par exemple, en laissant constante la valeur de t, le point (x, y, z) décrira, comme on l'a vu, une surface

$$F(x, y, z) = t,$$

que nous appellerons, pour abréger, la surface t.

Proposons-nous d'évaluer le volume de l'élément infiniment petit compris entre les surfaces

$$t, \quad t + dt, \quad u, \quad u + du, \quad v, \quad v + dv.$$

Les huit sommets de cet élément auront respectivement pour coordonnées

$$f(t, u, v), \quad f(t + dt, u, v), \quad \ldots, \quad f(t + dt, u + du, v + dv),$$
$$\varphi(t, u, v), \quad \varphi(t + dt, u, v), \quad \ldots, \quad \varphi(t + dt, u + du, v + dv),$$
$$\psi(t, u, v), \quad \psi(t + dt, u, v), \quad \ldots, \quad \psi(t + dt, u + du, v + dv),$$

quantités égales, au second ordre près, aux suivantes :

$$x, \quad x + \frac{\partial f}{\partial t} dt, \quad \cdots \quad x + \frac{\partial f}{\partial t} dt + \frac{df}{\partial u} \partial u + \frac{\partial f}{\partial v} dv,$$

$$y, \quad y + \frac{\partial \varphi}{\partial t} dt, \quad \cdots, \quad y + \frac{\partial \varphi}{\partial t} dt + \frac{\partial \varphi}{\partial u} du + \frac{\partial \varphi}{\partial v} dv,$$

$$z, \quad z + \frac{\partial \psi}{dt} dt, \quad \cdots, \quad z + \frac{\partial \psi}{\partial t} dt + \frac{\partial \psi}{\partial u} du + \frac{\partial \psi}{\partial v} dv.$$

Les huit points qui ont ces dernières coordonnées sont les sommets d'un parallélépipède infiniment peu différent de l'élément proposé, et dont le volume sera, d'après une formule connue de Géométrie, égal à la valeur absolue du déterminant

$$\begin{vmatrix} \frac{\partial f}{\partial t} dt & \frac{\partial f}{\partial u} du & \frac{\partial f}{\partial v} dv \\ \frac{\partial \varphi}{\partial t} dt & \frac{\partial \varphi}{\partial u} du & \frac{\partial \varphi}{\partial v} dv \\ \frac{\partial \psi}{\partial t} dt & \frac{\partial \psi}{\partial u} du & \frac{\partial \psi}{\partial v} dv \end{vmatrix} = J\, dt\, du\, dv,$$

J désignant le jacobien des fonctions f, φ, ψ. On aura donc, pour la valeur principale dV de l'élément de volume cherché, l'expression

$$dV = \mathrm{mod}\,(J\, dt\, du\, dv).$$

350. *Coordonnées polaires.* — Posons, par exemple,

$$x = r \sin \lambda \cos \mu,$$
$$y = r \sin \lambda \sin \mu,$$
$$z = r \cos \lambda.$$

Les nouvelles variables r, λ, μ seront ce qu'on nomme des *coordonnées polaires.*

Ajoutons les carrés de ces trois équations, il viendra

$$x^2 + y^2 + z^2 = r^2.$$

Les surfaces $r =$ const. sont donc des sphères ayant pour centre l'origine des coordonnées.

Ajoutant les carrés des deux premières équations et divisant par le carré de la troisième, il vient

$$\frac{x^2 + y^2}{z^2} = \tan^2 \lambda.$$

Les surfaces $\lambda = $ const. sont donc des cônes de révolution autour de l'axe des z.

Enfin, divisant la seconde équation par la première, il vient

$$\frac{y}{x} = \tan \mu.$$

Les surfaces $\mu = $ const. sont donc des plans passant par l'axe des z.

Ces trois systèmes de surfaces se coupent évidemment à angle droit.

L'élément de longueur ds sera donné en coordonnées polaires par la formule

$$ds^2 = (\sin\lambda \cos\mu\, dr + r \cos\lambda \cos\mu\, d\lambda - r \sin\lambda \sin\mu\, d\mu)^2$$
$$+ (\sin\lambda \sin\mu\, dr + r \cos\lambda \sin\mu\, d\lambda + r \sin\lambda \cos\mu\, d\mu)^2$$
$$+ (\cos\lambda\, dr - r \sin\lambda\, d\lambda)^2 = dr^2 + r^2 d\lambda^2 + r^2 \sin^2\lambda\, d\mu^2;$$

l'élément de volume dV, par la formule

$$dV = \text{mod} \begin{vmatrix} \sin\lambda \cos\mu & r \cos\lambda \cos\mu & -r \sin\lambda \sin\mu \\ \sin\lambda \sin\mu & r \cos\lambda \sin\mu & r \sin\lambda \cos\mu \\ \cos\lambda & -r \sin\lambda & 0 \end{vmatrix} dr\, d\lambda\, d\mu$$

$$= \text{mod}\, r^2 \sin\lambda\, dr\, d\lambda\, d\mu.$$

L'emploi des coordonnées polaires est surtout avantageux dans les questions relatives à la sphère ou aux surfaces de révolution.

351. Dans les questions relatives aux cylindres droits, on emploie de préférence les coordonnées *semi-polaires*

$$x = r \cos\mu,$$
$$y = r \sin\mu,$$
$$z = z.$$

Les surfaces $z =$ const. représentent ici des plans parallèles au plan des xy; les surfaces $r =$ const., des cylindres droits ayant pour équation $x^2 + y^2 = r^2$; les surfaces $\mu =$ const., des plans $\dfrac{y}{x} = \tang \mu$ passant par l'axe des z. Ces surfaces se coupent à angle droit.

On aura d'ailleurs

$$ds^2 = (\cos\mu\, dr - r\sin\mu\, d\mu)^2 + (\sin\mu\, dr + r\cos\mu\, d\mu)^2 + dz^2$$
$$= dr^2 + r^2 d\mu^2 + dz^2,$$

$$dV = \mathrm{mod}\begin{vmatrix} \cos\mu & -r\sin\mu & 0 \\ \sin\mu & r\cos\mu & 0 \\ 0 & 0 & 1 \end{vmatrix} dr\, d\mu\, dz$$

$$= \mathrm{mod}\, r\, dr\, d\mu\, dz.$$

352. *Coordonnées elliptiques.* — Les surfaces

$$\frac{X^2}{A+\lambda} + \frac{Y^2}{B+\lambda} + \frac{Z^2}{C+\lambda} = 1,$$

où λ est un paramètre variable, forment un *système de surfaces homofocales du second degré.*

Par chaque point x, y, z de l'espace passent trois surfaces du système, dont les paramètres seront les racines de l'équation

$$(5) \qquad \frac{x^2}{A+\lambda} + \frac{y^2}{B+\lambda} + \frac{z^2}{C+\lambda} - 1 = 0,$$

du troisième degré en λ.

353. *Cette équation a ses trois racines réelles, et respectivement comprises entre* $-A$ *et* $-B$, *entre* $-B$ *et* $-C$, *entre* $-C$ *et* $+\infty$ (en supposant, pour fixer les idées, qu'on ait $A > B > C$).

En effet, posons $\lambda = -A + \varepsilon$, ε étant une quantité positive infiniment petite, le premier membre de l'équation deviendra

$$\frac{x^2}{\varepsilon} + \frac{y^2}{B - A - \varepsilon} + \frac{z^2}{C - A + \varepsilon} - 1.$$

Le premier terme $\dfrac{x^2}{\varepsilon}$ est positif et infiniment grand. Il l'emportera sur les autres, qui sont finis. Le résultat de la substitution sera donc positif.

Si l'on posait $\lambda = -\,\mathrm{B} - \varepsilon$, le premier membre de l'équation deviendrait

$$\frac{x^2}{\mathrm{A} - \mathrm{B} - \varepsilon} + \frac{y^2}{-\varepsilon} + \frac{z^2}{\mathrm{C} - \mathrm{B} - \varepsilon} - 1,$$

et serait négatif, le second terme $\dfrac{y^2}{-\varepsilon}$, qui est négatif et infini, l'emportant sur tous les autres.

Donc, le premier membre de l'équation change de signe entre $\lambda = -\,\mathrm{A} + \varepsilon$ et $\lambda = -\,\mathrm{B} - \varepsilon$. Or, il est évidemment continu dans cet intervalle. Donc, il s'annulera entre ces limites.

On voit de même que $\lambda = -\,\mathrm{B} + \varepsilon$ donnera un résultat positif; $\lambda = -\,\mathrm{C} - \varepsilon$ un résultat négatif. Donc, il y a une seconde racine réelle dans cet intervalle.

Enfin, $\lambda = -\,\mathrm{C} + \varepsilon$ donne un résultat positif; $\lambda = +\,\infty$ un résultat négatif. Donc, il y a une troisième racine réelle, supérieure à $-\,\mathrm{C}$.

Lorsque λ est $< -\,\mathrm{A}$, $\mathrm{A} + \lambda$, $\mathrm{B} + \lambda$, $\mathrm{C} + \lambda$ étant négatifs, la surface représentée par l'équation (5) sera imaginaire.

Si $\lambda > -\,\mathrm{A}$ et $< -\,\mathrm{B}$, $\mathrm{A} + \lambda$ étant positif et $\mathrm{B} + \lambda$, $\mathrm{C} + \lambda$ négatifs, la surface sera un hyperboloïde à deux nappes.

Si $\lambda > -\,\mathrm{B} < -\,\mathrm{C}$, ce sera un hyperboloïde à une nappe.

Enfin, si $\lambda > -\,\mathrm{C}$, ce sera un ellipsoïde.

Donc, *en chaque point de l'espace se croisent trois surfaces du système, à savoir, un hyperboloïde à une nappe, un hyperboloïde à deux nappes et un ellipsoïde.*

354. *Ces surfaces se coupent à angle droit.* — Soient, en effet,

$$\frac{X^2}{A + \lambda_1} + \frac{Y^2}{B + \lambda_1} + \frac{Z^2}{C + \lambda_1} = 1,$$

$$\frac{X^2}{A + \lambda_2} + \frac{Y^2}{B + \lambda_2} + \frac{Z^2}{C + \lambda_2} = 1$$

deux de ces surfaces qui se coupent au point (x, y, z). Leurs plans tangents ayant respectivement pour coefficients

$$\frac{x}{A + \lambda_1}, \quad \frac{y}{B + \lambda_1}, \quad \frac{z}{C + \lambda_1},$$

$$\frac{x}{A + \lambda_2}, \quad \frac{y}{B + \lambda_2}, \quad \frac{z}{C + \lambda_2},$$

la condition de l'orthogonalité sera

$$(6) \quad \frac{x^2}{(A + \lambda_1)(A + \lambda_2)} + \frac{y^2}{(B + \lambda_1)(B + \lambda_2)} + \frac{z^2}{(C + \lambda_1)(C + \lambda_2)} = 0.$$

Or cette équation s'obtient immédiatement en retranchant l'une de l'autre les deux équations

$$\frac{x^2}{A + \lambda_1} + \frac{y^2}{B + \lambda_1} + \frac{z^2}{C + \lambda_1} = 1,$$

$$\frac{x^2}{A + \lambda_2} + \frac{y^2}{B + \lambda_2} + \frac{z^2}{C + \lambda_2} = 1,$$

et supprimant le facteur commun $\lambda_2 - \lambda_1$.

355. Prenons maintenant pour nouvelles coordonnées d'un point (x, y, z) les trois racines λ_1, λ_2, λ_3 de l'équation (5). Elles seront liées à x, y, z par les relations

$$\frac{x^2}{A + \lambda_1} + \frac{y^2}{B + \lambda_1} + \frac{z^2}{C + \lambda_1} = 1,$$

$$\frac{x^2}{A + \lambda_2} + \frac{y^2}{B + \lambda_2} + \frac{z^2}{C + \lambda_2} = 1,$$

$$\frac{x^2}{A + \lambda_3} + \frac{y^2}{B + \lambda_3} + \frac{z^2}{C + \lambda_3} = 1.$$

Des deux premières, on déduit, par l'élimination de z^2,

$$\left(\frac{C + \lambda_2}{A + \lambda_2} - \frac{C + \lambda_1}{A + \lambda_1} \right) x^2 + \left(\frac{C + \lambda_2}{B + \lambda_2} - \frac{C + \lambda_1}{B + \lambda_1} \right) y^2 = \lambda_2 - \lambda_1$$

ou, en réduisant et supprimant le facteur commun $\lambda_2 - \lambda_1$,

$$\frac{A - C}{(A + \lambda_1)(A + \lambda_2)} x^2 + \frac{B - C}{(B + \lambda_1)(B + \lambda_2)} y^2 = 1.$$

On trouvera de même

$$\frac{A - C}{(A + \lambda_1)(A + \lambda_3)} x^2 + \frac{B - C}{(B + \lambda_1)(B + \lambda_3)} y^2 = 1.$$

Éliminons y^2, il viendra

$$\frac{A - C}{A + \lambda_1} \left(\frac{B + \lambda_3}{A + \lambda_3} - \frac{B + \lambda_2}{A + \lambda_2} \right) x^2 = \lambda_3 - \lambda_2$$

ou, en réduisant et supprimant le facteur $\lambda_3 - \lambda_2$,

$$\frac{(A - C)(A - B)}{(A + \lambda_1)(A + \lambda_2)(A + \lambda_3)} x^2 = 1,$$

$$x^2 = \frac{(A + \lambda_1)(A + \lambda_2)(A + \lambda_3)}{(A - B)(A - C)}.$$

On trouvera de même

$$y^2 = \frac{(B + \lambda_1)(B + \lambda_2)(B + \lambda_3)}{(B - A)(B - C)},$$

$$z^2 = \frac{(C + \lambda_1)(C + \lambda_2)(C + \lambda_3)}{(C - A)(C - B)}.$$

Les coordonnées x, y, z n'étant déterminées que par leurs carrés, à chaque système de valeurs de λ_1, λ_2, λ_3 correspondront huit points, dont un seul situé dans le trièdre des coordonnées positives.

356. Pour calculer l'élément de l'arc ds en fonction de λ_1, λ_2, λ_3, prenons les dérivées logarithmiques des deux membres des équations précédentes. Il viendra

$$2 \frac{dx}{x} = \frac{d\lambda_1}{A + \lambda_1} + \frac{d\lambda_2}{A + \lambda_2} + \frac{d\lambda_3}{A + \lambda_3},$$

$$2 \frac{dy}{y} = \frac{d\lambda_1}{B + \lambda_1} + \frac{d\lambda_2}{B + \lambda_2} + \frac{d\lambda_3}{B + \lambda_3},$$

$$2 \frac{dz}{z} = \frac{d\lambda_1}{C + \lambda_1} + \frac{d\lambda_2}{C + \lambda_2} + \frac{d\lambda_3}{C + \lambda_3},$$

d'où

$$ds^2 = dx^2 + dy^2 + dz^2$$

$$= \tfrac{1}{4} x^2 \left(\frac{d\lambda_1}{A+\lambda_1} + \frac{d\lambda_2}{A+\lambda_2} + \frac{d\lambda_3}{A+\lambda_3} \right)^2$$

$$+ \tfrac{1}{4} y^2 \left(\frac{d\lambda_1}{B+\lambda_1} + \frac{d\lambda_2}{B+\lambda_2} + \frac{d\lambda_3}{B+\lambda_3} \right)^2$$

$$+ \tfrac{1}{4} z^2 \left(\frac{d\lambda_1}{C+\lambda_1} + \frac{d\lambda_2}{C+\lambda_2} + \frac{d\lambda_3}{C+\lambda_3} \right)^2$$

$$= \tfrac{1}{4} d\lambda_1^2 \left[\frac{x^2}{(A+\lambda_1)^2} + \frac{y^2}{(B+\lambda_1)^2} + \frac{z^2}{(C+\lambda_1)^2} \right]$$

$$+ \tfrac{1}{4} d\lambda_2^2 \left[\frac{x^2}{(A+\lambda_2)^2} + \frac{y^2}{(B+\lambda_2)^2} + \frac{z^2}{(C+\lambda_2)^2} \right]$$

$$+ \tfrac{1}{4} d\lambda_3^2 \left[\frac{x^2}{(A+\lambda_3)^2} + \frac{y^2}{(B+\lambda_3)^2} + \frac{z^2}{(C+\lambda_3)^2} \right].$$

Les autres termes se détruiront en vertu de l'équation (6) et de ses analogues.

Reste à calculer la somme

$$\frac{1}{4} \left[\frac{x^2}{(A+\lambda_1)^2} + \frac{y^2}{(B+\lambda_1)^2} + \frac{z^2}{(C+\lambda_1)^2} \right]$$

et ses analogues.

Substituant les valeurs de x^2, y^2, z^2, cette somme devient

$$\frac{1}{4} \left[\frac{(A+\lambda_2)(A+\lambda_3)}{(A-B)(A-C)(A+\lambda_1)} + \frac{(B+\lambda_2)(B+\lambda_3)}{(B-A)(B-C)(B+\lambda_1)} \right.$$
$$\left. + \frac{(C+\lambda_2)(C+\lambda_3)}{(C-A)(C-B)(C+\lambda_1)} \right];$$

elle est égale à

$$\frac{1}{4} \frac{(\lambda_1-\lambda_2)(\lambda_1-\lambda_3)}{(A+\lambda_1)(B+\lambda_1)(C+\lambda_1)}.$$

On peut le vérifier immédiatement en appliquant à cette dernière expression, considérée comme fraction rationnelle en λ_1, la règle connue pour la décomposition en fractions simples.

Donc, en désignant par M_1 cette fraction et par M_2, M_3

deux fractions analogues qu'on obtiendrait en permutant circulairement λ_1, λ_2, λ_3, on aura

$$(7) \qquad ds^2 = M_1\, d\lambda_1^2 + M_2\, d\lambda_2^2 + M_3\, d\lambda_3^2.$$

357. L'expression de l'élément de volume compris entre les surfaces λ_1, $\lambda_1 + d\lambda_1$, λ_2, $\lambda_2 + d\lambda_2$, λ_3, $\lambda_3 + d\lambda_3$ peut s'écrire immédiatement. En effet, cet élément est sensiblement un parallélépipède rectangle, ayant pour côtés les distances respectives du point $(\lambda_1, \lambda_2, \lambda_3)$ aux points $(\lambda_1 + d\lambda_1, \lambda_2, \lambda_3)$, $(\lambda_1, \lambda_2 + d\lambda_2, \lambda_3)$, $(\lambda_1, \lambda_2, \lambda_3 + d\lambda_3)$. La première de ces distances se déduit de la formule (7) en posant

$$d\lambda_2 = d\lambda_3 = 0$$

et sera égale à $\sqrt{M_1}\, d\lambda_1$; la seconde sera $\sqrt{M_2}\, d\lambda_2$, la troisième $\sqrt{M_3}\, d\lambda_3$. Leur produit

$$\sqrt{M_1 M_2 M_3}\, d\lambda_1\, d\lambda_2\, d\lambda_3$$

sera le volume de l'élément.

358. Théorème de Dupin. — *Si trois [s]ystèmes de surfaces*

$$F(x, y, z) = \text{const.}, \quad \Phi(x, y, z) = \text{const.}, \quad \Psi(x, y, z) = \text{const.}$$

forment un système orthogonal, elles se coupent mutuellement suivant leurs lignes de courbure.

Soient $F(x, y, z) - c = 0$, $\Phi(x, y, z) - c_1 = 0$ deux surfaces quelconques prises dans les deux premiers systèmes. Prenons pour origine des coordonnées un point quelconque de leur intersection; pour plans coordonnés les plans tangents à ces surfaces et à la surface $\Psi(x, y, z) - c_2 = 0$ du troisième système qui les croise en ce point.

Le plan des xy étant tangent à la surface $F - c$, on aura, pour $x = 0$, $y = 0$, $z = 0$,

$$\frac{\partial F}{\partial x} = 0, \quad \frac{\partial F}{\partial y} = 0.$$

On aura d'ailleurs $\dfrac{\partial F}{\partial z} \gtrless 0$, sinon l'origine serait un point singulier sur la surface $F - c$, hypothèse que nous excluons.

Le plan des yz étant tangent à la surface $\Phi - c_1$, on aura de même, pour $x = y = z = 0$,

$$\frac{\partial \Phi}{\partial y} = 0, \quad \frac{\partial \Phi}{\partial z} = 0,$$

mais

$$\frac{\partial \Phi}{\partial x} \gtrless 0.$$

Enfin, le plan des zx étant tangent à la surface $\Psi - c_2$, on aura, toujours pour $x = y = z = 0$,

$$\frac{\partial \Psi}{\partial z} = 0, \quad \frac{\partial \Psi}{\partial x} = 0, \quad \frac{\partial \Psi}{\partial y} \gtrless 0.$$

Cela posé, les trois systèmes étant orthogonaux, on aura identiquement

$$\frac{\partial F}{\partial x} \frac{\partial \Phi}{\partial x} + \frac{\partial F}{\partial y} \frac{\partial \Phi}{\partial y} + \frac{\partial F}{\partial z} \frac{\partial \Phi}{\partial z} = 0,$$

$$\frac{\partial \Phi}{\partial x} \frac{\partial \Psi}{\partial x} + \frac{\partial \Phi}{\partial y} \frac{\partial \Psi}{\partial y} + \frac{\partial \Phi}{\partial z} \frac{\partial \Psi}{\partial z} = 0,$$

$$\frac{\partial \Psi}{\partial x} \frac{\partial F}{\partial x} + \frac{\partial \Psi}{\partial y} \frac{\partial F}{\partial y} + \frac{\partial \Psi}{\partial z} \frac{\partial F}{\partial z} = 0.$$

Prenons la dérivée de la première équation par rapport à y, il viendra

$$\frac{\partial^2 F}{\partial x \partial y} \frac{\partial \Phi}{\partial x} + \frac{\partial F}{\partial x} \frac{\partial^2 \Phi}{\partial x \partial y} + \frac{\partial^2 F}{\partial y^2} \frac{\partial \Phi}{\partial y}$$

$$+ \frac{\partial F}{\partial y} \frac{\partial^2 \Phi}{\partial y^2} + \frac{\partial^2 F}{\partial z \partial y} \frac{\partial \Phi}{\partial z} + \frac{\partial F}{\partial z} \frac{\partial^2 \Phi}{\partial z \partial y} = 0.$$

A l'origine des coordonnées, où $\dfrac{\partial F}{\partial x}$, $\dfrac{\partial F}{\partial y}$, $\dfrac{\partial \Phi}{\partial y}$, $\dfrac{\partial \Phi}{\partial z}$ s'annulent, cette équation se réduit à

$$\frac{\partial^2 F}{\partial x \partial y} \frac{\partial \Phi}{\partial x} + \frac{\partial F}{\partial z} \frac{\partial^2 \Phi}{\partial z \partial y} = 0.$$

Prenant de même la dérivée de la deuxième équation par rapport à z, celle de la troisième par rapport à x, et faisant ensuite $x = y = z = 0$, on trouvera les deux équations analogues

$$\frac{\partial^2 \Phi}{\partial y \partial z} \frac{\partial \Psi}{\partial y} + \frac{\partial \Phi}{\partial x} \frac{\partial^2 \Psi}{\partial x \partial z} = 0,$$

$$\frac{\partial^2 \Psi}{\partial z \partial x} \frac{\partial F}{\partial z} + \frac{\partial \Psi}{\partial y} \frac{\partial^2 F}{\partial y \partial x} = 0.$$

Ces trois équations, linéaires et homogènes en $\dfrac{\partial^2 F}{\partial x \partial y}$, $\dfrac{\partial^2 \Phi}{\partial y \partial z}$, $\dfrac{\partial^2 \Psi}{\partial z \partial x}$, montrent que ces quantités s'annulent, car le déterminant de ces équations, étant égal à $2 \dfrac{\partial F}{\partial z} \dfrac{\partial \Phi}{\partial x} \dfrac{\partial \Psi}{\partial y}$, est $\gtrless 0$.

On aura donc, à l'origine des coordonnées, non seulement $F - c = 0$, $\dfrac{\partial F}{\partial x} = 0$, $\dfrac{\partial F}{\partial y} = 0$, mais encore $\dfrac{\partial^2 F}{\partial x \partial y} = 0$.

Cela posé, soient, pour abréger, A, B, C, ... les valeurs de $\dfrac{\partial F}{\partial z}$, $\dfrac{1}{2} \dfrac{\partial^2 F}{\partial x^2}$, $\dfrac{1}{2} \dfrac{\partial^2 F}{\partial y^2}$, ... pour l'origine. La série de Maclaurin donnera

$$0 = F - c = A z + B x^2 + C y^2 + \ldots,$$

d'où

$$z = -\frac{B}{A} x^2 - \frac{C}{A} y^2 + \ldots.$$

Ce développement ne contenant pas de terme en xy, les plans coordonnés seront les sections principales de la surface $F - c$. Donc, l'axe des y, qui est tangent à l'intersection des deux surfaces $F - c$, $\Phi - c_1$, sera en même temps tangent à l'une des sections principales.

Mais l'origine est un point quelconque de l'intersection des deux surfaces $F - c$ et $\Phi - c_1$; cette courbe sera donc tangente en chaque point à l'une des sections principales, ce qui est l'une des propriétés caractéristiques de la ligne de courbure.

359. COROLLAIRE. — *Les lignes de courbure de l'ellipsoïde sont ses intersections avec les hyperboloïdes homofocaux.*

Car les ellipsoïdes et les hyperboloïdes homofocaux à l'ellipsoïde considéré forment un système orthogonal.

CHAPITRE VI.

THÉORIE DES COURBES PLANES ALGÉBRIQUES.

I. — Genre.

360. Soit

$$o = F(x, y) = A + Bx + Cy + \ldots$$

l'équation d'une courbe plane algébrique d'ordre n. Son premier membre contient un terme constant, deux termes du premier degré, trois du deuxième, ..., enfin $n + 1$ termes du degré n. On en aura en tout

$$1 + 2 + \ldots + n + 1 = \frac{(n + 1)(n + 2)}{2}.$$

361. *Il existe toujours une courbe de degré n passant par* $\dfrac{(n + 1)(n + 2)}{2} - 1$ *points donnés a, b; a_1, b_1; ...,* *et il n'en existe en général qu'une seule.*

Exprimons, en effet, que la courbe passe par ces points. Nous aurons les équations de condition

$$(1) \quad \begin{cases} A + Ba + Cb + \ldots = 0, \\ A + Ba_1 + Cb_1 + \ldots = 0, \\ \ldots\ldots\ldots\ldots\ldots\ldots\ldots\ldots, \end{cases}$$

lesquelles détermineront les rapports des coefficients A, B, C, ... L'équation de la courbe sera donc déterminée à un facteur constant près, lequel est indifférent.

On remarquera toutefois que si le déterminant

$$\begin{vmatrix} 1 & a & b & \cdots \\ 1 & a_1 & b_1 & \cdots \\ \cdot & \cdots & \cdots & \cdots \end{vmatrix}$$

est égal à zéro, les équations (1) ne suffiront plus à déterminer les rapports mutuels de A, B, C, ... On aura donc, dans ce cas, une infinité de courbes passant par les points donnés.

362. Si le nombre des points donnés, au lieu d'être égal à $\dfrac{(n+1)(n+2)}{2} - 1$, se réduisait à $\dfrac{(n+1)(n+2)}{2} - 2$, les équations (1) permettraient d'exprimer les coefficients de la courbe en fonction linéaire de deux d'entre eux, tels que A et B. L'équation de la courbe cherchée prendra donc la forme

$$AM + NB = 0,$$

M, N étant des fonctions déterminées de x, y, et les constantes A, B conservant un rapport arbitraire. En faisant varier ce rapport, on obtiendra un faisceau de courbes, dont chacune passe par les points donnés.

Mais les courbes du faisceau passent toutes par les n^2 points d'intersection des courbes $M = 0$, $N = 0$. Donc, si $\dfrac{(n+1)(n+2)}{2} - 2$ est $< n^2$, ce qui arrivera dès que n surpassera 2, il existera, en dehors des $\dfrac{(n+1)(n+2)}{2} - 2$ points donnés pour déterminer le faisceau, $n^2 - \dfrac{(n+1)(n+2)}{2} + 2$ points surnuméraires communs aux courbes du faisceau.

363. Ainsi, par exemple, soit $n = 3$; on verra que huit points sont nécessaires pour déterminer un faisceau de courbes du troisième degré, et que toutes les courbes de ce faisceau se croiseront en un neuvième point.

On déduit immédiatement de là la démonstration de ce théorème de Pascal :

Les trois points de rencontre des côtés opposés d'un hexagone inscrit à une conique sont en ligne droite.

Soient, en effet, 1, 2, 3, 4, 5, 6 (*fig.* 26) les côtés consécutifs de l'hexagone ; (1, 4), (2, 5), (3, 6) les points d'intersection des côtés opposés 1 et 4, 2 et 5, 3 et 6.

Fig. 26.

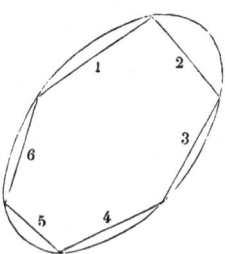

Les côtés 1, 3, 5, de rang impair, forment ensemble une ligne C du troisième ordre ; les côtés 2, 4, 6, de rang pair, en forment une seconde C_1 ; la conique et la droite D menée par (1, 4) et (2, 5) en forment une troisième C_2.

Ces trois lignes du troisième ordre ont huit points communs, à savoir (1, 4), (2, 5) et les six sommets de l'hexagone. Donc C_2 passe par le neuvième point d'intersection de C et C_1, qui n'est autre que (3, 6).

Ce point se trouvant sur C_2, et n'étant évidemment pas sur la conique, sera sur la droite D.

364. THÉORÈME. — *Une courbe plane algébrique d'ordre* n, $F(x, y) = o$, *ne peut avoir plus de* $\dfrac{(n-1)(n-2)}{2}$ *points singuliers sans se décomposer en courbes d'ordre inférieur à* n.

Supposons, en effet, qu'elle en ait davantage. Faisons

passer une courbe Φ d'ordre $n - 1$ par $\dfrac{n(n+1)}{2} - 1$ points

pris sur F, parmi lesquels il y en ait $\dfrac{(n-1)(n-2)}{2} + 1$

qui soient singuliers. Chacun de ceux-ci compte pour plusieurs intersections. En effet, soient P l'un d'entre eux, μ son
degré de multiplicité. Si l'on altérait infiniment peu les coefficients de la courbe Φ, elle ne passerait plus au point P, mais
dans son voisinage, et y couperait les μ branches qui se croisent en ce point. On aurait donc μ intersections distinctes
qui, pour la courbe Φ, se confondront en une seule.

Chaque point singulier comptant ainsi pour deux intersections au moins, le nombre total des intersections de F et de Φ
sera au moins égal à

$$\frac{n(n+1)}{2} - 1 + \frac{(n-1)(n-2)}{2} + 1 = n(n-1) + 1.$$

Mais deux courbes d'ordre n et $n - 1$ ne peuvent avoir
plus de $n(n-1)$ intersections sans se confondre au moins en
partie. Donc F, ayant une partie commune avec Φ, sera formée de plusieurs courbes.

365. Soit $F(x, y) = 0$ une courbe algébrique de degré n,
non décomposable, et possédant d points doubles et r rebroussements. Admettons, pour plus de simplicité, qu'elle
n'ait aucune singularité d'ordre plus élevé. On aura, d'après
ce qui précède,

$$d + r \stackrel{=}{<} \frac{(n-1)(n-2)}{2}.$$

Soit $\Phi(x, y) = 0$ une autre courbe dont le degré m soit
$\stackrel{=}{>} n$. Elle coupera F en mn points. Il existera d'ailleurs une
infinité de courbes du même degré m qui ont les mêmes intersections avec F. Elles sont données par la formule générale

$$\Phi + FG = 0,$$

G étant un polynôme quelconque de degré $m - n$.

L'indétermination des $\dfrac{(m-n+1)(m-n+2)}{2}$ coefficients de G permet d'annuler un nombre égal de coefficients dans $\Phi + FG$. Il en restera

$$\frac{(m+1)(m+2)}{2} - \frac{(m-n+1)(m-n+2)}{2} = \frac{n(2m+3-n)}{2}.$$

On peut déterminer ces coefficients de telle sorte que la courbe $\Phi + FG$ passe par lés $d+r$ points singuliers de F et par $\dfrac{n(2m+3-n)}{2} - 1 - d - r = q$ points ordinaires pris arbitrairement sur cette courbe. Les équations de condition qui en résultent, linéaires et homogènes par rapport à ces coefficients, permettront de les exprimer (à un facteur constant près, qu'on peut supposer égal à 1) en fonction rationnelle des coordonnées x_1, y_1; x_2, y_2; ... des points ci-dessus.

Les coordonnées des autres points d'intersection des courbes F et $\Phi + FG$ s'obtiendront comme il suit :

Éliminant y entre ces deux équations, on formera l'équation finale en x

$$\Psi(x) = 0$$

de degré mn, et dont les coefficients sont des fonctions rationnelles des coefficients de F et de $\Phi + FG$, et, par suite, des fonctions rationnelles des coefficients de F et des coordonnées x_1, y_1; x_2, y_2; ....

Cette équation admet pour racines les abscisses $x_1, x_2, \ldots$ des points donnés; celles des points multiples seront même des racines doubles.

Désignons par $Q(x)$ le produit des facteurs linéaires de $\Psi(x)$ qui correspondent à ces racines, par $R(x)$ le produit des autres facteurs; on aura

$$\Phi(x) = Q(x)\,R(x),$$

$R(x)$ étant encore un polynôme dont les coefficients sont rationnels en x_1, y_1; x_2, y_2; ....

Le degré de $\Psi(x)$ est mn, et celui de $Q(x)$ sera $q + 2d + 2r$ (chacun des $d + r$ points singuliers comptant pour deux intersections. Celui de $R(x)$ sera donc égal à la différence

$$\frac{(n-1)(n-2)}{2} - d - r$$

de ces deux nombres. Il est remarquable que ce nombre soit indépendant de m. On le nomme le *genre* de la courbe F, et on le désigne ordinairement par la lettre p.

Soit ξ une des racines de $R(x) = 0$. L'ordonnée correspondante η s'obtiendra en cherchant, [par la méthode du plus grand commun diviseur, la racine commune aux deux équations

$$F(\xi, y) = 0, \quad \Phi(\xi, y) + F(\xi, y) G(\xi, y) = 0.$$

Elle sera ainsi exprimée en fonction rationnelle de ξ et de $x_1, y_1 ; x_2, y_2 ; \ldots$

Remarque. — Si m, au lieu d'être $\leqq n$, comme nous l'avons supposé, était égal à $n - 1$ ou à $n - 2$, la courbe Φ contiendrait dans son équation $\dfrac{(m+1)(m+2)}{2}$ paramètres ; et le nombre des intersections de Φ et de F, dont on ne pourrait pas disposer, serait

$$mn - \frac{(m+1)(m+2)}{2} + 1 - d - r.$$

Ce nombre est encore égal à p.

Nous obtenons donc la proposition suivante :

THÉORÈME. — *Soient* F $= 0$ *une courbe d'ordre n et de genre p ; m un nombre entier au moins égal à n — 2. On pourra déterminer une courbe d'ordre m, passant par les points singuliers de F, et telle que, sur les intersections des deux courbes, mn — p soient en des points de la courbe F assignés a priori. Si d'ailleurs on désigne par x_1, y_1 ; x_2, y_2 ; ... les coordonnées de ces points d'intersection, les abscisses des p points d'intersection restants seront les*

racines d'une équation de degré p à coefficients ration-
nels en x_1, y_1; x_2, y_2; ..., et leurs ordonnées s'éxpri-
meront rationnellement en fonction de l'abscisse corres-
pondante et de x_1, y_1; x_2, y_2; ....

366. Signalons encore le théorème suivant :

THÉORÈME. — *Si le genre de la courbe* $F(x, y) = 0$ *est*
nul, son équation pourra être remplacée par un système
de deux équations de la forme suivante,

$$x = \varphi(t), \quad y = \psi(t),$$

φ *et* ψ *désignant des fonctions rationnelles.*

Imaginons, en effet, une courbe de degré $m \gtreqless n$ et de l'espèce $\Phi + FG$, ou une courbe Φ de degré $n - 1$ ou $n - 2$,
assujettie à passer par les points singuliers de F et par des
points ordinaires, en nombre inférieur d'une unité à ce
qu'il faudrait pour achever de la déterminer. L'équation de
cette courbe prendra la forme

$$AM + BN = 0,$$

M et N étant des fonctions déterminées de x, y, ou

$$M + Nt = 0,$$

en posant, pour abréger, $\dfrac{B}{A} = t$.

Considérons, comme tout à l'heure, l'équation finale

$$\Psi(x) = Q(x) R(x) = 0,$$

qui donne les abscisses des points d'intersection des deux
courbes. Le nombre des intersections données *a priori* étant
moindre que tout à l'heure d'une unité, le degré de $R(x)$ sera
$p + 1$, et, comme on suppose $p = 0$, il sera égal à l'unité.

Il est d'ailleurs évident que les coefficients de cette équation $R(x) = 0$ sont rationnels par rapport aux coefficients
des courbes F et $M + Nt$, et, par suite, rationnels par rap-

port à t. On aura donc, pour la racine unique de cette équation, une valeur rationnelle

$$(2) \qquad\qquad x = \varphi(t).$$

L'ordonnée correspondante y, étant une fonction rationnelle de x et des coefficients de la courbe $M + N t$, sera également une fonction rationnelle de t, telle que la suivante :

$$(3) \qquad\qquad y = \psi(t).$$

Cela posé, assujettissons la courbe $M + N t$ à passer par un nouveau point pris à volonté sur F. Cette nouvelle condition déterminera la valeur de t, qui sera liée aux coordonnées x, y de ce point par les équations (2) et (3). Faisons maintenant varier la position de ce point, de manière qu'il décrive toute la courbe F. Ses coordonnées x, y et la nouvelle variable t seront liées à chaque instant par les équations (2) et (3).

On nomme *courbes unicursales* celles dont les coordonnées x, y peuvent être ainsi exprimées en fonction rationnelle d'un même paramètre t.

II. — Coordonnées homogènes.

367. Dans ce qui précède, nous avons considéré les courbes à discuter comme représentées par des équations en coordonnées cartésiennes. Mais les théories qui nous restent à exposer prennent une forme plus élégante si l'on change de variables, ainsi qu'il suit :

368. *Coordonnées trilinéaires.* — Les coordonnées cartésiennes étant représentées par X et Y, posons

$$(1) \qquad \begin{cases} a\,X + b\,Y + c = \rho x, \\ a_1 X + b_1 Y + c_1 = \rho y, \\ a_2 X + b_2 Y + c_2 = \rho z, \end{cases}$$

a, b, c, ... étant des constantes quelconques dont le déterminant ne soit pas nul, et ρ un facteur indéterminé.

La présence de ce facteur ne permet pas d'assigner la valeur des quantités x, y, z; mais si l'on divise les équations membre à membre, ρ s'éliminera, de telle sorte qu'à chaque système de valeurs donné à X et Y correspondra un système bien déterminé de valeurs des rapports $\dfrac{x}{z}$, $\dfrac{y}{z}$.

Réciproquement, à chaque système de valeurs de x, y, z correspondra un système unique de valeurs pour X et Y, qu'on obtiendra en résolvant les équations (1) par rapport à X, Y, ρ. Ces valeurs seront évidemment de la forme

$$(2) \quad \begin{cases} X = \dfrac{\alpha x + \beta y + \gamma z}{\alpha_2 x + \beta_2 y + \gamma_2 z}, \\[2mm] Y = \dfrac{\alpha_1 x + \beta_1 y + \gamma_1 z}{\alpha_2 x + \beta_2 y + \gamma_2 z}, \end{cases}$$

et ne dépendront que des rapports mutuels des quantités x, y, z.

Les nouvelles variables x, y, z ainsi définies se nomment des *coordonnées linéaires* ou *homogènes*.

Les équations $x = 0$, $y = 0$, $z = 0$ représentent respectivement les trois droites

$$a\,X + b\,Y + c = 0,$$
$$a_1 X + b_1 Y + c_1 = 0,$$
$$a_2 X + b_2 Y + c_2 = 0.$$

Le triangle formé par ces droites se nomme *triangle de référence*.

Si l'on posait

$$(3) \quad \begin{cases} x = \lambda\,\xi + \mu\,\eta + \nu\,\zeta, \\ y = \lambda_1 \xi + \mu_1 \eta + \nu_1 \zeta, \\ z = \lambda_2 \xi + \mu_2 \eta + \nu_2 \zeta, \end{cases}$$

d'où

$$(4) \quad \begin{cases} \xi = l\,x + m\,y + n\,z, \\ \eta = l_1 x + m_1 y + n_1 z, \\ \zeta = l_2 x + m_2 y + n_2 z, \end{cases}$$

ξ, η, ζ formeraient un nouveau système de coordonnées trilinéaires, ayant pour triangle de référence

$$(5) \quad \begin{cases} l(a\mathrm{X}+b\mathrm{Y}+c)+m(a_1\mathrm{X}+b_1\mathrm{Y}+c_1)+n(a_2\mathrm{X}+b_2\mathrm{Y}+c_2)=\mathrm{o}, \\ \dots\dots\dots\dots\dots\dots\dots\dots\dots\dots\dots\dots\dots\dots\dots\dots\dots\dots \end{cases}$$

Réciproquement, toute fonction linéaire de X et de Y pouvant être mise sous la forme (5) par un choix convenable des constantes l, m, n, deux systèmes de coordonnées trilinéaires correspondant à des triangles de référence différents seront liés entre eux par des équations linéaires, telles que (3) ou (4).

369. Soit maintenant

$$\mathrm{F}(\mathrm{X}, \mathrm{Y}) = \mathrm{o}$$

l'équation d'une courbe de degré n. Substituons à la place de X, Y leurs valeurs (2), et chassons les dénominateurs. On obtiendra une équation de la forme

$$f(x, y, z) = \mathrm{o},$$

dont le premier membre sera une fonction entière, *homogène* et de degré n.

Cette homogénéité nous sera très utile, en nous permettant de faire usage de l'équation aux dérivées partielles

$$x\,\frac{\partial f}{\partial x} + y\,\frac{\partial f}{\partial y} + z\,\frac{\partial f}{\partial z} = nf,$$

à laquelle il a été démontré que satisfait toute fonction homogène de degré n (n° **64**).

370. *Covariants.* — Soit $f(x, y, z)$ une fonction homogène du degré n, dont les coefficients A, B, ... sont des constantes indéterminées. Si nous posons

$$(6) \quad \begin{cases} x = \lambda\,\xi + \mu\,\eta + \nu\,\zeta, \\ y = \lambda_1\xi + \mu_1\eta + \nu_1\zeta, \\ z = \lambda_2\xi + \mu_2\eta + \nu_2\zeta, \end{cases}$$

λ, μ, ν, ... ètant des constantes dont le déterminant D soit différent de zéro, $f(x, y, z)$ sera transformée en une nouvelle fonction

$$(7) \quad f(\lambda\xi + \mu\eta + \nu\zeta, \ldots, A, B, \ldots) = f(\xi, \eta, \zeta, A_1, B_1, \ldots)$$

de même degré, et dont les coefficients A_1, B_1, ... seront des fonctions linéaires de A, B, ...

Cela posé, soit $P(x, y, z, A, B, \ldots)$ une fonction entière et homogène, par rapport à x, y, z d'une part et à A, B, ... d'autre part. Si, en substituant pour ξ, η, ζ, A_1, B_1, ... leurs valeurs en x, y, z, A, B, ..., on a identiquement

$$(8) \quad P(\xi, \eta, \zeta, A_1, B_1, \ldots) = M \, P(x, y, z, A, B, \ldots),$$

M désignant un facteur convenable, on dira que la fonction P est un *covariant* de f. Ce sera un *invariant* si les variables x, y, z n'y figurent pas.

371. Il est aisé de déterminer la nature du facteur M. En effet, les relations (6), résolues par rapport à ξ, η, ζ, donneront

$$(9) \quad \begin{cases} \xi = l\,x + m\,y + n\,z, \\ \eta = l_1 x + m_1 y + n_1 z, \\ \zeta = l_2 x + m_2 y + n_2 z, \end{cases}$$

l, m, n, ... ètant des fonctions rationnelles en λ, μ, ν, ..., ayant D pour dénominateur commun.

Cela posé, substituons dans $P(\xi, \eta, \zeta, A_1, B_1, \ldots)$, à la place de ξ, η, ζ, A_1, B_1, ..., leurs valeurs en fonction de x, y, z, A, B, ... L'expression obtenue sera évidemment du même degré que $P(x, y, z, A, B, \ldots)$, tant par rapport à x, y, z que par rapport à A, B, ... Le quotient M de ces deux expressions sera donc une fonction de λ, μ, ν, ..., l, m, n, ... seulement; et si l'on remplace l, m, n, ... par leurs valeurs en λ, μ, ν, ..., il prendra la forme $\dfrac{Q}{D^\alpha}$, Q désignant une fonction entière de λ, μ, ν, ..., et α un entier.

Or, en appliquant aux fonctions

$$f(\xi, \eta, \zeta, A_1, B_1, \ldots) \quad \text{et} \quad P(\xi, \eta, \zeta, A_1, B_1, \ldots),$$

la substitution (9), on retrouverait évidemment

$$f(\xi, \eta, \zeta, A_1, B_1, \ldots) = f(x, y, z, A, B, \ldots)$$

et

$$(10) \qquad P(x, y, z, A, B, \ldots) = M_1 P(\xi, \eta, \zeta, A_1, B_1, \ldots),$$

$M_1 = \dfrac{Q_1}{D_1^\alpha}$ étant formé avec $l, m, n, \ldots$, comme M l'est avec $\lambda, \mu, \nu, \ldots$.

La comparaison des équations (8) et (10) donnera

$$1 = MM_1 = \frac{QQ_1}{D^\alpha D_1^\alpha} = QQ_1,$$

car les déterminants D_1 et D sont évidemment inverses l'un de l'autre.

Mais, si l'on remplace dans Q_1 les quantités $l, m, n, \ldots$ par leurs valeurs en $\lambda, \mu, \nu, \ldots$, cette expression prendra la forme $\dfrac{R}{D^\beta}$, R désignant une fonction entière.

On aura donc $QR = D^\beta$; donc Q, et par suite $M = \dfrac{Q}{D^\alpha}$, se réduira à une puissance de D, telle que D^k.

Pour déterminer l'exposant k, faisons une hypothèse particulière, en posant

$$(11) \qquad x = \lambda\xi, \quad y = \lambda\eta, \quad z = \lambda\zeta,$$

d'où

$$D = \lambda^3.$$

La fonction f étant d'ordre n, cette substitution multipliera tous les coefficients par λ^n. On aura donc

$$P(\xi, \eta, \zeta, A_1, B_1, \ldots) = P\left(\frac{x}{\lambda}, \frac{y}{\lambda}, \frac{z}{\lambda}, A\lambda^n, B\lambda^n, \ldots\right)$$
$$= \lambda^{-m+np} P(x, y, z, A, B, \ldots),$$

m étant le degré de P par rapport aux variables, et p son degré dans les coefficients.

On aura donc, en général,

$$k = \frac{-m + np}{3}.$$

372. Les covariants satisfont à un système d'équations différentielles qu'il est aisé de former.

A cet effet, désignons, pour plus de clarté, par $a_{\alpha\beta\gamma}$ le coefficient du terme en $x^\alpha y^\beta z^\gamma$ dans la fonction $f(x, y, z)$; nous aurons

$$f(x, y, z) = \Sigma a_{\alpha\beta\gamma} x^\alpha y^\beta z^\gamma,$$

la sommation s'étendant à tous les systèmes de valeurs de α, β, γ qui satisfont à la relation $\alpha + \beta + \gamma = m$.

Opérons sur cette fonction la substitution particulière de déterminant 1,

$$(12) \qquad x = \xi + \varepsilon\eta, \quad y = \eta, \quad z = \zeta,$$

ε étant un infiniment petit. On aura

$$f(\xi + \varepsilon\eta, \eta, \zeta) = \Sigma a_{\alpha\beta\gamma} (\xi + \varepsilon\eta)^\alpha \eta^\beta \zeta^\gamma$$

ou, en développant et négligeant les termes du deuxième ordre en ε,

$$f(\xi + \varepsilon\eta, \eta, \zeta) = \Sigma a_{\alpha\beta\gamma} \xi^\alpha \eta^\beta \zeta^\gamma + \varepsilon \Sigma \alpha a_{\alpha\beta\gamma} \xi^{\alpha-1} \eta^{\beta+1} \zeta^\gamma.$$

Remplaçons, dans la seconde somme, α par $\alpha + 1$ et β par $\beta - 1$; elle prendra la forme

$$\Sigma (\alpha + 1) a_{\alpha+1, \beta-1, \gamma} \xi^\alpha \eta^\beta \zeta^\gamma.$$

La sommation s'étendra aux mêmes systèmes de valeurs des indices que précédemment, à l'exception de ceux où l'on aurait $\beta = 0$.

Réunissant les deux sommes en une seule, il viendra

$$f(\xi + \varepsilon\eta, \eta, \zeta) = \Sigma [a_{\alpha\beta\gamma} + \varepsilon(\alpha + 1) a_{\alpha+1, \beta-1, \gamma}] \xi^\alpha \eta^\beta \zeta^\gamma.$$

On voit que, dans la transformée, le coefficient $a_{\alpha\beta\gamma}$ sera remplacé par $a_{\alpha\beta\gamma} + \varepsilon a_{\alpha+1,\beta-1,\gamma}$ (à moins qu'on n'ait $\beta = 0$, auquel cas il reste inaltéré)..

Cela posé, l'équation (8), qui définit les covariants $P(x,y,z,\ldots,a_{\alpha\beta\gamma},\ldots)$ se réduira, dans ce cas particulier, à

$$P[\xi,\eta,\zeta,\ldots,a_{\alpha\beta\gamma} + \varepsilon(\alpha+1)a_{\alpha+1,\beta-1,\gamma},\ldots]$$
$$= P(\xi + \varepsilon\eta,\eta,\zeta,\ldots a_{\alpha\beta\gamma},\ldots).$$

R̶emplaçons, dans cette identité, ξ, η, ζ par x, y, z, et développons par la formule de Taylor, en négligeant les termes du second ordre; il viendra

$$\sum(\alpha+1)a_{\alpha+1,\beta-1,\gamma}\frac{\partial P}{\partial a_{\alpha\beta\gamma}} = y\frac{\partial P}{\partial x},$$

la sommation s'étendant à toutes les valeurs des indices pour lesquelles on a $\alpha + \beta + \gamma = n$ et $\beta > 0$.

En permutant les variables x, y, z et en même temps les indices α, β, γ, on obtiendra cinq autres équations analogues, exprimant que la condition de covariance est satisfaite pour chacune des substitutions particulières

$$(13)\quad\begin{cases} x = \xi + \varepsilon\zeta, & y = \eta, & z = \zeta, \\ x = \xi, & y = \eta_1 + \varepsilon\xi, & z = \zeta, \\ x = \xi, & y = \eta + \varepsilon\zeta, & z = \zeta, \\ x = \xi. & y = \eta_1, & z = \zeta + \varepsilon\xi, \\ x = \xi, & y = \eta_1, & z = \zeta + \varepsilon\eta. \end{cases}$$

Réciproquement, toute fonction homogène qui satisfait à ce système d'équations différentielles est un covariant.

En effet, en vertu de l'homogénéité, elle satisfera encore à la condition de covariance pour la substitution (11), et l'on peut s'assurer aisément que toute substitution linéaire s'obtient par la combinaison de substitutions successives des formes (11), (12), (13).

373. Pour bien apprécier l'importance de la notion des covariants, nous remarquerons qu'une propriété quelconque

de la courbe $f(x, y, z) = 0$ est généralement représentée par une ou plusieurs relations entre ses coefficients.

Admettons qu'une certaine propriété soit représentée par un système d'équations

$$A = 0, \quad B = 0, \quad \ldots,$$

où A, B, ... soient les coefficients d'un covariant P. Cette propriété sera commune à toutes les courbes de la forme

$$(14) \quad f(\lambda x + \mu y + \nu z, \lambda_1 x + \mu_1 y + \nu_1 z, \lambda_2 x + \mu_2 y + \nu_2 z) = 0.$$

En effet, puisqu'on a identiquement $P(x, y, z, A, B,) \ldots = 0$, l'équation (8) donnera

$$P(\xi, \eta, \zeta, A_1, B_1, \ldots) = 0,$$

ou, en remplaçant ξ, η, ζ par x, y, z dans cette identité,

$$P(x, y, z, A_1, B_1, \ldots) = 0.$$

Or le premier membre de cette relation n'est autre chose que le covariant analogue à P formé avec les coefficients de la courbe (14).

Ces propriétés, communes à toutes les courbes de la forme (14), se nomment *propriétés projectives*. On appelle *propriétés métriques* celles qui sont spéciales à la courbe f.

374. Dans les applications qui vont suivre, nous poserons, pour abréger,

$$f(x, y, z) = f.$$

$$\frac{\partial f}{\partial x} = f_1, \qquad \frac{\partial f}{\partial y} = f_2, \qquad \frac{\partial f}{\partial z} = f_3,$$

$$\frac{\partial^2 f}{\partial x^2} = f_{11}, \qquad \frac{\partial^2 f}{\partial y^2} = f_{22}, \qquad \frac{\partial^2 f}{\partial z^2} = f_{33},$$

$$\frac{\partial^2 f}{\partial x \, \partial y} = f_{12} = f_{21}, \quad \frac{\partial^2 f}{\partial y \, \partial z} = f_{23} = f_{32}, \quad \frac{\partial^2 f}{\partial z \, \partial x} = f_{31} = f_{13}.$$

375. *Discriminant.* — Il est généralement impossible de

déterminer les rapports de x, y, z, de manière à satisfaire simultanément aux trois équations

$$f_1 = 0, \quad f_2 = 0, \quad f_3 = 0.$$

Il faut, pour cela, une équation de condition

$$\Delta = 0,$$

qu'on obtiendra en éliminant $\dfrac{x}{z}$ et $\dfrac{y}{z}$ entre ces trois équations (après les avoir divisées par z^{n-1}).

La quántité Δ se nomme le *discriminant* de f. C'est un invariant. En effet, soit $\varphi(\xi, \eta, \zeta)$ ce que devient $f(x, y, z)$ par la substitution

$$x = \lambda\,\xi + \mu\,\eta + \nu\,\zeta,$$
$$y = \lambda_1\xi + \mu_1\eta + \nu_1\zeta,$$
$$z = \lambda_2\xi + \mu_2\eta + \nu_2\zeta,$$

et soit Δ_1 le discriminant de φ. La condition nécessaire et suffisante pour qu'on puisse annuler simultanément les dérivées partielles $\dfrac{\partial \varphi}{\partial \xi} = \varphi_1$, $\dfrac{\partial \varphi}{\partial \eta} = \varphi_2$, $\dfrac{\partial \varphi}{\partial \zeta} = \varphi_3$, sera $\Delta_1 = 0$.

Mais, si nous prenons les dérivées partielles de l'équation

$$f(x, y, z) = \varphi(\xi, \eta, \zeta)$$

par rapport à ξ, η, ζ, il viendra

$$(15) \quad \begin{cases} \lambda f_1 + \lambda_1 f_2 + \lambda_2 f_3 = \varphi_1, \\ \mu f_1 + \mu_1 f_2 + \mu_2 f_3 = \varphi_2, \\ \nu f_1 + \nu_1 f_2 + \nu_2 f_3 = \varphi_3. \end{cases}$$

Ces relations montrent que, si l'on peut annuler à la fois f_1, f_2, f_3, on pourra annuler à la fois φ_1, φ_2, φ_3, et réciproquement. Donc, les deux équations $\Delta = 0$, $\Delta_1 = 0$ sont équivalentes et ne peuvent différer que par un facteur constant.

376. *Hessien*. — On nomme *hessien* de f le déterminant

$$H = \begin{vmatrix} f_{11} & f_{12} & f_{13} \\ f_{21} & f_{22} & f_{23} \\ f_{31} & f_{32} & f_{33} \end{vmatrix}$$

Ce n'est autre chose que le jacobien des trois fonctions f_1, f_2, f_3; et $H = 0$ exprimera, comme on sait, la condition nécessaire et suffisante pour qu'il existe une relation linéaire entre df_1, df_2, df_3.

Soit H_1 le hessien de φ. $H_1 = 0$ sera la condition nécessaire et suffisante pour qu'il existe une relation linéaire entre $d\varphi_1, d\varphi_2, d\varphi_3$. Mais les équations (15) différentiées permettent d'exprimer $d\varphi_1, d\varphi_2, d\varphi_3$ en df_1, df_2, df_3, et réciproquement. Si donc il y a une relation entre df_1, df_2, df_3, il y en aura une autre entre $d\varphi_1, d\varphi_2, d\varphi_3$, et réciproquement. Les deux équations $H = 0$, $H_1 = 0$ sont donc équivalentes et ne peuvent différer que par un facteur constant.

Le hessien est donc un covariant.

377. *Tangente*. — Soient (x, y, z) un point d'une courbe algébrique f; (X, Y, Z) un second point infiniment voisin; on aura

$$(16) \quad \left\{ \begin{aligned} 0 &= f(X, Y, Z) \\ &= f(x + X - x, y + Y - y, z + Z - z) \\ &= f + f_1(X - x) + f_2(Y - y) + f_3(Z - z) \\ &\quad + \tfrac{1}{2}[f_{11}(X - x)^2 + 2f_{12}(X - x)(Y - y) + \ldots] + \ldots. \end{aligned} \right.$$

Négligeant les termes du second ordre, et remarquant qu'on a

$$(17) \qquad f = 0, \quad f_1 x + f_2 y + f_3 z = nf = 0,$$

l'équation se réduira à

$$(18) \qquad f_1 X + f_2 Y + f_3 Z = 0,$$

et représentera une droite, tangente à f au point (x, y, z).

378. *Points singuliers.* — Ce résultat est en défaut pour les points singuliers, où l'on aurait non seulement $f = 0$, mais encore

$$(19) \qquad f_1 = 0, \quad f_2 = 0, \quad f_3 = 0,$$

car les termes du premier ordre, s'annulant identiquement, n'apprennent plus rien sur l'allure de la courbe, et il faut recourir à ceux du second.

Pour qu'il existe un point singulier sur la courbe f, il faut que les équations (19) soient compatibles; d'où la condition $\Delta = 0$. Cette condition est suffisante, car la quatrième équation à satisfaire, $f = 0$, n'est qu'une conséquence des trois autres, d'après la formule (17).

Les fonctions f_1, f_2, f_3 étant homogènes de degré $n - 1$, on aura, pour un point singulier,

$$(20) \qquad \begin{cases} f_{11} x + f_{12} y + f_{13} z = (n - 1) f_1 = 0, \\ f_{21} x + f_{22} y + f_{23} z = (n - 1) f_2 = 0, \\ f_{31} x + f_{32} y + f_{33} z = (n - 1) f_3 = 0. \end{cases}$$

Éliminant entre ces équations les rapports de x, y, z, on aura l'équation

$$H = 0.$$

Enfin, les équations (20), respectivement multipliées par x, y, z et ajoutées ensemble, donneront

$$(21) \qquad f_{11} x^2 + 2 f_{12} xy + \ldots = 0.$$

379. Pour étudier l'allure de la courbe f aux environs du point (x, y, z), on égalera à zéro les termes du second ordre dans le développement (16). En tenant compte des relations (20) et (21), on obtiendra l'équation

$$f_{11} X^2 + 2 f_{12} XY + \ldots = 0.$$

Le premier membre de cette équation se décompose en un produit de deux facteurs linéaires. On sait, en effet, par la théorie des coniques, que cette circonstance se présente lorsque le déterminant

$$\begin{vmatrix} f_{11} & f_{12} & f_{13} \\ f_{21} & f_{22} & f_{23} \\ f_{31} & f_{32} & f_{33} \end{vmatrix},$$

que nous avons désigné par H, est égal à zéro, et nous avons vu que c'est ici le cas.

L'équation représente donc un système de deux droites, qui seront les tangentes au point double (x, y, z). Si ces deux tangentes coïncident, (x, y, z) sera un point de rebroussement.

Si $f_{11}, f_{12}, \ldots$ s'annulaient identiquement, il faudrait recourir à l'examen des termes du troisième ordre, et ainsi de suite.

380. *Points d'inflexion.* — Soient (x, y, z) un point d'inflexion de f;

$$f_1 X + f_2 Y + f_3 Z = 0$$

la tangente correspondante;

$$(f_1 + df_1) X + (f_2 + df_2) Y + (f_3 + df_3) Z = 0$$

la tangente au point infiniment voisin. Ces deux tangentes devant coïncider, par définition, on aura

$$\frac{f_1 + df_1}{f_1} = \frac{f_2 + df_2}{f_2} = \frac{f_3 + df_3}{f_3},$$

et, par suite, en désignant par k un facteur convenable,

$$(22) \qquad df_1 = kf_1, \quad df_2 = kf_2, \quad df_3 = kf_3.$$

Mais on a

$$df_1 = f_{11} dx + f_{12} dy + f_{13} dz,$$
$$df_2 = f_{21} dx + f_{22} dy + f_{23} dz,$$
$$df_3 = f_{31} dx + f_{32} dy + f_{33} dz.$$

D'ailleurs f_1, f_2, f_3 étant homogènes et de degré $n-1$, on aura

$$xf_{11} + yf_{12} + zf_{13} = (n-1)f_1,$$
$$xf_{21} + yf_{22} + zf_{23} = (n-1)f_2',$$
$$xf_{31} + yf_{32} + zf_{33} = (n-1)f_3.$$

Les équations (22) pourront donc s'écrire ainsi :

$$f_{11}\left(dx - \frac{kx}{n-1}\right) + f_{21}\left(dy - \frac{ky}{n-1}\right) + f_{31}\left(dz - \frac{kz}{n-1}\right) = 0,$$

$$f_{21}\left(dx - \frac{kx}{n-1}\right) + f_{22}\left(dy - \frac{ky}{n-1}\right) + f_{23}\left(dz - \frac{kz}{n-1}\right) = 0,$$

$$f_{31}\left(dx - \frac{kx}{n-1}\right) + f_{32}\left(dy - \frac{ky}{n-1}\right) + f_{33}\left(dz - \frac{kz}{n-1}\right) = 0.$$

On doit d'ailleurs supposer que $dx - \dfrac{kx}{n-1}$, $dy - \dfrac{ky}{n-1}$, $dz - \dfrac{kz}{n-1}$ ne s'annulent pas à la fois; car, si cela avait lieu, dx, dy, dz étant proportionnels à x, y, z, le point $(x + dx, y + dy, z + dz)$ ne différerait pas du point (x, y, z), puisque la position d'un point ne dépend que des rapports de ses coordonnées.

Il est donc nécessaire que le déterminant

$$H = \begin{vmatrix} f_{11} & f_{12} & f_{13} \\ f_{21} & f_{22} & f_{23} \\ f_{31} & f_{32} & f_{33} \end{vmatrix}$$

soit égal à zéro.

381. L'équation $H = 0$ représente donc la condition nécessaire et suffisante pour qu'un point non singulier de la courbe $f = 0$ soit un point d'inflexion. Les deux courbes $f = 0$, $H = 0$, étant respectivement d'ordre n et $3(n-2)$, auront $3(n-2)n$ intersections. S'il n'existe pas de points singuliers, on aura donc $3(n-2)n$ points d'inflexion, et les rapports des coordonnées seront fournis pour chacun d'eux par les équations $f = o$, $H = o$. Mais, s'il y a des points singuliers, la courbe $H = o$ y passera, comme nous l'avons vu. Pour avoir le nombre vrai des inflexions, il faudra donc retrancher du nombre total des solutions communes aux équations $f = o$, $H = o$ celui des solutions correspondantes aux points singuliers, comptées chacune avec le degré de multiplicité qui lui convient.

382. Pour déterminer le degré de multiplicité relatif à l'un quelconque P de ces points singuliers, on opérera de la manière suivante :

Soient

$$l\,x + m\,y + n\,z = o,$$
$$l_1 x + m_1 y + n_1 z = o,$$
$$l_2 x + m_2 y + n_2 z = o$$

les équations de trois droites quelconques, dont les deux premières se croisent au point P et dont nous nous réservons d'ailleurs de choisir la direction de la manière la plus convenable. Prenons pour coordonnées, à la place de x, y, z, les trois fonctions

$$\xi = l\,x + m\,y + nz,$$
$$\eta = l_1 x + m_1 y + n_1 z,$$
$$\zeta = l_2 x + m_2 y + n_2 z.$$

Soit

$$\varphi(\xi, \eta, \zeta) = o$$

l'équation de la courbe f rapportée à ce nouveau système de coordonnées.

Le hessien étant un covariant, on aura

$$H(x, y, z) = k H_1(\xi, \eta, \zeta),$$

k étant un facteur constant et H_1 le hessien de la nouvelle fonction φ. L'équation $H = o$ sera donc transformée dans la suivante :

$$H_1 = o.$$

On a d'ailleurs, au point P,

$$\xi = 0, \quad \eta = 0,$$

et ce point, étant singulier, sera commun aux deux courbes

$$\varphi(\xi, \eta, \zeta) = 0, \quad H_1(\xi, \eta, \zeta) = 0.$$

Il s'agit de déterminer le degré de multiplicité de cette solution.

Remarquons d'abord que, les rapports des quantités ξ, η, ζ étant seuls à considérer, on pourra, sans inconvénient, supposer $\zeta = 1$.

Considérons donc les deux équations

$$\varphi(\xi, \eta, 1) = 0, \quad H_1(\xi, \eta, 1) = 0.$$

Soient η_1, η_2, ... les diverses valeurs de η en fonction de ξ tirées de l'équation $\varphi(\xi, \eta, 1) = 0$; N le coefficient de la plus haute puissance de η dans cette équation, et enfin m le degré en η de l'équation $H_1(\xi, \eta, 1) = 0$. L'équation finale résultant de l'élimination de η sera

$$N^m H_1(\xi, \eta_1, 1) H_1(\xi, \eta_2, 1) \ldots = 0.$$

Pour déterminer le nombre de ses racines nulles, on calculera le premier terme du développement de son premier membre, suivant les puissances croissantes de ξ. Son degré sera le nombre cherché.

383. Supposons, par exemple, que P soit un point double. Prenons, pour les droites ξ, η les deux tangentes à ce point double.

La courbe $\varphi = 0$ devant se confondre aux termes près du troisième ordre avec le système des droites $\xi = 0$, $\eta = 0$, on aura

$$(23) \quad \left\{ \begin{array}{l} \varphi(\xi, \eta, \zeta) \\ = \xi \eta \zeta^{n-2} + (a\xi^3 + b\xi^2\eta + c\xi\eta^2 + d\eta^3)\zeta^{n-3} + \ldots + k\eta^n. \end{array} \right.$$

Formons les dérivées secondes, et posons $\zeta = 1$ après les dérivations, nous aurons, pour les éléments du déterminant $H_1(\xi, \eta, 1)$, les valeurs suivantes :

$$\varphi_{11} = 6a\xi + 2b\eta + \ldots,$$

$$\varphi_{12} = 1 + 2b\xi + 2c\eta + \ldots,$$

$$\varphi_{13} = (n-2)\eta + (n-3)(3a\xi^2 + 2b\xi\eta + c\eta^2) + \ldots,$$

$$\varphi_{22} = 2c\xi + 6d\eta + \ldots.$$

$$\varphi_{23} = (n-2)\xi + (n-3)(b\xi^2 + 2c\xi\eta + 3d\eta^2) + \ldots,$$

$$\varphi_{33} = (n-2)(n-3)\xi\eta + (n-3)(n-4)(a\xi^3 + \ldots + d\eta^3) + \ldots.$$

Cela posé, cherchons le premier terme du développement de chacune des racines $\eta_1, \eta_2, \ldots$ de l'équation

$$\varphi(\xi, \eta, 1) = 0.$$

Il faudra pour cela, d'après la méthode du n° **94**, poser

$$\eta = M\xi^\mu,$$

et déterminer l'exposant μ de telle sorte que le polynôme $\varphi(\xi, \eta, 1)$ présente plusieurs termes d'ordre minimum ; on obtiendra ensuite le coefficient M en égalant à zéro la somme de ces termes.

Or on voit immédiatement, à l'inspection de l'équation (23), qu'on devra poser

$$\mu = 2, \quad M = -a,$$

ou

$$\mu = \tfrac{1}{2}, \quad M = \pm \frac{1}{\sqrt{-d}},$$

ou, enfin, $\mu = 0$, M étant racine de l'équation

$$d + \ldots + kM^{n-3} = 0.$$

L'équation $\varphi(\xi, \eta, 1) = 0$ a donc une racine η_1 d'ordre 2 par rapport à ξ, deux racines η_2, η_3 d'ordre $\tfrac{1}{2}$, et enfin $n - 3$ racines $\eta_4, \ldots$ d'ordre zéro.

Si, dans les expressions de $\varphi_{11}, \varphi_{12}, \varphi_{13}, \varphi_{22}, \varphi_{23}, \varphi_{33}$, nous substituons à η sa première valeur η_1, l'ordre de ces dérivées, par rapport à ξ, sera respectivement 1, 0, 2, 1, 1, 3, et l'ordre du déterminant

$$H_1(\xi, \eta, 1) = \begin{vmatrix} \varphi_{11} & \varphi_{12} & \varphi_{13} \\ \varphi_{21} & \varphi_{22} & \varphi_{23} \\ \varphi_{31} & \varphi_{32} & \varphi_{33} \end{vmatrix}$$

sera, comme on le voit aisément, égal à 3.

Si l'on donne à η une des deux valeurs suivantes η_{12}, η_{13}, les dérivées φ_{11}, φ_{12}, ... seront respectivement d'ordre $\frac{1}{2}$, 0, $\frac{1}{2}$, $\frac{1}{2}$, 1, $\frac{3}{2}$, et H_1 sera d'ordre $\frac{3}{2}$.

Enfin, si l'on donne à η une des valeurs η_{11}, ..., les dérivées φ_{11}, φ_{12}, ... et le déterminant H_1 seront d'ordre 0.

Donc le premier membre de l'équation finale,

$$N^m H_1(\xi, \eta_{11}, 1) H_1(\xi, \eta_{12}, 1) \ldots = 0$$

(où N se réduit à la constante k), sera d'ordre $3 + \frac{3}{2} + \frac{3}{2} = 6$.

Un point double représentera donc, à lui seul, six intersections des deux courbes.

384. Passons au cas où P est un point de rebroussement. Prenons pour droite η la tangente en ce point, la droite ξ conservant une direction arbitraire. L'équation de la courbe devant se réduire à η^2, au troisième ordre près, on aura

$$(24) \quad \varphi(\xi, \eta, \zeta) = \eta^2 \zeta^{n-2} + (a\xi^3 + b\xi^2\eta + c\xi\eta^2 + d\eta^3)\xi^{n-3} + \ldots.$$

et, pour $\zeta = 1$, les dérivées φ_{11}, φ_{12}, ... auront les valeurs suivantes :

$$\varphi_{11} = 6a\xi + 2b\eta + \ldots,$$
$$\varphi_{12} = 2b\xi + 2c\eta + \ldots,$$
$$\varphi_{13} = (n-3)(3a\xi^2 + 2b\xi\eta + c\eta^2) + \ldots,$$
$$\varphi_{22} = 2 + 2c\xi + 6d\eta + \ldots,$$
$$\varphi_{23} = 2(n-2)\eta + (n-3)(b\xi^2 + \ldots) + \ldots,$$
$$\varphi_{33} = (n-2)(n-3)\eta^2 + (n-3)(n-4)(a\xi^3 + \ldots) + \ldots.$$

Cela posé, l'équation $\varphi(\xi, \eta, 1) = 0$ a deux racines d'ordre $\frac{3}{2}$,

$$\eta_1 = \sqrt{-a}\,\xi^{\frac{3}{2}} + \ldots, \quad \eta_2 = -\sqrt{-a}\,\xi^{\frac{3}{2}} + \ldots.$$

Les valeurs de φ_{11}, φ_{12}, ... et de H_1, correspondantes à chacune d'elles, seront respectivement d'ordre 1, 1, 2, 0, $\frac{3}{2}$, 3 et 4.

Les autres racines de l'équation sont d'ordre zéro, ainsi que les valeurs correspondantes de φ_{11}, φ_{12}, ..., H_1.

L'équation finale admettra donc la solution $\xi = 0$, avec un ordre de multiplicité égal à $4 + 4 = 8$.

385. Nous pouvons donc énoncer ce théorème :

Si une courbe f, de degré n, présente d points doubles et r points de rebroussement, mais n'offre pas de points singuliers d'une espèce plus compliquée, le nombre ρ de ses points d'inflexion sera donné par la formule

$$\rho = 3(n-2)n - 6d - 8r.$$

386. *Polaire.* Proposons-nous de mener une tangente à la courbe f par un point extérieur (a, b, c).

Soit (x, y, z) le point de contact de cette tangente inconnue; il est sur la courbe; donc

$$f(x, y, z) = 0.$$

D'autre part, la tangente en ce point passe par a, b, c, d'où la condition

$$af_1 + bf_2 + cf_3 = 0.$$

Cette équation représente, si l'on regarde x, y, z comme coordonnées courantes, une courbe d'ordre $n - 1$, qu'on nomme la *polaire* du point (a, b, c).

387. L'équation de cette courbe conserve sa forme si l'on change le triangle de référence.

Posons, en effet,

$$x = \lambda_1 \xi + \mu_1 \eta + \nu_1 \zeta,$$
$$y = \lambda_2 \xi + \mu_2 \eta + \nu_2 \zeta,$$
$$z = \lambda_3 \xi + \mu_3 \eta + \nu_3 \zeta,$$

et soit $\varphi(\xi, \eta, \zeta)$ ce que devient l'équation de la courbe.

L'identité

$$\varphi(\xi, \tau_i, \zeta) = f(x, y, z)$$

donnera par différentiation

$$\varphi_1 = \lambda_1 f_1 + \lambda_2 f_2 + \lambda_3 f_3,$$
$$\varphi_2 = \mu_1 f_1 + \mu_2 f_2 + \mu_3 f_3,$$
$$\varphi_3 = \nu_1 f_1 + \nu_2 f_2 + \nu_3 f_3.$$

D'autre part, les nouvelles coordonnées α, β, γ du point (a, b, c) sont données par les formules

$$a = \lambda_1 \alpha + \mu_1 \beta + \nu_1 \gamma,$$
$$b = \lambda_2 \alpha + \mu_2 \beta + \nu_2 \gamma,$$
$$c = \lambda_3 \alpha + \mu_3 \beta + \nu_3 \gamma.$$

Les équations précédentes permettent de vérifier immédiatement l'identité

$$a f_1 + b f_2 + c f_3 = \alpha \varphi_1 + \beta \varphi_2 + \gamma \varphi_3$$

388. *Classe.* — On nomme *classe* de la courbe f le nombre des tangentes qu'on peut lui mener par un point extérieur (x, y, z). Leurs points de contact sont donnés par les $n(n-1)$ intersections de f avec la polaire de (x, y, z). Mais la polaire passe évidemment par les points singuliers, s'il y en a, ce qui donne des solutions impropres qui sont à exclure et dont il faudra assigner le degré de multiplicité.

Nous opérerons comme pour les points d'inflexion.

389. Soit P un point double. Par un changement de variables, nous réduirons l'équation de la courbe à la forme (23). Prenant ses dérivées partielles et posant ensuite $\zeta = 1$, il viendra

$$\varphi_1 = \tau_i + 3 a \xi^2 + 2 b \xi \tau_i + c \tau_i^2 + \ldots,$$
$$\varphi_2 = \xi + b \xi^2 + 2 c \xi \tau_i + 3 d \tau_i^2 + \ldots,$$
$$\varphi_3 = (n-2) \xi \tau_i + (n-3)(a \xi^3 + \ldots + d \tau_i^3) + \ldots.$$

Le point $(\xi = 0,\ \tau_i = 0)$ sera un point d'intersection de la courbe proposée

$$\varphi(\xi, \eta, 1) = 0$$

et de sa polaire

$$\alpha\varphi_1 + \beta\varphi_2 + \gamma\varphi_3 = \psi(\xi, \eta, 1) = 0.$$

On aura le degré de multiplicité de cette solution en cherchant l'ordre par rapport à ξ de la quantité

$$k^{n-1}\psi(\xi, \eta_1, 1)\,\psi(\xi, \eta_2, 1)\ldots = 0.$$

Or, η_1 étant du deuxième ordre en ξ, il est clair que $\psi(\xi, \eta_1, 1)$ sera d'ordre 1; η_2 et η_3 sont d'ordre $\frac{1}{2}$, et il en sera de même de $\psi(\xi, \eta_2, 1)$ et $\psi(\xi, \eta_3, 1)$; les autres racines $\eta_4, \ldots$ sont d'ordre zéro, ainsi que les valeurs correspondantes de ψ, et la constante k^{n-1}.

Donc, le degré de multiplicité de la solution sera

$$1 + \tfrac{1}{2} + \tfrac{1}{2} = 2.$$

390. Si P est un point de rebroussement, on ramènera l'équation de la courbe à la forme (24). On aura ensuite

$$\varphi_1 = 3a\xi^2 + 2b\xi\eta + c\eta^2 + \ldots,$$
$$\varphi_2 = 2\eta + b\xi^2 + \ldots,$$
$$\varphi_3 = (n-2)\eta^2 + (n-3)(a\xi^3 + \ldots) + \ldots.$$

L'équation $\varphi(\xi, \eta, 1) = 0$ a deux racines η_1, η_2 d'ordre $\frac{3}{2}$; les valeurs correspondantes de $\psi(\xi, \eta, 1)$ sont aussi d'ordre $\frac{3}{2}$. Les autres racines $\eta_3, \ldots$ ont pour ordre o, ainsi que les valeurs correspondantes de ψ. Le degré de multiplicité de la solution sera donc $\frac{3}{2} + \frac{3}{2} = 3$.

391. Nous pouvons donc énoncer ce théorème :

Si la courbe f, de degré n, a d points doubles et r rebroussements, sans avoir d'autre sorte de points singuliers, sa classe v sera donnée par la formule

$$v = n(n-1) - 2d - 3r.$$

392. *Coordonnées tangentielles.* — Soit

$$ux + vy + wz = 0$$

l'équation d'une droite. Les coefficients u, v, w (ou plutôt leurs rapports) se nomment les *coordonnées* de la droite.

Les diverses droites qui passent par un point (a, b, c) satisfont à l'équation

$$ua + vb + wc = 0,$$

qu'on peut considérer comme représentant ce point.

Plus généralement, le système des droites qui satisfont à une équation homogène et de degré ν en u, v, w,

$$F(u, v, w) = 0,$$

enveloppe une courbe, dont nous dirons que l'équation précédente est l'*équation tangentielle.*

Cette courbe sera de classe ν, car, si l'on veut déterminer celles de ses tangentes qui passent par un point (a, b, c), il faudra associer les deux équations

$$F(u, v, w) = 0, \quad ua + vb + wc = 0.$$

Tirant de la seconde équation la valeur de l'une des inconnues u, v, w, on aura une équation de degré ν pour déterminer le rapport des deux autres.

393. Soient (u, v, w) une tangente à la courbe

$$F(u, v, w) = 0.$$

U, V, W une tangente infiniment voisine. On aura, en posant, pour abréger, $F(u, v, w) = F$, $\dfrac{\partial F}{\partial u} = F_1$, $\dfrac{\partial F}{\partial v} = F_2$, ...

$$\begin{aligned}
0 &= F(U, V, W) \\
&= F(u + U - u, v + V - v, w + W - w) \\
&= F + F_1(U - u) + F_2(V - v) + F_3(W - w) \\
&\quad + \tfrac{1}{2}[F_{11}(U - u)^2 + 2F_{12}(U - u)(V - v) + \ldots] + \ldots.
\end{aligned}$$

Négligeant les termes du deuxième ordre et tenant compte des équations

$$F = 0, \quad F_1 u + F_2 v + F_3 w = \nu F = 0,$$

il restera

$$F_1 U + F_2 V + F_3 W = 0.$$

Cette équation exprime que toutes les tangentes infiniment voisines de la tangente (u, v, w) viendront se croiser en un même point (F_1, F_2, F_3); ce point est évidemment le point de contact de la tangente (u, v, w).

394. La tangente (u, v, w) sera dite *singulière*, si l'on a simultanément

$$F_1 = 0, \quad F_2 = 0. \quad F_3 = 0.$$

Il faudra, dans ce cas, considérer les termes du deuxième ordre. Ceux-ci se réduiront à

$$(25) \qquad \qquad \tfrac{1}{2}(F_{11} U^2 + 2 F_{12} UV + \dots),$$

et, le hessien de F étant nul, cette expression sera le produit de deux facteurs linéaires. Donc, il existera deux points tels que toute tangente infiniment voisine de la tangente (u, v, w) passe par l'un d'eux, autrement dit deux points de contact, qui pourront être réels ou imaginaires. On dira, dans ce cas, que (u, v, w) est une *tangente double*.

Si l'expression (25) est un carré parfait, les deux points de contact coïncident, et l'on pourrait dire que (u, v, w) est une *tangente rebroussante*. Mais ce n'est autre chose que la tangente à un point d'inflexion, ces points étant précisément définis par la condition d'avoir la même tangente qu'un point infiniment voisin.

395. On pourrait encore appeler provisoirement *tangentes inflexionnelles* les tangentes autres que les tangentes singulières qui satisfont aux deux équations

$$F = o,$$

$$\begin{vmatrix} F_{11} & F_{12} & F_{13} \\ F_{21} & F_{22} & F_{23} \\ F_{31} & F_{32} & F_{33} \end{vmatrix} = o.$$

Mais on peut déjà prévoir que, de même que les tangentes rebroussantes ont pour points de contact des points d'inflexion, réciproquement, les tangentes inflexionnelles auront pour points de contact des points de rebroussement.

396. Pour achever de rendre cette réciprocité évidente, cherchons à former l'équation en coordonnées ponctuelles de la courbe qui a pour équation tangentielle

$$(26) \qquad F(u, v, w) = o.$$

Soient (x, y, z) un point de cette courbe; (u, v, w) la tangente correspondante. Les coordonnées de son point de contact étant F_1, F_2, F_3, on aura nécessairement

$$\frac{x}{F_1} = \frac{y}{F_2} = \frac{z}{F_3}.$$

Éliminant les rapports de u, v, w entre ces équations et (26), on aura une relation

$$(27) \qquad f(x, y, z) = o,$$

qui sera l'équation ponctuelle cherchée.

Réciproquement, proposons-nous de passer de l'équation ponctuelle (27) à l'équation tangentielle (26).

Soient (u, v, w) une tangente de la courbe; (x, y, z) son point de contact.

L'équation de la tangente ayant pour coefficients f_1, f_2, f_3, on aura

$$\frac{u}{f_1} = \frac{v}{f_2} = \frac{w}{f_3},$$

et l'on aura l'équation tangentielle en éliminant les rapports
de x, y, z entre ces équations et (27)

On voit qu'il y a réciprocité parfaite entre les deux modes
de représentation d'une courbe par ses points ou par ses tangentes, et que tout théorème qu'on aura établi en donnera
un autre corrélatif en y écrivant tangente au lieu de point de
contact, ordre au lieu de classe, et réciproquement.

397. Formules de Plücker. — Reprenons, par exemple,
les deux formules

$$\rho = 3(n-2)n - 6d - 8r,$$
$$\nu = n(n-1) - 2d - 3r.$$

trouvées plus haut. On en déduira deux formules nouvelles,
en y remplaçant ν, n, ρ, r, d par n, ν, r (nombre des tangentes inflexionnelles ou tangentes aux points de rebrous-
sement), ρ (nombre des tangentes rebroussantes ou tangentes aux points d'inflexion), et enfin δ (nombre des tangentes
doubles). On trouvera ainsi

$$r = 3(\nu-2)\nu - 6\delta - 8\rho,$$
$$n = \nu(\nu-1) - 2\delta - 3\rho.$$

Observation sur le n° 217.

Nous avons établi dans ce numéro qu'un point (x, y, t) d'une courbe $x = \varphi(t)$, $y = \varphi_1(t)$ doit être considéré comme point ordinaire, si les dérivées x', x'', ..., y', y'', ... sont finies et déterminées, et si, de plus, on n'a pas à la fois $x' = 0$, $y' = 0$. Cette démonstration est fondée sur ce fait, qu'en éliminant t entre ces équations, on obtient pour y une valeur en x telle, que les dérivées $\dfrac{dy}{dx}$, $\dfrac{d^2 y}{dx^2}$, ... au point considéré soient toutes finies et déterminées. Il en résulte que, si $(X, Y, t + dt)$ est un point quelconque de la courbe, infiniment voisin de (x, y, t), $Y - y$ sera développable en série suivant les puissances entières et positives de $X - x$, par la formule de Taylor, ce qui est le véritable caractère d'un point ordinaire.

On doit toutefois remarquer qu'il peut se faire qu'on obtienne le même point (x, y) en assignant au paramètre une autre valeur t_1 différente de t. Dans ce cas, les points de la courbe correspondant aux valeurs $t + dt$ du paramètre ne seront pas les seuls qui soient infiniment voisins du point (x, y). Il y en aura d'autres, correspondant aux valeurs $t_1 + dt$ infiniment voisines de t_1, lesquels constitueront une seconde branche de la courbe, rencontrant la première en x, y. Ce point sera donc un point multiple, si l'on considère l'ensemble de la courbe, bien qu'étant un point ordinaire sur la branche correspondant aux points $t + dt$, si on l'envisage isolément.

Soit, par exemple,
$$x = t^2 - 1, \quad y = (t^2 - 1)t,$$
d'où
$$t = \pm \sqrt{1 + x}, \quad y = \pm - \sqrt{1 + x}.$$

On obtient le point $x = y = 0$ soit en posant $t = 1$, soit en posant $t = -1$. L'origine est donc un point double, ce qu'on vérifierait aisément en chassant le radical. Aux valeurs de t infiniment voisines de $+1$ correspond la branche de courbe $y = + x\sqrt{1 + x}$; à celles qui sont voisines de -1, la branche $y = - x\sqrt{1 + x}$. Sur chacune de ces branches, considérée isolément, l'origine se comporte comme un point ordinaire.

Les théorèmes des n°s 222 et 228 comportent des observations analogues.

FIN DU TOME PREMIER.

Printed by Printforce, United Kingdom

CAMBRIDGE LIBRARY COLLECTION

Books of enduring scholarly value

Mathematics

From its pre-historic roots in simple counting to the algorithms powering modern desktop computers, from the genius of Archimedes to the genius of Einstein, advances in mathematical understanding and numerical techniques have been directly responsible for creating the modern world as we know it. This series will provide a library of the most influential publications and writers on mathematics in its broadest sense. As such, it will show not only the deep roots from which modern science and technology have grown, but also the astonishing breadth of application of mathematical techniques in the humanities and social sciences, and in everyday life.

Cours d'analyse de l'école polytechnique

One of the great algebraists of the nineteenth century, Marie Ennemond Camille Jordan (1838–1922) became known for his work on matrices, Galois theory and group theory. However, his most profound effect on how we see mathematics came through his *Cours d'analyse*, which appeared in three editions. Reissued here is the first edition, which was published in three volumes between 1882 and 1887. While highly influential in its time, it now appears to us a transitional work between the partially rigorous 'epsilon delta' calculus of Cauchy and his successors, and the new 'real number' analysis of Weierstrass and Cantor. The first two volumes follow the old tradition while the third volume incorporates a substantial amount of the new analysis. Ten years later, the even more influential second edition followed the new point of view from its start. Volume 1 (1882) covers differential calculus.

Cambridge University Press has long been a pioneer in the reissuing of out-of-print titles from its own backlist, producing digital reprints of books that are still sought after by scholars and students but could not be reprinted economically using traditional technology. The Cambridge Library Collection extends this activity to a wider range of books which are still of importance to researchers and professionals, either for the source material they contain, or as landmarks in the history of their academic discipline.

Drawing from the world-renowned collections in the Cambridge University Library and other partner libraries, and guided by the advice of experts in each subject area, Cambridge University Press is using state-of-the-art scanning machines in its own Printing House to capture the content of each book selected for inclusion. The files are processed to give a consistently clear, crisp image, and the books finished to the high quality standard for which the Press is recognised around the world. The latest print-on-demand technology ensures that the books will remain available indefinitely, and that orders for single or multiple copies can quickly be supplied.

The Cambridge Library Collection brings back to life books of enduring scholarly value (including out-of-copyright works originally issued by other publishers) across a wide range of disciplines in the humanities and social sciences and in science and technology.